21世纪本科院校土木建筑类创新型应用人才培养规划教材

中外建筑史

主　编　吴　薇
参　编　刘红红

内容简介

《中外建筑史》是一本讲解中外建筑历史发展的教材，它强调简明扼要、背景清晰、特征明确、实例突出，力图做到历史感与可读性结合；哲理性与形象感相呼应；尽量使学生既能了解中外建筑发展的概况，又能掌握中外建筑在各历史时期的特点与典型实例。为此，本书的编写以简洁明了的文字搭配大量图片、突出重点的方式来增强教学的效果。

本书共有14章，主要内容包括：原始与先秦时期建筑；秦汉及魏晋南北朝建筑；隋、唐、五代建筑；宋、辽、金、元建筑；明、清建筑；近代中国建筑；欧洲建筑起源与古代建筑；欧洲中世纪建筑；欧洲15—18世纪的建筑；18—19世纪下半叶欧洲与美国的建筑；19世纪下半叶—20世纪初欧美探求新建筑运动；20世纪初新建筑运动的高潮——现代主义建筑与代表人物；1945年—20世纪70年代初期的建筑——国际主义建筑的普及与发展；现代主义之后的建筑发展。

本书可作为建筑学、城市规划、环境艺术、风景园林、房地产等相关专业师生的教材，也可供从事相关专业的学者和工程技术人员参考。

图书在版编目(CIP)数据

中外建筑史/吴薇主编. —北京：北京大学出版社，2014.5
(21世纪本科院校土木建筑类创新型应用人才培养规划教材)
ISBN 978-7-301-24127-1

Ⅰ. ①中… Ⅱ. ①吴… Ⅲ. ①建筑史—世界—高等学校—教材 Ⅳ. ①TU-091

中国版本图书馆CIP数据核字(2014)第072421号

书　　　　名	中外建筑史
著作责任者	吴　薇　主编
策划编辑	吴　迪　王红樱
责任编辑	王红樱　伍大维
标准书号	ISBN 978-7-301-24127-1/TU·0395
出版发行	北京大学出版社
地　　　　址	北京市海淀区成府路205号　100871
网　　　　址	http://www.pup.cn　新浪官方微博:@北京大学出版社
电子邮箱	编辑部 pup6@pup.cn　总编室 zpup@pup.cn
电　　　　话	邮购部 010-62752015　发行部 010-62750672　编辑部 010-62750667
印　刷　者	北京溢漾印刷有限公司
经　销　者	新华书店
	787毫米×1092毫米　16开本　18印张　425千字
	2014年5月第1版　2024年7月第10次印刷
定　　　　价	45.00元

未经许可，不得以任何方式复制或抄袭本书之部分或全部内容。
版权所有，侵权必究
举报电话：010-62752024　电子邮箱：fd@pup.cn

前　言

建筑史作为建筑学的一门基础学科，自 20 世纪 20 年代开始已陆续在我国各高校建筑系设立，它为建筑系学生提高修养、丰富建筑知识、激发创作灵感、了解建筑技术与艺术等都起到了积极作用，并为培养一代又一代的新型建筑师、学者、管理人员等奠定了建筑思想、审美情趣、建造方法的理论基础。

随着我国经济、社会的快速发展，社会对建筑设计领域的人才需求量逐渐增多，社会对高校的相关专业学生的应用能力和实践能力越来越看重，并提出了较高的要求。为此，高等教育已逐步由培养研究型人才向培养应用型人才和复合型人才转变，以适应经济和社会发展的需要。因此，建筑历史教育的目标是为了扩大知识面，提高文化素养，了解建筑发展规律，学习优秀的设计手法，培养审美能力，辨析建筑理论源流，这既可以为建立正确的建筑观发挥作用，又能直接为建筑设计作参考。

本书为适应应用型人才和复合型人才的培养目标，从可读性和实用性方面入手，在内容中突出特点，强调丰富的实例，用简洁明了的文字结合图片进行讲解，使学生能够通过具体形象对历史产生深刻印记。同时，本书通过关联知识、系统编排，领引学生尽快进入专业领域；同时针对学生的学习兴趣和特点，编写时注重理论联系实际，并遵循课程教学规律，由浅入深、循序渐进。每章节设定知识目标，并辅以思考题，让学生能够对本书的基本概念、相关知识点、能力培养等有一个更深入的理解，并具有可读性强、综合性强、实用性强的特点。

本书由广州大学吴薇担任主编。本书具体章节编写分工为：第 1 章由刘红红和吴薇编写；第 2 章～第 14 章由吴薇编写。本书在编写过程中，引用和参考了有关作者的著作和图片，对此表示衷心感谢！同时，感谢郑勇、余炜楷等为本书提供了大量宝贵和精美的图片；衷心感谢广州大学龚兆先、房莉、裴刚、广州美术学院谢璇等为本书提出了大量富有启发性的建议。最后，在本书完成之际，衷心感谢北京大学出版社相关编辑，没有他们的支持和不断督促，本书可能无法这么快与读者见面。

由于编者水平有限，编写时间仓促，书中错误和不足之处在所难免，恳请各位读者批评指正。

编　者
2014 年 1 月

目　录

第1章　原始与先秦时期建筑（六七千年前—公元221年）…… 1
1.1　原始建筑（六七千年前—公元前21世纪）…… 2
1.2　夏、商、西周建筑（公元前2070年—公元前771年）…… 6
1.3　春秋战国时期建筑（公元前770年—公元前221年）…… 9
本章小结 …… 14
思考题 …… 14

第2章　秦汉及魏晋南北朝建筑（公元前221年—公元589年）… 15
2.1　秦代建筑（公元前221年—公元前206年）…… 16
2.2　两汉时期的建筑（公元前206年—公元220年）…… 18
2.3　魏晋南北朝时期的建筑（公元220年—公元589年）…… 26
本章小结 …… 31
思考题 …… 32

第3章　隋、唐、五代建筑（公元581—979年）…… 33
3.1　城市建设 …… 34
3.2　宫殿建筑 …… 36
3.3　佛教建筑 …… 38
3.4　住宅与陵墓建筑 …… 42
3.5　隋、唐、五代建筑技术与艺术 …… 45
本章小结 …… 48
思考题 …… 48

第4章　宋、辽、金、元建筑（公元980—1368年）…… 50
4.1　城市建设 …… 51
4.2　宫殿建筑 …… 55
4.3　宗教与祭祀建筑 …… 59
4.4　住宅与陵墓建筑 …… 66
4.5　宋、辽、金、元建筑技术与艺术 …… 68
本章小结 …… 71
思考题 …… 71

第5章　明、清建筑（公元1368—1911年）…… 72
5.1　城市建设与宫殿建筑 …… 73
5.2　坛庙与陵墓建筑 …… 79
5.3　宗教建筑 …… 86
5.4　住宅建筑 …… 92
5.5　明、清皇家园林与私家园林 …… 102
5.6　明、清建筑技术与艺术 …… 111
本章小结 …… 119
思考题 …… 119

第6章　近代中国建筑 …… 120
6.1　近代中国建筑的发展历程 …… 121
6.2　近代城市建设的发展 …… 123
6.3　居住建筑 …… 126
6.4　公共建筑 …… 131
6.5　近代中国建筑教育与建筑设计思潮 …… 134
本章小结 …… 143
思考题 …… 144

第7章　欧洲建筑起源与古代建筑（约公元前1.5万年—公元395年）…… 145
7.1　欧洲建筑的起源 …… 146
7.2　爱琴文化与古代希腊建筑 …… 148
7.3　古罗马建筑 …… 155
本章小结 …… 162
思考题 …… 162

第8章　欧洲中世纪建筑 …… 163
8.1　拜占庭建筑 …… 164

8.2 西欧罗马风建筑 ………… 168
8.3 西欧哥特建筑 …………… 170
本章小结 …………………… 176
思考题 ……………………… 176

第9章 欧洲15—18世纪的建筑 177
9.1 意大利文艺复兴建筑 …… 178
9.2 巴洛克建筑与广场建筑群 185
9.3 法国古典主义建筑 ……… 189
本章小结 …………………… 194
思考题 ……………………… 195

第10章 18—19世纪下半叶欧洲与美国的建筑 …………… 196
10.1 工业革命对城市与建筑的影响 … 197
10.2 建筑创作中的复古思潮 …… 197
10.3 建筑的新材料、新技术和新类型 …………………… 201
本章小结 …………………… 205
思考题 ……………………… 205

第11章 19世纪下半叶—20世纪初欧美探求新建筑运动 206
11.1 欧洲探求新建筑的运动 … 207
11.2 美国探求新建筑的运动 … 215
本章小结 …………………… 218
思考题 ……………………… 219

第12章 20世纪初新建筑运动的高潮——现代主义建筑与代表人物 ………………… 220
12.1 现代主义建筑的形成 …… 221
12.2 格罗皮乌斯与"包豪斯" … 223
12.3 勒·柯布西耶 …………… 226
12.4 密斯·凡·德罗 ………… 229
12.5 赖特与有机建筑 ………… 232
12.6 阿尔瓦·阿尔托 ………… 235
本章小结 …………………… 239
思考题 ……………………… 239

第13章 1945年—20世纪70年代初期的建筑——国际主义建筑的普及与发展 ……… 240
13.1 国际主义建筑的全面普及 … 241
13.2 国际主义运动的分支流派 … 244
13.3 国际主义运动中的大师和他们的建筑思想发展 …… 250
本章小结 …………………… 262
思考题 ……………………… 262

第14章 现代主义之后的建筑发展 … 263
14.1 后现代主义(Post-Modernism) … 263
14.2 晚期现代主义(Late Modernism) … 267
本章小结 …………………… 278
思考题 ……………………… 278

参考文献 ………………………… 279

第1章
原始与先秦时期建筑

(六七千年前—公元221年)

【教学目标】

主要了解中国建筑的起源以及奴隶制社会时期夏、商、周建筑的发展概况,掌握文明初始期宫殿建筑的基本特征、高台建筑的特征以及早期城市形制与城市建设的发展。

【教学要求】

知识要点	能力要求	相关知识
原始建筑	(1) 了解巢居建筑发展序列 (2) 掌握穴居建筑发展序列 (3) 了解原始祭祀建筑的发展	(1) 穴居 (2) 巢居 (3) 干阑
夏、商、西周建筑	(1) 掌握文明初始期的宫殿建筑特征 (2) 了解西周瓦的发明对建筑的影响 (3) 掌握早期四合院建筑群的特征	(1) 院落式 (2) 茅茨土阶 (3) 瓦当
春秋战国时期建筑	(1) 掌握高台建筑的特征 (2) 掌握早期城市形制 (3) 了解战国时期城市建设典型实例	(1) 高台建筑(台榭建筑) (2) 考工记 (3) 城市形制

基本概念

穴居建筑、干阑式建筑、茅茨土阶、门堂之制、高台建筑、考工记。

引例

中国古代建筑,与古代埃及建筑、古代西亚建筑、古代印度建筑、古代爱琴海建筑、古代美洲建筑一样,是世界六支原生的古老建筑体系之一。大约在六七千年前,中国广大地区都已进入氏族社会,已经发现的遗址数以千计,房屋遗址也大量出现。由于各地气候、地理、材料等条件的不同,营建方式也多种多样,最具有代表性的有两种:一种是长江流域多水地区由巢居发展而来的干阑式建筑;另一种是黄河流域由穴居发展而来的木骨泥墙建筑。我们的祖先正是从艰难地建造巢居和穴居开始,逐步掌握了营建地面房屋的技术,创造了原始的木构建筑,满足了最基本的居住与公共活动要求。这些原始建筑不仅集中显现于华夏文明中心的中原大地,而且在北方古文化、南方古文化的许多地域,也留下了重要遗迹,生动地散射出文明建筑的曙光。

1.1 原始建筑（六七千年前—公元前21世纪）

据古代文献记载，中国原始建筑存在着"构木为巢"的"巢居"和"穴而处"的"穴居"两种主要构筑方式。这两种原始构筑方式，既有"下者为巢，上者为营窟"（地势低下而潮湿的地区作巢居，地势高上而干燥的地区作穴居）的记载，也有"冬则居营窟，夏则居橧巢"的记载，反映出不同地段的高低、干湿和不同季节的气温、气候对原始建筑方式的制约。原始建筑遗迹显示，中国早期建筑存在"巢居发展序列"和"穴居发展序列"，前者经历了由单树巢、多数巢向干阑建筑的演变；后者经历了由原始横穴、深袋穴（竖穴）、半穴居向地面建筑的演变。

1.1.1 巢居：南方原始建筑的基本形式

我国的南方地区，由于水网密布，地面湿润，因而建筑多采用"巢居"的形式，许多考古发掘证实了这点，其中，最具有代表性的当推浙江余姚河姆渡史前文化遗址。如图1.1所示，在遗址的第四文化层，发现了大量距今6900年的圆桩、方桩、板桩以及梁、柱、地板之类的木构件，排桩显示至少有3栋以上干阑长屋。长屋不完全长度有23m，宽度约7m，室内面积达160m² 以上。这些长屋坐落在沼泽边沿，地段泥泞，因而采用了干阑的构筑方式。在没有金属工具，只能用石、骨、角、木的原始工具条件下，这些构件居然做出梁头榫、柱头榫、柱脚榫等各种榫卯，有的榫头还带梢孔，厚木地板还做出企口，它有力地显示出长江下游地区木作技术的突出成就，标志着巢居发展序列已完成向干阑建筑的过渡。

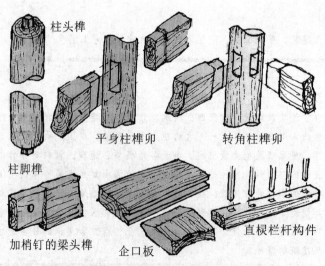

图1.1 余姚河姆渡遗址的干阑建筑构件

1.1.2 穴居：北方原始建筑的基本形式

我国的北方地区，多位于黄河流域，有广阔而丰厚的黄土层，土质均匀，便于挖作洞穴，因此，穴居成为北方氏族部落广泛采用的一种居住方式。它也有一个渐进的发展过程，如图1.2所示。早期多为竖穴，这种形式后来渐渐加大增深，用树干作为人们出入洞口的扶梯以及屋盖的支撑。后来，也许觉得出入不够方便，竖穴又逐渐发展成为袋形半穴居、直壁半穴居。这种形式的洞穴，都有比较考究的屋顶，屋顶由中间一根木支撑发展成为多杆支撑。随着原始人营建经验的不断积累和技术的提高，最后，半穴居渐渐又被地面建筑所取代。许多考古发掘证实了这点。

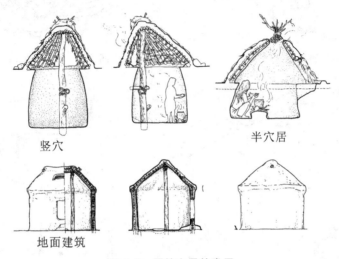

竖穴　　　　　　　　　　半穴居

地面建筑

图1.2　原始穴居的发展

陕西临潼姜寨发现的仰韶文化遗址，如图1.3所示。它显示出居住区内有中心广场，周围分布5组共100多座房屋，每组以一座大房子为核心，各有十几座或二十几座穴居、半穴居或地面房屋簇拥，门均朝向中心广场，反映了氏族公社生活的情况。

西安半坡聚落遗址也属于仰韶文化遗址，分为居住、陶窑、墓葬三区。如图1.4所示，居住区周边有壕沟环绕，住房围绕广场布置，早期多为方形半穴居，晚期有方、圆两种地面建筑。在广场西侧，还有一座面向广场的半穴居大房子，平面略呈方形，东西长10.5m，南北长10.8m。泥墙厚0.9～1.3m，高约0.5m。据杨鸿勋复原（图1.5和图1.6），大房子内部有4根中心柱，其平面呈前部（东部）一个大空间，后部（西部）3个小空间的格局，这是已知最早的"前堂后室"的布局，推测前堂应当是氏族成员聚会和举行仪式的场所，3间后室可能是氏族首领的住所与老弱病残的集体宿舍。西安半坡聚落遗址中已出现明确的地面建筑。如编号为F24的遗址柱洞有显著的大小差异，分化出承重大柱和木骨排柱。12根大柱洞组成较为规整的柱网，显现出"间"的雏形。它标志着中国以间架为单位的木构框架体系已趋形成。此屋的3开间柱网也显露出木构架建筑"一明两暗"基本型的滥觞。

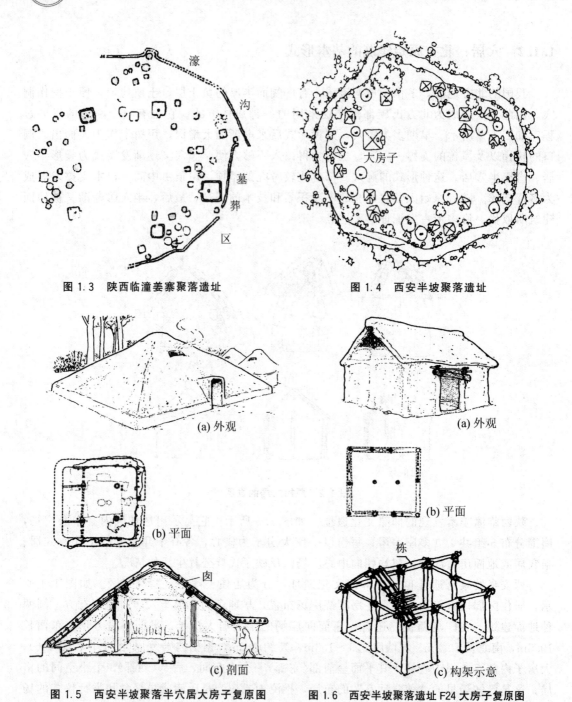

图1.3 陕西临潼姜寨聚落遗址

图1.4 西安半坡聚落遗址

图1.5 西安半坡聚落半穴居大房子复原图

图1.6 西安半坡聚落遗址F24大房子复原图

1.1.3 原始祭祀建筑

近年来,随着考古工作的进展,祭坛和神庙这两种祭祀建筑也在各地原始社会文化遗存中被发现。

浙江余杭的两座祭坛遗址分别位于瑶山和汇观山，都是用土筑成的长方坛；内蒙古大青山和辽宁喀左县东山嘴的三座祭坛则是用石块堆成的方坛与圆坛，如图1.7所示。这些祭坛都位于远离居住区的山丘上，说明对它们的使用不限于某个小范围的居民点，而可能是一些部落群共用，所祭的对象应是天地之神或农神。

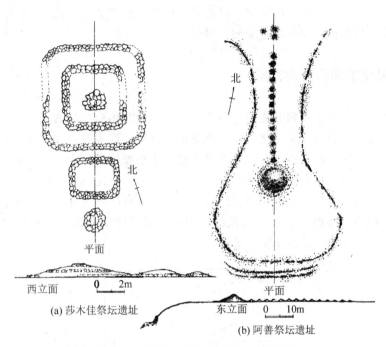

图 1.7　内蒙古大青山原始社会祭坛遗址

中国最古老的神庙遗址位于辽宁西部的建平县境内，属于红山文化，距今约5000多年。如图1.8所示，这是一个建于山丘顶，由一个多室的主体建筑和一个单室的辅助建筑构成的多重空间神庙。庙内设有成组的女神像。根据残存的像块推测，神像相当真人大小，神态逼真，手法写实。神庙的房屋是在基址上开挖成平坦的室内地面后，再用木骨泥墙的构筑方法建造壁体与屋盖。特别突出的是，神庙室内已经采用彩画和线脚来装饰墙面。彩画是在压实后经过烧烤的泥面上用赭石和白色描绘的几何图案，线脚的做法是在泥面上做成凸出的扁平线或半圆线。

这一批原始社会公共建筑遗址的发现，使人们对原始先民们的建筑水平有了新的了解。他们为了表示对神明的崇拜，开始创造出一种超常的建筑形式，从而出现了沿轴线展开的多重空间组合和建筑装饰艺术。这是建筑发展史上的一次飞跃，从此，建筑不再仅仅是物质生活手段，同时也成为社会思想观念的一种表征方式和物化形态。这一变化，促进了建筑技术和艺术向更高的层次发展。

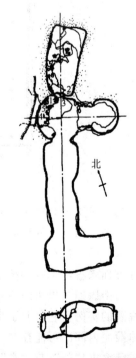

图 1.8　辽宁建平女神庙遗址

1.2 夏、商、西周建筑（公元前2070年—公元前771年）

中国第一个王朝——夏朝的建立，标志着中国跨入了"文明时代"，进入了奴隶社会。从夏朝经商朝、西周而达到奴隶社会的鼎盛时期。

1.2.1 文明初始期的夏商宫殿

我国古代文献记载了夏朝的史实，但考古学上对夏文化尚在探索之中，在已经发现的文化遗址中，究竟何者属于夏文化，迄今意见仍有分歧。许多考古学家认为，河南偃师二里头遗址是夏末都城。在遗址中发现了大型宫殿和中小型建筑数十座，其中一号宫殿规模最大。如图1.9所示，其夯土台残高约0.8m，东西约108m，南北100m。夯土台上有面阔8间、进深3间的殿堂一座，四周有回廊环绕，南面有门的遗址，反映了我国早期封闭庭院（廊院）的面貌。在遗址中未发现瓦件，那么此时建筑的构筑方式应该是以茅草为屋顶，并以夯土为台基的"茅茨土阶"形态。

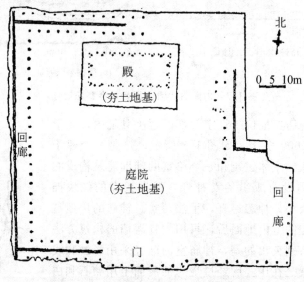

图1.9　河南偃师二里头一号宫殿遗址

据《考工记》关于"夏后氏世室"的记载，有关专家将宫殿平面复原成"一堂、五室、四旁、两夹"的格局，如图1.10所示。宫殿南面的大门门址也呈8开间，复原为中部穿堂、两边带东西塾的"塾门"形式。从宫殿柱列整齐、前后左右相对应、各间面阔统一等方面来看，木构架技术已经有了很大提高。

河南偃师二里头的一号宫殿遗址是至今发现的我国最早的规模较大的木构架夯土建筑与庭院的实例，它表明了华夏文明初始期的大型建筑采用的是"茅茨土阶"的构筑方式；单体殿屋内部已可能存在"前堂后室"的空间划分；建筑组群已呈现庭院式的格局；庭院构成已突出"门"与"堂"的主要因子，形成廊庑环绕的廊院式布局。中国木构架建筑体系的许多特点，都可以在这里找到渊源。

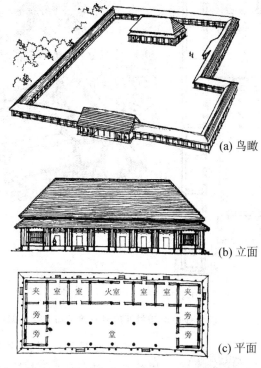

图 1.10　河南偃师二里头一号宫殿复原图

1.2.2　西周"瓦屋"

西周最有代表性的建筑遗址是陕西岐山凤雏村的早周遗址，这是一组相当严整的四合院建筑，如图 1.11 所示。

整组建筑建在 1.3m 高的夯土台上，呈严整的两进院落布局。南北通深 45m，东西宽 32m。中轴线上依次排列屏（影壁）、门屋、前堂、穿廊、后室，两侧为南北通长的东、西厢房，将庭院围合成封闭空间。院落四周有檐廊环绕。房屋基址下设有排水陶管和卵石叠筑的暗沟，以排除院内雨水。遗址中还发掘出了少量的瓦，表明建筑的屋顶已采用瓦片。

在木构技术上，遗址显示前堂的柱子在纵向均已成列，而在横向上有较大的左右错位。后室以及厢房的前后墙柱子和檐柱之间，也是纵向成列，而在横向基本不对位。因此，专家推测其构架做法是：在纵向柱列上架楣（檐额）组成纵架；在纵架上架横向的斜梁；斜梁上架檩；檩上斜铺苇束做屋面。如图 1.11 所示为傅熹年的复原图上，可以看出这组由夯土筑基、筑墙，以纵架、斜梁支撑，屋顶局部用瓦的建筑的外观形象。

无论是从空间组织还是从构筑技术来说，这个遗址在中国建筑史上都具有里程碑式的意义：它是迄今为止发现的最早的四合院，表明四合院在中国至少已有 3000 年的历史；它是最早发现的两进式组群，显示出院与院串联的纵深布局的久远传统；它是第一个出现的完整对称的建筑组群，意味着建筑组群布局水平的重要进展；它是迄今所知最早的用瓦建筑。

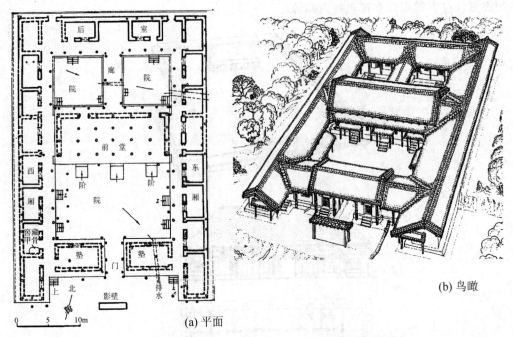

图1.11 陕西岐山凤雏村西周建筑遗址与复原鸟瞰图

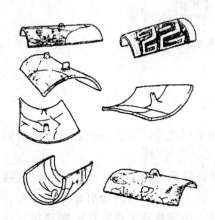

图1.12 陕西扶风召陈建筑遗址中的瓦件

瓦的发明是西周在建筑上的突出成就，使西周建筑从"茅茨土阶"的初级阶段开始向"瓦屋"过渡。制瓦技术是从陶器制作发展而来的。在陕西岐山凤雏村的早周遗址中，发现的瓦还比较少，可能只用于屋脊、屋檐和天沟等关键部位。到西周中晚期，从陕西扶风召陈遗址中发现的瓦的数量就比较多了，有的屋顶已全部铺瓦。瓦的质量也有所提高，并且出现了半瓦当。战国时期盛行半瓦当，有云山纹、植物纹、动物纹、大树居中纹等，如图1.12所示，有较好的装饰性。战国时期，圆当也有少量出现。汉以后，半瓦当消失，全为圆当。

1.2.3 西周干阑式建筑

西周代表性的建筑遗址还有湖北蕲春的干阑式木架建筑，如图1.13所示。据考古发掘，这些建筑遗址散布在约5000m²的范围内，建筑密度很高。遗址留有大量木板、木柱、方木及木楼梯残迹，故有关专家推测其为干阑式建筑。类似的建筑遗址在附近地区以及湖北的荆门也有发现，因此干阑式木架结构建筑可能是西周时期长江中下游一种常见的居住建筑类型。

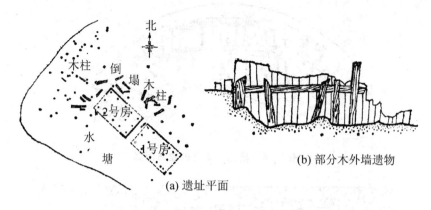

图 1.13 湖北蕲春干阑式木架建筑遗址

1.3 春秋战国时期建筑(公元前770年—公元前221年)

中国社会在春秋时期开始向封建社会过渡。由于铁器与耕牛的使用,社会生产力水平有了很大提高。建筑上的重要发展是瓦的普遍使用和作为诸侯宫室用的高台建筑(或称台榭建筑)的出现。从陕西侯马晋故都、河南洛阳东周故城、陕西凤翔秦雍城等地的春秋时期遗址中,发现了大量板瓦、筒瓦以及一部分半瓦当和全瓦当。在凤翔秦雍城遗址中,还出土了实心砖及质地坚硬、表面有花纹的空心砖,说明中国早在春秋时期就已经开始了用砖的历史。

战国时期,社会生产力的进一步提高及生产关系的变革,促进了封建经济的发展。春秋以前,城市仅作为奴隶主诸侯的统治据点而存在,手工业主要为奴隶主贵族服务,商业不发达,城市规模比较小。战国时期由于手工业与商业的发展,城市规模日益扩大,出现了一个城市建设的高潮。齐临淄、赵邯郸、燕下都等,都是当时著名的工商业大城市及诸侯统治的据点。

1.3.1 高台建筑

春秋、战国时期,各诸侯国出于政治、军事统治和生活享乐的需要,建造了大量的高台建筑,掀起了"高台榭,美宫室"的建筑潮流,一般是在城内夯筑高数米至10多米的土台若干座,上面建造殿堂屋宇。如图1.14所示为河南辉县出土的战国铜鉴上的建筑图像,它显示了土木混合结构的高台建筑的直观形象。铜鉴上刻3层建筑;底层中为土台;外接木构外廊;2、3层为木构,都带回廊并挑出平台伸出屋檐。

河北省平山县战国时期中山王墓出土了一块铜板兆域图,傅熹年根据此图和王墓的发掘资料,绘出了想象复原图,如图1.15所示。从图面可见,在两道围墙内,突出了一组"凸"字形的高台。台上中部并列着3座享堂,两侧各有一座高度稍低、体量稍小的享堂。5座享堂下部是对应的坟丘。5座享堂都采用高台建筑形式。这组兆域图生动地显示出高台建筑组合体的庞大体量和雄伟气势,也标志着战国时期大型建筑组群所达到的规划设计水平。

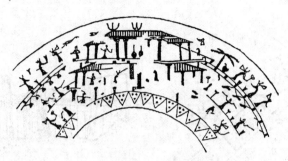

图 1.14 战国铜鉴上的建筑图像

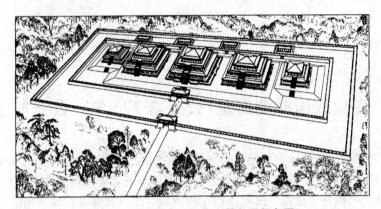

图 1.15 战国中山王墓全景复原想象图

近年在咸阳市东郊发掘的一座高台建筑遗址是战国时期咸阳宫殿之一。根据杨鸿勋的复原图，如图 1.16 所示，这座长 60m，宽 45m 的长方形夯土台，高 6m，台上建筑物由殿堂、过厅、居室、浴室、回廊、仓库与地窖等组成，高低错落，形成了一组复杂壮观的建筑群。其中，殿堂为两层；居室与浴室中都设有取暖的壁炉。地窖系冷藏食物之用，深 13～17m，由直径 0.6m 的陶管建成，窖底用陶盆盛物。遗址内还发现了具有陶漏斗和管道的排水系统。这种具备取暖、排水、冷藏、洗浴等设施的建筑，充分显示了战国时期的建筑水平。

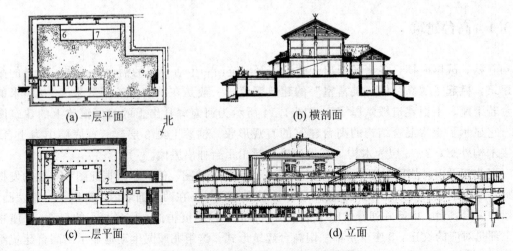

图 1.16 秦咸阳宫殿建筑复原想象图

高台建筑是大体量的夯土台体与小体量的木构廊屋的结合体,它反映出当时在防卫上和审美上需要高大建筑,而木构技术水平尚难以达到,不得不通过阶梯形的夯土台体来支承与联结。这种夯土台可以做得很大,可以高达数层,可以取得庞大的规模与显赫的形象。但是,由于夯土工作量极为繁重,夯土台体自身也占去很大部分结构面积,因此在空间使用和技术经济上都有很大局限。因此,随着木构建筑技术的进步和大量奴隶劳动的终止,高台建筑在汉以后,已趋于淘汰。

1.3.2 城市的早期发展

原始社会的晚期已经出现城垣,主要用于防避野兽侵害和其他部族侵袭。进入奴隶社会后,城垣的性质发生变化,"筑城以卫君,造郭以守民",城起着保护国君、看守国民的职能。春秋以后,随着社会生产力的大发展,手工业和商业的发达,城市不仅成为诸侯统治的据点,也是手工业与商业发展的载体。

1. 城市形制

《周礼·考工记》中关于都城的形制,有一段重要的记述:"匠人营国,方九里,旁三门,国中九经九纬,经涂九轨,前朝后市,市朝一夫……"意思是说:匠人营建都城,其范围为九里见方,每面开3座城门。城内有9条纵街,9条横街;纵街宽度能容9辆车并行。王宫居中,宫左右分布宗庙、社稷;宫前为外朝,宫后设市场。市和朝的面积各为"一夫",即100亩。如图1.17所示为宋人在《三礼图》中据《周礼·考工记》所绘的"王城示意图",它表明当时的城市规划已涉及城市布局、规模、城门街道分布、主要建筑分区位置、局部用地指标,以及不同等级城市的等差标准,反映出当时中国城市规划与建设所达到的水平,并对以后中国都城形成宫城居中的方格网街道布局模式有深远的影响。

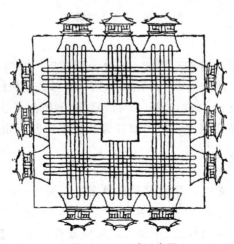

图 1.17 王城示意图

2. 城市建设

1) 齐临淄城

约建于公元前4世纪,据记载,当时临淄居民达到7万户,街道上车轴相击,人肩相摩，热闹非凡，是人口众多、工商密集的繁华城市，反映出春秋战国时期经济生活在城市中的作用。城址位于今山东临淄城北淄河西岸，据考古发掘，城南北长约5km，东西宽约4km，城垣随河岸转折呈不规则布局，如图1.18所示。大城内散布着冶铁、制骨等作坊及纵横的街道。大城西南角有小城，其中夯土台高达14m，周围也有作坊多处，推测是齐国宫殿所在地。

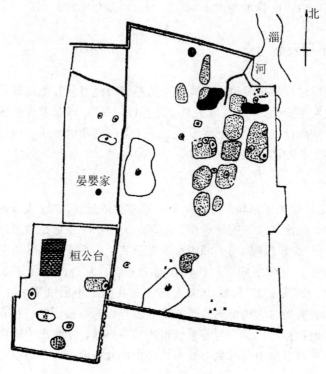

图1.18　齐临淄城遗址

2）赵邯郸城

城址位于今邯郸市西南，据考古发掘，城分为宫城与郭城两部分，但城、郭不相连。宫城由东城、西城、北城三部分组成，平面呈"品"字形，面积约50000m²。其中，西城中心有称为"龙台"的尺度达296m×265m的大型夯土高台，是战国时期最大的夯土高台。龙台北部沿轴线上，还有其他高台。城郭为长方形，但西北隅曲折不整，如图1.19所示。

3）燕下都城

城址位于今河北省易县东南，是战国都城中面积最大的一座。如图1.20所示，城分东、西两部分。东城又分南北两部分。以武阳台为中心，向北有望景台、张公台、老姆台等大型夯土台。全城内外大小台址达50余处，展现出当时高台建筑风行的盛况。西城可能是战国晚期增建的附郭城。

将齐临淄城、赵邯郸城、燕下都城与《周礼·考工记》周王城形制相比较，可以看出中国城市很早就形成了随形就势的"因势型"布局和强调对称规整的"择中型"布局，这两种布局方式对中国后来的城市都产生了深远影响。

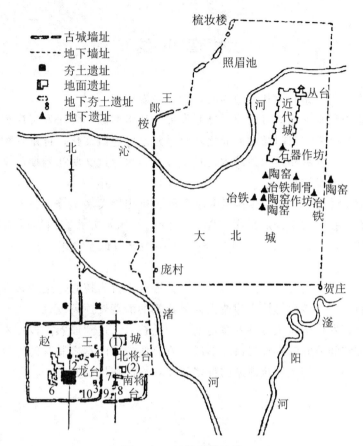

图1.19 赵邯郸城遗址

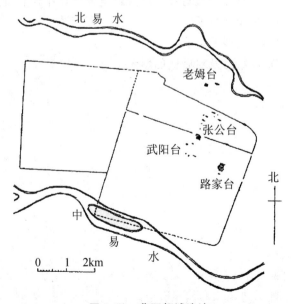

图1.20 燕下都城遗址

本 章 小 结

本章主要讲述了原始时期和夏商周时期的建筑发展。

原始建筑是中国土木相结合的建筑体系发展的技术渊源。穴居发展序列所累积的土木混合构筑方式成为跨入文明门槛的夏商之际直系延承的建筑文化，也是木构架建筑生成的主要技术渊源。巢居发展序列积累的木构技术经验，也通过文明初始期的文化交流，成为木构架生成的另一技术渊源。

夏商周时期承继原始穴居与干阑的营造经验，突出地发展了夯土技术。在大型建筑工程中，木构与夯土技术的结合形成了"茅茨土阶"的构筑方式。西周时期瓦的发明及应用，进一步将"茅茨"发展到"瓦屋"，奠定了中国建筑以土、木、瓦、石为基本用材的悠久传统。

春秋战国时期盛行高台建筑，推出了以阶梯形夯土台为核心，逐层架立木构房屋的一种土木结合的新方式，将简易技术建造大体量建筑的潜能发挥到极致。

本时期是中国木构架建筑体系的奠定期。夯土技术已达到成熟阶段；木构榫卯已非常精巧；建筑组群空间的庭院式布局已经形成，既有体现"门堂之制"的廊院，也出现了纵深串联的合院。中国木构架建筑体系的许多特点，均已初见端倪。

思 考 题

1. 原始社会时期，我国长江流域与黄河流域建筑发展有什么不同？
2. 简述高台建筑的产生及其特征。
3. 西周瓦的出现对建筑发展的影响。
4. 简述早期的城市形制特点及对后世的影响。

第2章
秦汉及魏晋南北朝建筑

(公元前221年—公元589年)

【教学目标】

主要了解秦、两汉时期及魏晋南北朝建筑的发展概况，理解各时期城市与建筑发展的主要方向与类型，佛教的传入及塔、寺的演化，掌握中国木构架建筑形成期的主要特征及建筑技术与艺术发展的特征。

【教学要求】

知识要点	能力要求	相关知识
秦代建筑	(1) 了解城市建设的发展 (2) 掌握陵墓建筑的发展与特征 (3) 了解秦长城建设的背景与方式	(1) 长城 (2) 墓、丘、陵、方上
两汉建筑	(1) 掌握两汉时期建筑的主要成就 (2) 了解城市建设的发展 (3) 掌握中国木构架建筑在体系形成期的主要特征	(1) 木构架的两种基本形式 (2) 屋顶形式 (3) 礼制建筑 (4) 斗栱
魏晋南北朝建筑	(1) 了解魏晋南北朝时期城市与建筑的发展脉络 (2) 掌握佛教的传入与塔、寺的演化 (3) 掌握中国木构建筑体系发展融合期的重要特征	(1) 楼阁式塔 (2) 密檐式塔 (3) 佛寺的布局形式 (4) 石窟寺

基本概念

方上、抬梁式、穿斗式、斗栱、明堂辟雍、悬山、庑殿、坞壁、石窟寺。

引例

公元前221年，秦灭六国，建立了中国历史上第一个真正实现统一的国家。强盛而短暂的秦帝国，在长城、宫苑、陵寝等工程上，投入的人力、物力之多，建造的规模之大，都令人吃惊。从遗留至今的阿房宫、骊山陵遗址，可以想见当年建筑的恢宏气势。两汉是中国古代第一个中央集权、强大而稳定的王朝，迎来了中国建筑发展的第一个高潮，中国木构架建筑进入到体系的形成期。两汉之后，中国又经历了350多年动荡分裂的局面。南北分裂，在造成破坏衰败的同时，也促进了民族的大融合和各地区、各民族建筑文化的大交流。这段时期是中国建筑体系的融合期，既有基于佛教传播，来自印度、中亚的外来文化交流,也有来自国内民族大融合的南北文化交流,使得中国建筑从类型、风貌及细部装饰都展现出新的面貌。

2.1 秦代建筑(公元前221年—公元前206年)

公元前221年,秦灭六国,建立了中国历史上第一个真正实现统一的国家。秦代建国伊始就大力改革政治、经济、文化,又集中全国人力、物力和六国技术成就,在首都咸阳大兴土木,建造了规模恢宏的都城、宫殿、陵墓,历史上著名的阿房宫、骊山陵,至今遗址犹存。这些都是我国历史上第一个封建王朝的重大建筑成就。

2.1.1 都城建设

秦都咸阳的建设早在战国中期秦孝公十二年(公元前350年)即开始。当时咸阳宫室南临渭水,北达泾水,至秦孝文王时(公元前250年),宫馆阁道相连三十余里。秦始皇统一六国后,又对咸阳进行了大规模的建设。咸阳的布局很有独创性,它摒弃了传统的城郭制度,在渭水南北范围广袤的地区建造了许多离宫别馆,东至黄河,西至汧水,南至南山,北至九嵕,均是秦都咸阳范围。据史书记载,当时"并徙富豪十二万户于咸阳",可见咸阳城的规模是十分宏大的。

2.1.2 宫殿建筑

秦始皇在统一中国的过程中,吸取了各国不同的建筑风格和技术经验,于公元前220年开始兴建新宫,如图2.1所示。首先在渭水南岸建了一座信宫,作为咸阳各宫的中心,然后在信宫前开辟一条大道通骊山,建甘泉宫。在用途上,信宫是大朝,咸阳旧宫是正寝与后宫,而甘泉宫是避暑处。此外还有兴乐宫、长杨宫、梁山宫等,以及上林、甘泉等苑。公元前212年,秦始皇又开始兴建一组更大的宫殿——朝宫。朝宫的前殿就是著名的阿房宫。据史书记载,阿房宫"东西五百步,南北五十丈,上可以坐万人,下可以建五丈旗",可惜被项羽付之一炬,相传当时"火三月不灭"。现在阿房宫只留下长方形的夯土台,东西长约1000m,南北长约500m,后部残高7~8m,台上北部中央还残留不少秦瓦。

2.1.3 陵墓建筑

从人类学和考古学的角度来说,埋葬制是人之初伴随"灵魂观"的出现而诞生的。人类社会进入氏族公社后,同一氏族的人生前死后都要在一起,这在我国原始社会考古资料中已经得到证实。随着历史的演进,母系氏族公社完成向父系氏族公社的过渡,埋葬制上也打破了死后必须埋到本氏族公共墓地的习俗,而出现了夫妻合葬或父子合葬的形式。其后在私有制发展的基础上,贫富分化和阶级对立逐渐产生,反映在葬制上则进一步出现了

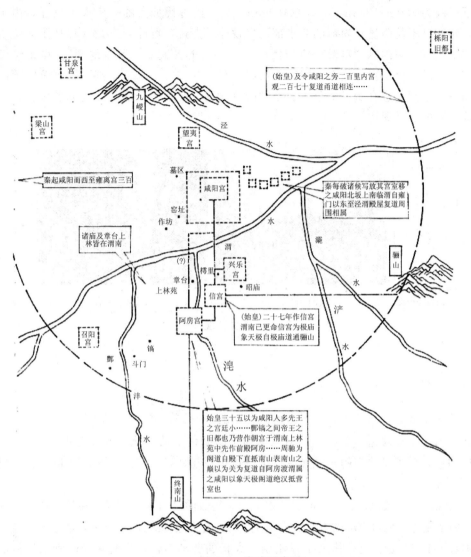

图 2.1　秦咸阳宫殿

墓穴和棺椁。商周时期，作为奴隶主阶级高规格的墓葬形式，已出现了墓道、墓室、椁室及祭祀杀殉坑等。最初，帝王、贵族都采用木椁作墓室。以后，由于木椁不利于长期保存，更由于砖石技术的发展，战国末年，河南一带开始用大块空心砖代替木材作墓室壁体，逐渐出现了石墓室和砖墓室。

墓葬制中，地面出现高耸的封土，可能出现在春秋战国时期。由于存在高耸的封土，墓的称谓也发生了变化，由"墓"发展为"丘"，最后称之为"陵"。秦始皇营"骊山陵"，大崇坟台，开创了中国封建社会帝王埋葬规制和陵园布置的先例。汉因秦制，帝陵都起方形截锥体陵台，称为"方上"。

史称"骊山陵"的秦始皇陵位于陕西临潼骊山北麓，陵北为渭水平原，陵南正对骊山主峰，总面积约 $2km^2$，周围有两道陵墙环绕。如图 2.2 所示，陵园外垣周长约 6300m，内垣周长约 2500m。除内垣北墙开两门外，内外垣各面均开一门。陵台由 3 级方截锥体组成，最下一级为350m×345m，3级总高46m，是中国古代最大的一座人工坟丘，由于风雨侵蚀，轮廓已不甚明显。内垣的北半部已发现建筑遗迹，可能是寝殿或寝殿附属建筑所在。据史书记载，陵内以"水银为百川江河大海……上具天文，下具地理"。虽未经考古发掘证实，但类似做法在五代南唐陵墓中可以看到。汉、唐、宋墓中则可看到墓室顶部绘有天文图像。陵园东边有始皇诸公子、公主的殉葬墓，有埋葬陶俑、活马的葬坑群，还有模拟军阵送葬的兵马俑坑。

(a) 总平面　　　　(b) 外观　　　　(c) 兵马俑

图2.2　秦始皇陵

2.1.4　秦长城

长城始建于战国时期。当时，各诸侯国之间战争频繁，秦、赵、魏、齐、燕、楚等国各筑长城以自卫。靠北边的秦、燕、赵三国为了防御匈奴的骚扰，又在北部修筑了长城。秦统一中国后，为了将北部的长城连成一个整体，西起甘肃，东至辽东，建造了大规模的长城，长达3000余千米。

长城所经过的区域包括黄土高原、沙漠地带和无数的高山峻岭与河谷溪流，因而筑城工程采用了因地制宜、就材筑造的方法。在黄土高原一般用土版筑，无土之处就垒石为墙，山岩溪谷则杂用木石建造。这个伟大工程使用了大量的劳动力，在当时曾经起到了防御的作用。如今在北京八达岭的长城是明代所建的长城，秦长城基本上已消失，只剩一些残基。

2.2　两汉时期的建筑（公元前206年—公元220年）

公元前206年，西楚霸王项羽攻入咸阳，秦衰落。公元前202年，刘邦击败项羽建立了西汉王朝，建都长安，其疆域比秦朝更大，并且开辟了通向中西贸易往来和文化交流的通道。公元9年，王莽篡位，建立"新王朝"，但不久又被刘秀夺回政权，恢复汉室，建都洛阳，是为东汉。

两汉是中国古代第一个中央集权的、强大而稳定的王朝，处于封建社会的上升时期，经济的发展促进了城市的繁荣与建筑的进步，形成我国古代建筑发展的第一个高潮，主要表现在：第一，形成了中国古代建筑的基本类型：包括宫殿、陵墓、苑囿等皇家建筑；明堂、辟雍、宗庙等礼制建筑；坞壁、第宅、中小住宅等居住建筑；第二，木构架的两种主要形式——抬梁式、穿斗式都已出现，多种多样的斗栱形式表明斗栱正处于未定型的活跃探索期；第三，多层重楼的兴起与盛行，标志着木构架结构整体性的重大发展，盛行于春秋战国时期的高台建筑到东汉时期，已被独立的、大型多层的木构楼阁所取代；第四，建筑组群达到庞大规模。这些都显示出中国木构架建筑在两汉时期已经进入体系的形成期。

2.2.1 城市建设

1. 西汉首都长安城

西汉长安城址位于今西安市西北，渭水南岸的台地上。平面很不规则，这是因为宫殿建设在前，城墙迁就围筑在后，再加上顺依北部渭水支流和南部龙首原地势而自然形成的。

据实测，汉长安城墙周长25700m，全城面积约36km²。如图2.3所示，城市中5座宫城

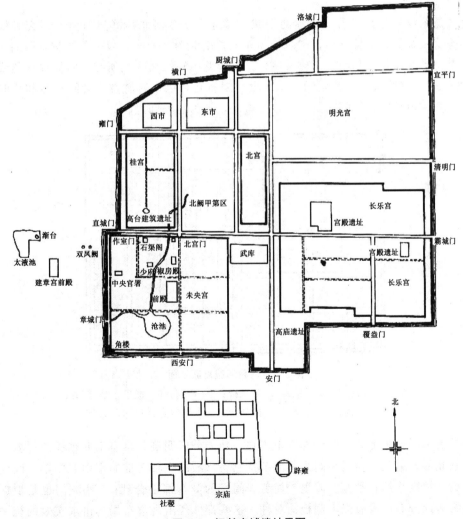

图 2.3　汉长安城遗址平面

占地很大。长安城墙全部由黄土夯筑,高度在12m以上。城墙周围有8m宽的壕沟,城的每面各有3座城门。城内街道有"八街"、"九陌"之说。考古探明,通向城门有8条主干道,大体上呈直线,互相交叉成十字路口或丁字路口。最长的安门大街长5500m。这些大街都由排水沟分成3股道,中间是皇帝专用的御道。街两旁种有槐、榆、松、柏等树木。

文献记载长安城内有9市、160闾里。9市的位置在横门大街北段两侧。3市在街东,称为东市;6市在街西,称为西市。闾里,就是居住里坊。一般百姓的闾里在城东北,靠近宣平门一带。少数权贵的宅邸分布在未央宫北阙附近。汉平帝时,长安人口有8万户,如此大量的住户,城内估计难以容纳,相当多的闾里可能分布在城外。

长安城外有上林苑,原建于秦,汉武帝时修复。长安南郊还有汉平帝和新莽时期建造的明堂、辟雍、九庙等庞大的礼制建筑组群。分布在长安城东南郊和北郊的7座陵邑,有从各地强制迁来的富豪居住。每个陵邑都达到五六万户的规模,它们组成了以长安城为中心的城市群。

2. 曹魏邺城

邺城是东汉末年魏王曹操营建的王城,城址位于今河北临漳与河南安阳交界处。如图2.4所示,城平面呈长方形,东西约3000m,南北约2160m,以一条横贯东西的大道把城分为南、北两部分。北城正中建宫城,正对南北中轴线为大朝所在。宫城以东是贵族聚居的"戚里"。宫城以西是禁苑铜雀园,设有铜雀台,供平时游赏、检阅演习和战时城防之用。南城除司马门大街两侧集中布置衙署外,均为居民闾里。

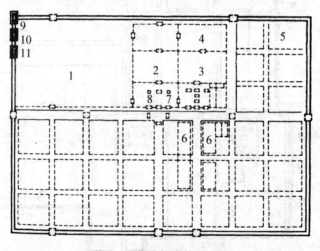

图 2.4 曹魏邺城复原平面

1—铜雀园;2—文昌殿;3—听政殿;4—后宫;5—戚里;6—衙署;
7—钟楼;8—鼓楼;9—冰井台;10—铜雀台;11—金虎台

邺城是中国历史上第一座轮廓方正规整、功能分区明确、具有南北轴线的都城。它将宫城设在北部,避免了宫殿与闾里的混杂;它将宫殿的主轴对准城市南北中轴,改变了此前都城的不规则格局;禁苑、戚里、衙署、闾里的分布都很合理;7座城门也是根据街道的情况灵活地分布,没有强求刻板的对称。这些都体现出规整布局与讲求实效的统一,标志着中国都城规划找到了规范的模式,对此后中国都城规划有深远影响。

2.2.2 礼制建筑

长安城南郊有庞大的礼制建筑组群，分为三处：一是东面的明堂、辟雍；二是西面的官社、官稷；三是居中的九庙。

明堂、辟雍的用途是皇帝于季秋大享祭天、配祀祖宗、朝会诸侯、颁布政令等，可说是朝廷举行最高等级的祀典和朝会的场所。长安南郊的明堂、辟雍始建于西汉元始四年（公元4年）。据王世仁复原，如图2.5所示，平面正中的中心建筑，坐落在直径62m的圆形夯土台基上，呈亚字形，每边长42m。中心建筑四周由四面围墙、四向院门和四角曲尺形配房围成方院，每边长235m。围墙外环绕一圈直径约360m的环状水渠。整组建筑组成"圜水方院"和"圆基方榭"的双重外圆内方格局。这组建筑展示了典型的、双轴对称的高台建筑形象。高台建筑盛行于春秋战国时期，此时已处于尾声。进入东汉后，随着楼阁建筑的兴起，高台建筑就趋于淘汰了。

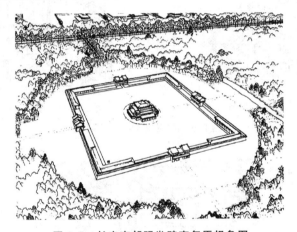

图2.5 长安南郊明堂辟雍复原想象图

2.2.3 住宅建筑

汉代的住宅已有不同等级的名称。列侯公卿"出不由里，门当大道"者，称为"第"；"食邑不满万户，出入里门"者，称为"舍"。贵族富豪的大第，"高堂邃宇，广厦洞房"；贫民所居多是上漏下湿的白屋、狭庐、土圌等。汉代住宅没有实物遗存，但数量颇多的汉画像石、画像砖和明器陶屋，为我们提供了丰富的形象资料，从中可以看到汉代中小型宅舍、大型宅第和城堡型住宅——坞壁的大体状况。

广州出土的汉墓明器，如图2.6所示，生动地反映出汉代中小型宅舍的多样形式，平面有一列式、曲尺式、三合式和前后两进组成的日字式等。房屋多为木构架结构，屋顶多为悬山顶，有的还采用了干阑式做法。

成都出土的庭院画像砖，如图2.7所示，生动地展示了汉代中型住宅的建筑状况。主体部分由回廊组成前后两院。前院较小，前廊设栅栏式大门，后廊开中门。后院宽大，内有一座三开间悬山顶房屋，当是堂屋。附属部分也分为前后两院，各有回廊环绕。前院较浅，用作厨房、杂物等服务性内院，后院中竖立一方形木构望楼，庑殿式屋顶下有硕大的斗栱支撑，颇似"观"的形象，可能用于瞭望、防卫和储藏贵重物品之用。

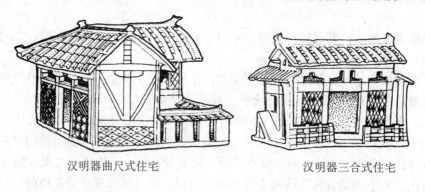

汉明器曲尺式住宅

汉明器三合式住宅

汉明器日字式住宅　　　　　　汉明器干阑式住宅

图2.6　广州出土的汉墓明器

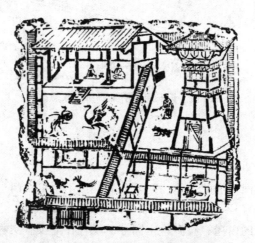

图2.7　成都出土的汉庭院画像砖

河北安平东汉墓壁画，如图2.8所示，是迄今所见规模最大的汉代住宅图。画中的大型宅院至少有二十几个院落。中心部分由前院、主院、后院组成明显的主轴线。主院呈纵长方形，尺度宏大，正面是开敞的堂。堂后为横向后院，当是主人居所。主院两侧有窄长的火道。全宅以主轴三进院为核心，向左右与后部布置了一系列不同形状、大小的附属院落，形成总体布局大致平衡而不绝对对称的格局。宅后方有一座5层高的砖砌望楼，上面建四面出挑的哨亭。亭内设鼓，当为打更、报警之用。

坞壁，也称坞堡，是一种城堡式的大型住宅。东汉时期，地主豪强盛行结坞自保。甘肃武威出土的东汉坞壁明器，如图2.9所示，典型地反映了汉代坞壁的形象。平面为方形，周围环以高墙，四角均有高两层的角楼，角楼之间有阁道相通。院内套院，中央竖立高5层的望楼。高耸的望楼与角楼、门楼相互呼应，构成了坞壁建筑的丰富外形。

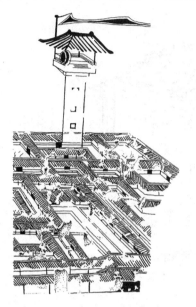
图2.8　河北安平东汉墓壁画

图2.9　甘肃武威出土的东汉坞壁明器

2.2.4　建筑材料、技术与艺术

在建筑材料和技术方面，汉代的制砖技术有了巨大的进步。大块空心砖已大量出现在河南一带的西汉墓中。在成都华阳汉墓群的考古发掘中也发现了精美的成套画像砖，还有特制的楔形砖和企口砖。

石料的使用也逐渐增多，从战国到西汉已有石础、石阶等。东汉时出现了全部石造的建（构）筑物，如石祠、石阙、石碑及完全石结构的石墓，刻石的技术与艺术也逐渐提高。位于四川雅安的高颐阙是汉代石构建筑的代表性实例，如图2.10所示。阙是从防卫性的"观"演变而来的一种表示威仪和等级名分的建筑。汉代建筑有在门前设左右双阙的传统。阙的形象可分为仿木构型和土石型两种。高颐阙就是仿木构型，分为台基、阙身、阙楼、屋顶四部分，雕刻非常精致。

以木构架为主要结构方式的中国建筑体系在汉代进入形成期，两种主要结构方法有抬梁式和穿斗式。抬梁式木构架的特点是：柱上置梁，梁头上搁置檩条。梁上

图2.10　四川雅安高颐阙

再用矮柱支起较短的梁,如此层叠而上,如图 2.11 所示。这种木构架主要用于北方地区及宫殿、庙宇等规模较大的建筑物。穿斗式木构架的特点是:用穿枋将柱子串联起来,形成一榀榀的房架;檩条直接搁置在柱头上;在沿檩条方向,用斗枋将柱子串联起来,由此形成一个整体框架,如图 2.12 所示。这种木构架主要用于江西、湖南、四川等南方地区。

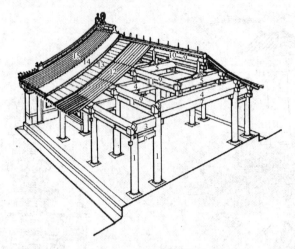

图 2.11 抬梁式木构架
1—柱;2—额枋;3—抱头梁;4—五架梁;5—三架梁;
6—穿插枋;7—随梁枋;8—脊瓜柱;9—檩;10—垫板;
11—枋;12—椽;13—望板;14—苫背;15—瓦

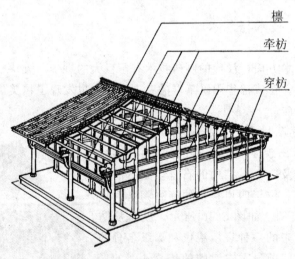

图 2.12 穿斗式木构架

河南荥阳出土的陶屋明器和成都出土的画像砖上的主屋,如图 2.13 所示,都有柱上置梁,梁上再置短柱的构架形式。这两例所显示的构架,都已具备抬梁式梁柱层叠的基本特征,表明抬梁式构架最迟在东汉已经形成,并已广泛使用。

长沙和广州出土的陶屋明器,如图 2.14 所示,山墙面上清晰地刻画出柱枋形象,它们都是三根立柱直接承载檩条荷重,立柱之间有横向的穿枋连接,是很典型的穿斗式木构架。

图 2.13　陶屋明器和画像砖上的抬梁式构架

图 2.14　陶屋明器和画像砖上的穿斗式构架

大约在西汉、东汉之交，开始兴建重楼建筑，这是汉代建筑结构发展的一个重要标志。东汉陶楼明器，如图 2.15 所示，显示当时的重楼采用了多层配置平坐、腰檐的做法，主要是为了保护各层的土墙和木构，同时也起到遮阳和凭栏远眺的作用。层层挑出的平坐、腰檐，给高耸的楼身体量以强烈的横分割，形成有节奏地挑出、收进，产生了虚实明暗的对比，创造了中国式楼阁建筑的独特风格，后来南北朝时期的木塔就是在这种楼阁建筑的基础上发展起来的。

作为中国古代木构架建筑显著特点之一的斗栱，在汉代已经普遍使用。在东汉的画像砖、明器和石阙上，都可以看到斗栱的形象，如图 2.16 所示。大量资料表明，当时斗栱的形式很不统一，远未像唐、宋时期那样达到定型化程度。这时期的斗栱结构作用较为明显，即为了保护土墙、木构架和

图 2.15　东汉陶楼明器

房屋的基础，而用向外挑出的斗栱承托屋檐，使屋檐伸出到足够的深度。这些斗栱也都是孤立的。没有形成整体联系。

随着木结构技术的进步，作为中国古代建筑特色之一的屋顶，形式也多样起来。从明器、画像砖等资料可知，当时以悬山顶和庑殿顶最为普遍，如图 2.17 所示。悬山顶是一种两坡排水，并悬出山墙的屋顶形式。东汉孝堂山石祠是遗存至今最早的悬山顶实物。庑殿顶是一种四坡排水的屋顶。它多出现在较大型的、重要的殿堂、楼阁、门屋、门楼，属于较高级屋顶形式。此外，汉代的屋顶已经出现了重檐的形式。

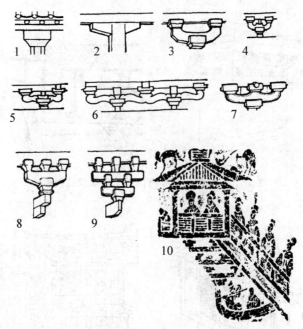

图 2.16 汉代斗栱形象
1—单置栌斗(孝堂山石祠);2—实拍栱(广州出土明器);3——斗二升(渠县冯焕阙);
4——斗二升加蜀柱(雅安高颐阙);5—曲栱(雅安高颐阙);6—交手曲栱(渠县沈府君阙);
7——斗三升(牧马山出土明器);8—挑梁单栱出跳(三门峡出土明器);
9—挑梁重栱出跳(望都出土明器);10—多重插栱(河南出土水榭画像石)

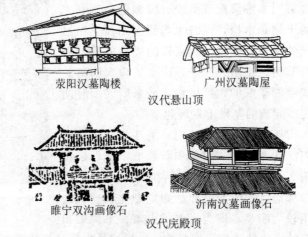

图 2.17 汉代屋顶形式

2.3 魏晋南北朝时期的建筑(公元220年—公元589年)

从东汉末年经三国、两晋到南北朝,是我国历史上政治不稳定、战争破坏严重、长期处于分裂状态的一个阶段。在这300多年间,社会生产的发展比较缓慢,在建筑上主要是继承和运用汉代的成就,但也有值得注意的进展:一是东南地区城市建设和建筑活动的崛起。由于晋室南迁,中原人口大量涌入江南,带去了先进的生产技术与文化艺术,推动了以"六朝古都"建康城为中心的江南建筑的繁荣发展。二是由于佛教的传入,引起了佛教建筑的发展。出现了高层佛塔,并带来了印度、中亚一带的雕刻、绘画艺术,不仅使石窟、佛像、壁画等有了巨大发展,而且也影响到建筑艺术,使汉代比较质朴的建筑风格,变得更为成熟、圆淳。

2.3.1 城市建设

1. 东晋、南朝建康

位于今江苏省南京市。城址东依钟山,北枕玄武湖,西北濒长江,东、南有青溪和秦淮河环绕,形势险要,历来有"龙盘虎踞"之称。吴、东晋、宋、齐、梁、陈六朝建都于此。

城市布局,从东晋到陈,基本上相袭沿用,隋初遭人为平毁。根据文献记载所作的复原图,如图2.18所示,宫城位于都城北侧,官署多沿宫城前中央御街向南延伸;居民多

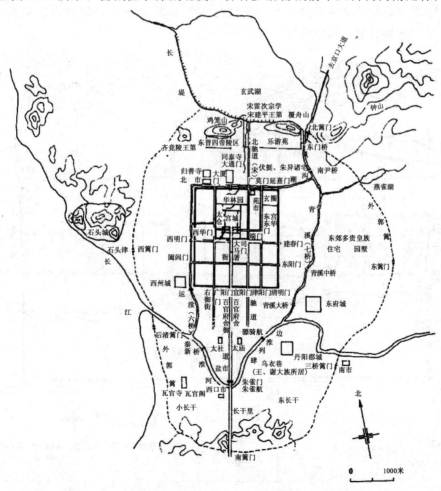

图 2.18 东晋、南朝建康城

集中于都城以南秦淮河两岸的广阔地区,大臣贵戚的宅第多分布于青溪以东和潮沟以北。在宫城南面西侧各建小城两座,东面是常供宰相居住的东府城,西面是扬州刺史衙署所在的西府城,濒临长江的石头城则是保卫建康的重要军垒。建康城的居住区也有里、巷的名称,如长干里、乌衣巷等。推测当时的里巷与北方里坊在布局方式上是不同的,因为建康山丘起伏,不便作方整的居住区,而只能是自由式的街巷布置。一般的居民和市场,多在秦淮河两岸。六朝帝王都信仰佛教,城内外遍布佛寺,总数在500所以上。

整个建康城按地形布置,形成了不规则的布局,而中间的御街砥直向南,直望城南牛首山,作为天然的阙。其他道路都是"纡余委曲,若不可测",可见地形对城市布局起着明显作用,也是建康城市规划的特点。

2. 北魏洛阳

据考古发掘,北魏洛阳城址位于洛水北岸,地势较平坦。全城呈外郭、内城、宫城三城相套的格局,如图2.19所示。内城居外郭中轴位置,除北部有宫城、苑囿外,主要分布官署、庙社、仓库。居住区大部分都在外郭,分为323个里坊,居住相当密集。商业点的"市"也很集中,主要有城西的"洛阳大市"、城东的"洛阳小市"和外商云集的南郊"四通市"。北魏洛阳是北方佛教中心,全城有佛寺1000余所。洛阳城内的树木也很多,登高俯望有"宫阙壮丽,列树成行"的景象。

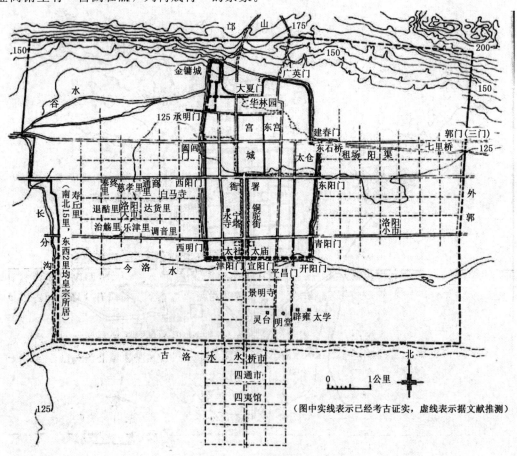

图 2.19 北魏洛阳城

北魏洛阳城的规划建设，承继了曹魏邺城以来都城建设的经验，正式完成了三城相套的格局，对后来的隋唐长安城和洛阳城均有很大影响。

2.3.2 佛教建筑

佛教大约在西汉后期传入中国，见于记载的最早佛寺是东汉永平十年（公元67年）的洛阳白马寺。经三国、两晋至南北朝，中国佛寺、佛塔的建造已经十分普及、数量剧增。

1. 佛塔

佛塔是为埋藏舍利，供教徒绕塔礼拜而作，具有圣墓性质的建筑。魏晋南北朝时期，已经形成了中国佛塔两种最基本的形制——楼阁式和密檐式塔。

早期楼阁式塔是东汉木构重楼与印度的"窣堵坡"相结合的产物。"窣堵坡"就是埋置佛的舍利和实物的实心"坟墓"建筑。"窣堵坡"传入中国后，很自然就以中国固有的重楼作为塔身而形成中国式的木塔。北魏洛阳永宁寺塔是当时最宏伟的一座木塔，方形，9层，塔的遗址现已发掘。

除了木塔以外，还发展了砖塔和石塔。建于北魏正光四年（公元523年）的河南登封嵩岳寺砖塔是中国现存最早的佛塔，也是密檐式塔的最早代表，如图2.20所示。塔总高39.8m，塔身建于俭朴的台基上，塔身腰部有一组挑出的砖叠涩，将塔身划分为上下两段。下端朴素无饰，上段有精美的火焰券面装饰等。塔身上部层叠15层塔檐，均为砖砌叠涩檐。整个塔的外观比例匀称，总体轮廓呈和缓的抛物线形，绰约秀美。券门券窗上的火焰券面和角柱上的莲瓣图案等带有浓郁的异域风味，呈现出南北朝的时代风韵。嵩岳寺砖塔也是中国现存的最早的砖构地面建筑，它的出现标志着中国砖构技术的重要进展。

图2.20 河南登封嵩岳寺塔

2. 佛寺

佛寺的大量涌现，是魏晋南北朝时期建筑发展的一个突出现象。中国的佛教由印度经由西域传入内地。初期佛寺布局与印度相仿，以塔为主要崇拜对象，置于佛寺中央，而以佛殿为辅，置于塔后，形成了"中心塔形"布局。北魏时期，由于王公贵族们礼佛甚众，他们"舍宅为寺",因而许多佛寺由贵族府邸改建,形成了"宅院型"布局,"以前厅为佛殿,后堂为讲堂",于是佛寺进一步中国化了,不仅把中国的庭院式木构架建筑用于佛寺,而且使原来的私家园林也成为佛寺的一部分,成为市民游览的活动场所。

3. 石窟寺

石窟寺是在山崖上开凿出来的洞窟型佛寺。在我国,汉代已有大量崖墓,掌握了开凿岩洞的施工技术。从印度传入佛教后,开凿石窟寺的风气迅速传播。最早有新疆的克孜尔石窟、甘肃敦煌的莫高窟(图2.21),以后在山西、陕西、河南、河北等地,石窟寺相继出现,著名的有山西大同云冈石窟(图2.22)、河南洛阳龙门石窟、山西太原天龙山石窟等。

图2.21 敦煌莫高窟

图2.22 山西大同云冈石窟

从建筑功能布局上看,石窟可以分为三种:一是塔院型,即以塔为窟的中心;二是佛殿型,窟中以佛像为主要内容,相当于一般寺庙中的佛殿,这类石窟较普遍;三是僧院型,其布置为窟中置佛像,周围凿小窟若干,每小窟供一僧打坐修行,这类石窟数量较少。石窟的壁画、雕刻等所表现的建筑形象,是研究南北朝时期建筑的重要资料。

2.3.3 建筑技术与艺术

魏晋南北朝时期是中国建筑体系发展的融合期,既有基于佛教传播,来自印度、中亚的外来文化交流,也有来自国内民族大融合的南北文化交流。中国建筑从类型、风格以至细部装饰都展露新姿。建筑外观由汉代的质朴端严向活泼遒劲发展。表现在屋顶上,屋面由直线逐渐向两端起翘的曲线演进。中国建筑最引人注目的"如鸟斯革,如翚斯飞"的屋顶形象主要在这时期奠定。

随着佛教艺术的流传,印度、波斯、希腊的装饰纷纷传入中国。莲花、卷草和火焰纹等装饰图案,不仅广泛应用于建筑,后来还广泛应用于工艺美术,如图2.23所示。这时期的装饰风格,北朝经历了从初期的苗壮、粗犷、稚气到后期向雄浑刚劲而带柔和的转变;南朝则很早显现出秀丽柔和的特征。

另外,由于"胡坐"的传入,中国家具从适应席地坐的矮足型开始向适应垂足坐的高足型转变,由此引发了中国建筑室内空间和室内景观的嬗变。

嵩岳寺塔火焰券券门

敦煌285窟龛楣火焰券

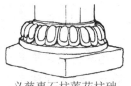
义慈惠石柱莲花柱础

云冈15窟莲花纹

云冈9窟莲瓣纹

南朝墓砖卷草纹

萧景墓碑卷草纹

图 2.23　南北朝的建筑装饰

本 章 小 结

本章主要讲述了秦、两汉及魏晋南北朝时期的建筑发展和建筑特征。

强盛而短暂的秦帝国，在长城、宫苑、陵寝等工程上展现了巨大的成就。

两汉是中国古代第一个中央集权、强大而稳定的王朝，迎来了中国建筑发展的第一个高潮，主要表现在：第一，形成了中国古代建筑的基本类型：包括宫殿、陵墓、苑囿等皇家建筑；明堂、辟雍、宗庙等礼制建筑；坞壁、宅第、中小住宅等居住建筑。第二，木构架的两种主要形式——抬梁式、穿斗式都已出现，多种多样的斗栱形式表明斗栱正处于未定型的活跃探索期。第三，多层重楼的兴起与盛行，标志着木构架结构整体性的重大发展，盛行于春秋战国时期的高台建筑到东汉时期，已被独立的、大型多层的木构楼阁所取代。第四，建筑组群达到庞大规模。这些都显示出中国木构架建筑在两汉时期已经进入体系的形成期。

两汉之后，中国又经历了350多年动荡分裂的局面。南北分裂，在造成破坏衰败的同时，也促进了民族的大融合和各地区、各民族建筑文化的大交流。这段时期是中国建筑体系的融合期，既有基于佛教传播，来自印度、中亚的外来文化交流，也有来自国内民族大融合的南北文化交流，使得中国建筑从类型、风格乃至细部装饰都展现出新的面貌。中国建筑最引人注目的"如鸟斯革，如翚斯飞"的屋顶形象也主要在这时期奠定。

思 考 题

1. 简述秦代在建筑上的三大主要成就。
2. 简要分析汉代住宅形式。
3. 简要分析北魏洛阳城的城市布局特征。
4. 简述河南登封嵩岳寺塔艺术特色。

第3章
隋、唐、五代建筑

（公元 581—979 年）

【教学目标】

主要了解隋、唐、五代时期建筑的发展概况，掌握城市建设与建筑发展的主要方向与类型，掌握中国木构架建筑成熟期的主要特征及建筑技术与艺术发展的特征。

【教学要求】

知识要点	能力要求	相关知识
城市建设	(1) 了解唐代城市建设的发展 (2) 掌握唐长安城的规划布局特色	里坊制
宫殿建筑	(1) 了解唐大明宫地主要建筑组成与特征 (2) 掌握大明宫建筑群总体布局艺术 (3) 掌握含元殿与麟德殿的单体建筑艺术特色	(1) 前朝后寝 (2) 高台建筑、殿庭建筑 (3) 三朝五门
佛教建筑	(1) 了解佛教建筑布局的发展 (2) 掌握佛殿建筑的木结构特征 (3) 掌握佛塔的主要类型与典型实例	(1) 金厢斗底槽 (2) 侧脚 (3) 生起
住宅与陵墓建筑	(1) 了解唐代住宅的一般特点及发展趋势 (2) 了解唐代住宅融入自然的方式 (3) 掌握唐乾陵的规划布局艺术	(1) 廊院式、合院式 (2) 因山为陵
技术与艺术	(1) 了解木构技术与砖石建筑的发展 (2) 了解设计与施工的发展 (3) 掌握唐代大型建筑组群的布局艺术	(1) 材分制 (2) 都料

基本概念

抬梁式、穿斗式、金厢斗底槽、侧脚、生起、都料。

引例

隋唐是中国封建社会的鼎盛时期，也是中国古代建筑的成熟时期。无论在城市建设、木架建筑、砖石建筑、建筑装饰、设计和施工技术方面都有了巨大发展。隋结束了长期战乱和南北分裂的局面，为封建社会经济、文化的进一步发展创造了条件。建筑上的成就主要是修建了都城，以及大规模的宫殿、苑囿，并开通南北大运河、修长城等。唐代是一个统一、巩固、强大、昌盛的封建王朝，中国木构架建筑在唐代初期就迈入了体系发展的成熟期。它的成就，对日本和朝鲜都产生了不少影响。五代时期，黄河流域经历了后梁、后唐、后晋、后汉、后周五个朝代，其他地区先后建立十个地方割据政权，中国再次陷入分裂的战乱局面，只有长江下游的南唐、吴越和四川地区的前蜀、后蜀战争较少，建筑仍有所发展。

3.1 城市建设

隋唐时期最令人瞩目的城市建设是隋大兴城、唐长安城的建设，这是隋、唐两代的都城，城址位于今西安城区及其周围地带。公元582年，因汉长安故城规模狭小，宫殿、官署、闾里混杂，且屡经战乱，宫室凋零，加上城区水质咸卤，隋文帝决定在其东南龙首原创建新都，命宇文恺负责规划与营建，定名大兴城。大兴城分宫城、皇城、郭城。官府集中于皇城中，与民居、市场分开，功能分区明确，这是大兴城建设的革新之处。大兴城规模宏大，全城面积达$84.1km^2$，是中国古代史，也是世界古代史上规模最大的城市。

唐代继续以大兴城为都，改名长安城。基本沿袭隋大兴城格局，主要的改造是在郭城北墙外增建大明宫，城内东部建兴庆宫，城东南角整修曲江风景区。

唐长安的城市布局，如图3.1所示，皇城、宫城前后相连，位于郭城中轴北部。宫城东西宽2820m，南北长1492m，由3组宫殿组成。皇城东西宽与宫城相同，南北长1843m，城内安置寺、监、省、署、局、府、卫等中央衙署。并有太庙、太社分设于中轴线左右，符合"左祖右社"之制。皇城与宫城之间，开辟一条宽220m的横街，形成横长方形的宫前广场。

郭城城墙为夯土筑造，城基宽度在9～12m之间。东、南、西三面各辟3座城门。通向南面三门的3条街道和沟通东西向三门的3条街道，合成"六街"，是全城的主干道，宽度多在100m以上。明德门内的朱雀大街，宽度达150m。据勘测，明德门有5个门道，如图3.2所示，其余城门均为3个门道。以明德门为起点，包括朱雀大街、承天门街和太极宫主轴所组成的纵深轴线，总长度将近9km，是世界古代史上最长的一条轴线。

郭城由街道纵横划分为108个里坊，均围以坊墙。小坊约1里见方，内辟一横街，开东西坊门。大坊数倍于小坊，内辟十字街，开四面坊门。坊的外侧部位是权贵的府第与寺院，直接向坊外开门，不受夜禁限制。一般居民住宅只能面向坊内街曲开门，出入受坊门限制。

城内还有东、西两市。西市有许多"胡商"和各种行店，是国际贸易的集中点；东市则有220行商店和作坊。两市每日中午开市，日落前闭市。实际上有些里坊中也散布着一些商业点。中晚唐时期甚至还出现了夜市，意味着唐代后期的都城工商业已酝酿着时间、空间上的突破限制。

隋唐长安城以恢宏的规模，严整的布局，壮丽的宫殿，封闭的坊、市，宽阔的街道和星罗棋布、高低起伏的寺观塔楼，充分展现了中国封建鼎盛时期都城的风貌。

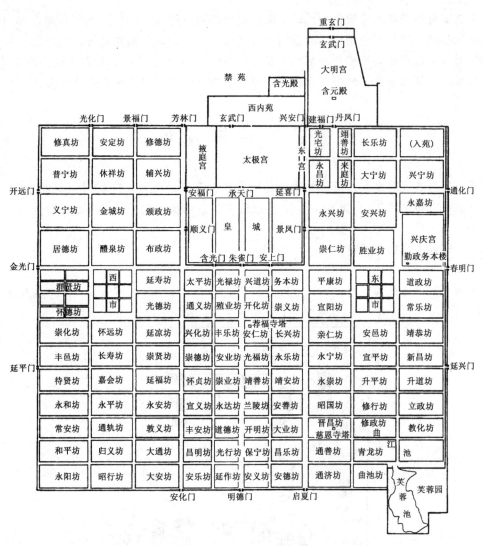

图 3.1 唐长安城复原图

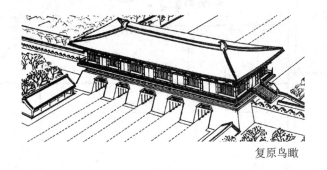

复原鸟瞰

遗址平面

图 3.2 唐长安明德门复原图

大兴城与长安城的建设集中反映了隋唐盛世的繁荣局面，城市的规划布局也成为一种被模仿的范例。当时国内新建、改建的地方城市，如益州城、幽州城等，几乎都以长安的里坊布局作为城市布局形成，在城内开辟十字街。一些地方政权，如渤海国上京龙泉府，以及日本的古都城奈良平城京、京都平安京，更是鲜明地仿造了长安的基本格局。

3.2 宫殿建筑

隋、唐与五代时期，最重要的建设是唐代的大明宫，位于长安城外东北的龙首原上，始建于唐太宗贞观八年（公元634年），后经陆续扩建修治，成为唐代主要的朝会之所。

3.2.1 建筑群总体布局

大明宫位处高地，居高临下，可以远眺全城街市。如图3.3所示，宫城平面呈不规则

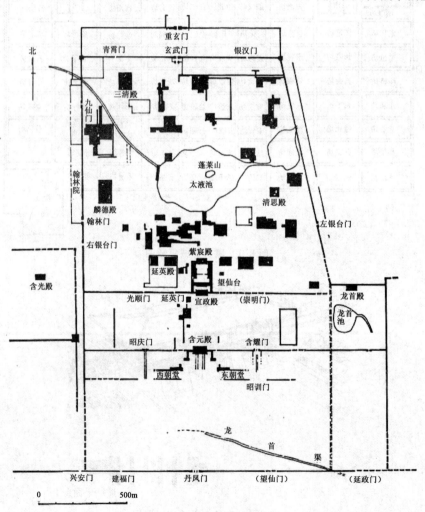

图3.3 唐长安大明宫遗址

梯形，周长7628m，总面积约3.27km²，相当于明清北京紫禁城的4.5倍，规模非常宏大。全宫分为外朝、内廷两大部分，是传统的"前朝后寝"布局。轴线南端依次坐落着外朝三殿：大朝含元殿、治朝宣政殿和燕朝紫宸殿。宫前横列五门，中间正门称丹凤门，从丹凤门到紫宸殿轴线长约1.2km。紫宸殿后部是皇帝后妃居住的内廷。内廷以太液池为中心，布置殿阁楼台三四十处，形成宫与苑相结合的起居游宴区。

据考古发掘，大明宫宫墙用夯土筑成，只有宫门、宫墙转角等处表面砌砖。宫城的东、北、西三面建有夹城，宫城四面均有门。

3.2.2 含元殿

含元殿是大明宫中轴线上的第一殿，是举行元旦、冬至、大朝会、阅兵、受俘、上尊号等重要仪式的场所。据考古发掘，含元殿前空间广阔、深远。殿基高出地面15.6m，雄踞于全城之上。据专家复原的含元殿，如图3.4所示，东西宽76m，南北深42m，面阔11间，加副阶13间，面积为1966m²，与明清紫禁城太和殿面积相近。殿单层，重檐庑殿顶，殿阶用木平坐，殿前有长达70m的坡道供登临朝见之用，坡道共7级，远望如龙尾，故称"龙尾道"。殿前左右有阙楼一对相向而立，采用飞廊与殿身相连，形成环抱之势。

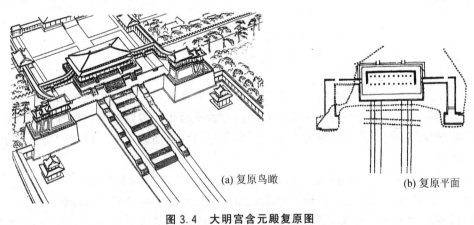

(a) 复原鸟瞰　　(b) 复原平面

图3.4　大明宫含元殿复原图

含元殿的整组建筑，尺度巨大，气势恢宏，威严雄浑，充分表现出进入体系成熟期的建筑形态。

3.2.3 麟德殿

位于内廷部分太液池西侧的麟德殿，是天子赐宴群臣、宰臣奏事、蕃臣朝见、观看伎乐等活动的重要场所。根据专家复原，麟德殿是一组前后殿阁相连，两翼楼亭相接的宫殿组合体，如图3.5所示。南北主轴上串联着前、中、后三殿。前殿面阔11间，进深4间，上冠庑殿顶，是整组建筑的正殿。中殿底层隔一廊道与前殿相连，进深5间，是联系前后殿和上下层的穿堂空间。后殿进深6间，分隔成并列的3个面阔各3间的厅堂。中、后殿的上层，是面阔11间、进深9间的楼上厅堂。主轴线的两侧，对称地耸立着建在高台之上的亭、楼，以架空的飞阁与厅堂相连。两座楼台还设有斜廊式的登楼阶道。

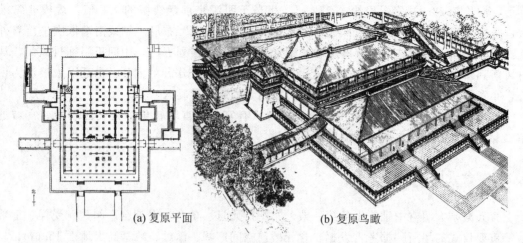

(a) 复原平面　　　　　　(b) 复原鸟瞰

图 3.5　大明宫麟德殿复原图

这组建筑总进深 17 间，面阔 11 间，底层面积达 $5000m^2$，相当于明清紫禁城太和殿面积的 3 倍，是中国古代最大的殿堂。三殿串联、楼台簇拥、高低错落的组合形式，是早期聚合型的高台建筑向后期离散型的殿庭建筑演变的一种中间形态。

3.3　佛教建筑

隋、唐、五代是中国佛教发展的重要时期。此时佛教经历了中国化的历程，佛寺既是宗教活动中心，也是市民的公共文化中心。佛寺的平面布局多以殿堂门廊等组成以庭院为单元的组群形式，殿堂成为全寺的中心，而佛塔退居到后面或一侧，或建双塔，位于大殿或寺门之前。

本时期建造的佛寺、佛塔数量和规模都很惊人。当时的唐长安城里有佛寺 90 余座，有的寺院占了整整一坊之地。但唐武宗会昌五年（公元 845 年）和五代后周显德二年（公元 955 年）的两次"灭法"对佛寺殿塔的破坏是灾难性的，以至于唐代建筑留存至今的只有 4 座木构佛殿和很多砖石塔。

3.3.1　木构佛殿

唐代留存的 4 座木构佛殿是：五台的南禅寺大殿、佛光寺大殿、芮城的广仁王庙正殿、平顺德天台庵正殿，它们都属于中小型的殿屋。南禅寺大殿重修于唐建中三年（公元 782 年），是我国现存最早的木构建筑，规模较小。佛光寺大殿的建设年代稍后于南禅寺大殿，但规模及保存状况胜于南禅寺大殿，在中国建筑史上具有独特的历史价值和艺术价值。

佛光寺位于山西五台，相传创建于北魏，唐大宗元年后复建。寺院布局依山岩走向呈东西向轴线，随地势辟成三层台地，形成依次升高的三重院落，如图 3.6 所示。佛光寺大殿位于第三层台地上，建于唐大中十一年（公元 857 年）。

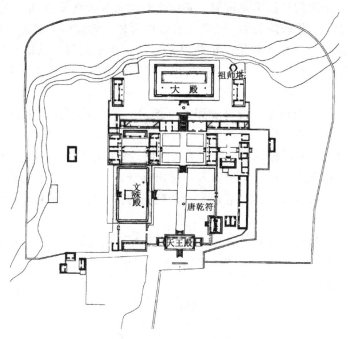

图 3.6 佛光寺总平面图

佛光寺大殿,如图 3.7 所示,面阔 7 间,进深 8 架椽(4 间)。平面柱网由内外两圈柱子组成,属宋《营造法式》中的"金厢斗底槽"平面形式。柱子有显著的"侧脚"与"生起"。"侧脚"是将建筑物的一圈檐柱柱脚向外抛出,柱头向内收进,其目的是借助于屋顶重量产生水平推力,增加木构架的内聚力,以防散架或侧倾。"生起"则是指在立面上,屋宇檐柱自中央当心间向两侧逐间升高。

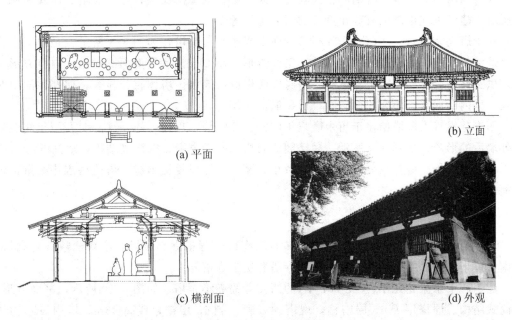

图 3.7 佛光寺大殿

大殿在结构上采用的是抬梁式构架。其做法是沿进深方向在石础上立柱，柱上架梁，梁上再立短柱，上架一层较短的梁。这样重叠数层短柱，架起逐层缩短的梁架，最上一层立一根短脊柱，就形成一组木构架。每两组平行的木构架之间，以横向的枋联系柱的上端，并在各层梁头和顶脊柱上，安置若干与构架成直角的檩，檩上排列椽子，承载屋面荷载，联系横向构架。

佛光寺大殿立面分为台基、殿身和屋顶3部分，这是我国古代建筑典型的三段式构图。殿身与屋顶之间安置斗栱，用来承托梁枋及檐的重量，将荷载传递给柱子。同时，斗栱因为奇巧的形状而具有较强的装饰性。大殿的屋顶采用单檐庑殿顶，高跨比为1∶4.77，坡度相当平缓，显得稳重舒展，出檐深远，挑出墙身近4m。斗栱雄大壮硕，与柱身比例为1∶2，下连柱身，上接梁、檩，它既是一个独立构件，又是构架体系中的一个有机组成部分。

大殿平缓挺拔的屋面，深远舒展的出檐，造型遒劲的鸱尾，微微凹曲的正脊，雄大有机的斗栱，细腻的柱列"侧脚"与"生起"，组构了唐代建筑外观简洁、稳健、恢宏的气度，表达出豪爽的美。

3.3.2　佛塔

在南北朝时期，塔是佛寺组群中的主要建筑，到唐代，塔已经不再位于组群的中心，但它对佛寺组群和城市轮廓面貌仍起着一定的作用。隋、唐、五代的木塔都已不存在，现保存的砖石塔，有楼阁式、密檐式和单层塔3种。

1. 楼阁式塔

现存的隋、唐、五代时期的楼阁式砖塔建于唐代的有西安兴教寺玄奘塔、西安慈恩寺大雁塔，建于五代南越的有苏州虎丘的云岩寺塔等。

建于唐高宗总章二年(公元669年)的西安兴教寺玄奘塔，如图3.8所示，是中国古代体量最大的墓塔。塔全部采用砖砌筑，平面方形，高21m。底层南面辟拱门，内有方形龛室，供玄奘像。二层以上全部填实。塔身以砖檐分为5层。塔体收分显著，檐部叠涩出跳较长，呈内凹曲线。整体比例匀称，形象简洁洗练。

西安慈恩寺大雁塔始建于唐永徽三年(公元652年)，现存塔的外观是明万历年间包砌砖外墙后的形象，如图3.9所示。属楼阁式砖塔，平面方形，空筒式结构，通高63m，内设木梯、木楼板。塔身收分显著，逐层减小高宽。各层以叠涩出檐。塔造型雄伟稳重，带有简洁、雄健的唐风。

2. 密檐式塔

现存的隋、唐、五代时期的密檐式砖石塔有西安荐福寺小雁塔、南京栖霞寺舍利塔、云南大理崇圣寺千寻塔、河南嵩山永泰寺塔和法王寺塔等。

建于唐中宗景龙元年(公元707年)的西安荐福寺小雁塔，如图3.10所示，平面方形，空筒式结构。原塔层叠15层密檐，现塔顶残毁，剩13层檐，残高43m。塔内设木构楼层，内壁有砖砌磴道。塔身一层较高，南北各辟一门。上部密檐逐层降低，各层出砖叠涩

图 3.8　西安兴教寺玄奘塔

图 3.9　西安慈恩寺大雁塔

挑檐。墙面光洁无其他装饰。塔身 5 层以下收分很小，6 层以上急剧收杀，塔体形成流畅的抛物线外形。

建于五代南唐时期（公元 937—975 年）的南京栖霞寺舍利塔，如图 3.11 所示，是一座小型实心的八角密檐式石塔，塔高 18m。基座特别宽大，上以覆莲、须弥座和千叶莲平座承托塔身。二层以上密檐逐层降低，各层均为下设覆莲座，上冠素混石盘，挑出较深的仿木塔檐。密檐塔身每面均雕两个佛龛，塔顶由多重鼓墩、莲瓣组成塔刹。这座江南地区罕见的密檐塔，是仿木结构密檐石塔的最早遗物，也是一件密布精美雕饰的石刻精品。宽大的基座，华丽的须弥座、平坐雕饰，创造了中国密檐塔的一种新形式，开启了密檐塔走向繁丽的趋势。

图 3.10　西安荐福寺小雁塔

图 3.11　南京栖霞寺舍利塔

3. 单层塔

单层塔多为僧人墓塔，有砖造也有石造。现存的隋、唐、五代时期的单层塔有山东济南神通寺四门塔、山西平顺海慧院明慧大师塔、河南登封会善寺的净藏禅师塔等。

建于隋大业七年(公元611年)的山东济南神通寺四门塔，如图3.12所示，是我国现存最早的单层亭阁式塔，也是现存最早的石塔。塔身单层，通高15m，平面方形。四面各辟一半圆拱门。塔身外墙光洁，略有收分，上部用5层石板叠涩出带内凹曲线的出檐，檐上用23层石板层层收进，形成截头方锥形塔顶，顶上用方形须弥座、山花蕉叶和相轮组成塔刹。此塔形态古拙，外观简洁，造型质朴庄重，与当时仿木结构装饰的砖石塔相比别有异趣。

建于唐乾符四年(公元877年)的山西平顺海慧院明慧大师塔，如图3.13所示，也是一座单层亭阁式石塔，高9m，平面方形。塔底部设高约1.5m的基座，座上置须弥座。塔身三面隐出方形角柱，正面开门，门两侧浮雕天神像。塔身上部作庑殿顶，上立硕大的塔刹。全塔比例适当，造型优美，雕刻精致，基座粗犷的线条与塔身各部分细腻的浮雕曲线形成鲜明对比，反映出唐代建筑与雕刻结合的高水平。

图3.12　山东济南神通寺四门塔

图3.13　山西平顺海慧院明慧大师塔

3.4　住宅与陵墓建筑

3.4.1　隋、唐、五代时期的住宅

隋、唐、五代时期尚无住宅实物遗存，但有一些诗文、典章、传记等涉及宅第的记述，以及敦煌壁画、传世卷轴画等提供形象资料。通过这些，可以了解到唐代住宅已建立严密的等级制度，"凡宫室之制，自天子至于庶士各有等差"，门屋的间架数量、屋顶形式及细部装饰等，做法都有明确的限定。唐代的住宅布局，虽然廊院式还在延续，但已明显趋向合院式发展。承继魏晋以来崇尚山水的习气，唐代公卿和名士文人的住宅呈现出三种融合自然的方式：一是以山居形式将宅屋融入自然山水；二是将山石、园池融入宅第，组构人工山水宅园；三是在庭院内点缀竹木山池，构成富有自然情趣的小庭院。

敦煌莫高窟中的一幅壁画绘制了晚唐时期的一所宅院，如图 3.14 所示，为前后两进廊院，前院横扁，后院方阔。前廊、中廊正中分设大门、中门。后院正中建两层高的主屋。大门、中门与主屋构成主轴线，形成了主轴院落左右对称的规整格局。主院落右侧附有版筑墙围合的厩院，真切地反映出了盛行畜马的唐代官僚地主的宅院格局。

图 3.14　敦煌莫高窟壁画中的晚唐宅院

敦煌莫高窟中的另一幅壁画显示了晚唐时期的一所宅院的绿化，如图 3.15 所示，在主院之前有一扁小的曲尺形过院，院中种植了竹子。院外门前及两侧也是花竹并茂，生动地展示唐代住宅绿意盎然的景象。

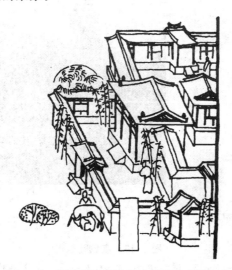

图 3.15　敦煌莫高窟壁画中的晚唐宅院绿化

3.4.2　陵墓建筑

隋、唐、五代时期的陵墓主要利用山形，因山为坟。在唐朝"关中十八陵"中，仅有 4 陵沿袭秦汉"封土为陵"的做法，其余 14 陵均仿魏晋和南朝"依山为陵"，以唐高宗和皇后武则天合葬的乾陵最具代表性。

乾陵位于陕西乾县梁山，如图 3.16 所示，以梁山主峰为陵山，四周建方形陵墙，四面辟门。南面朱雀门外延伸出长 4km 的神道，设 3 道门阙。南端第一道门阙为残高 8m 的土阙一对，中部第二道门阙利用东西连亘的两丘山势，在丘顶建阙。自第二道门阙向北，依次排列华表、翼马、朱雀、石碑等。碑北即第三道门阙，其北有番酋像 61 座，再北为朱雀门，门前设石狮、石人各一对。门内有祭祀用的主要建筑——献殿。

图 3.16　唐乾陵

1—阙；2—石狮一对；3—献殿遗址；4—石人一对；5—番酋像；6—无字碑；
7—述圣记碑；8—石人十对；9—石马五队；10—朱雀一对；11—翼马一对；12—华表一对

陵园整体模仿唐长安城格局：第一道门阙比附郭城正门，神道两侧星罗棋布地散布着皇帝近亲、功臣的陪葬墓；第二道门阙比附皇城正门，以石人石兽象征皇帝出巡的卤簿仪仗；第三道门阙比附宫城正门，以朱雀门内的"内城"象征皇帝的"宫城"。

这组气势磅礴的陵园规划，渗透着强烈的皇权意识，也充分展现出善于利用自然、善于融合环境的设计意识。

3.5 隋、唐、五代建筑技术与艺术

中国古代的木构架建筑在隋、唐、五代时期进入体系的成熟期，主要表现在：第一，建筑组群布局严谨，规模宏大；第二，大型建筑得到发展，木构技术进入成熟阶段；第三，设计与施工的水平提高，已经有了以"材分"为模数的设计方法及相应的用材制度。另外，砖石建筑在本时期也得到了进一步发展。

3.5.1 大型建筑组群布局

隋、唐、五代时期的建筑组群布局严谨，规模宏大。宫殿、陵墓及宗教建筑组群等加强了突出主体建筑的空间组合，强调了纵轴方向的陪衬手法。

以大明宫的布局而言，从丹凤门经外朝三殿至内廷太液池，轴线长达1600m。含元殿利用突起的高地作为殿基，加上两侧双阁的陪衬和轴线上空间的变化，形成了朝廷所需的威严气氛。

再如唐乾陵的布局，利用地形，以梁山为坟，以墓前双峰为阙，再以两者之间依势而上的地段为神道，用以衬托主体建筑。这种善于地用地形和运用前导空间与建筑物来陪衬主体的手法，正是明清宫殿、陵墓布局的渊源所在。

另外，当时大型寺院的布局也可展现进入体系成熟期的建筑总体布局艺术。从唐初道宣所撰《关中创立戒坛图经》中所绘的律宗寺院总平面图，如图3.17所示，可知这时期的大型寺院多采取对称式的庭院布局。沿轴线纵列数重殿阁，常以二、三层楼阁为全寺中心，殿阁联以横廊，划分成几进院落，构成全寺中路主体。两侧左右路则对称地排列若干较小的"院"，按其供奉内容或使用性质等划分，院数常达数十院之多。从傅熹年所作的唐景福年间的悯忠寺的复原想象图，如图3.18所示，也可以生动地感知此时期大型寺院组群的具体景象。

图 3.17 唐代律宗寺院总平面

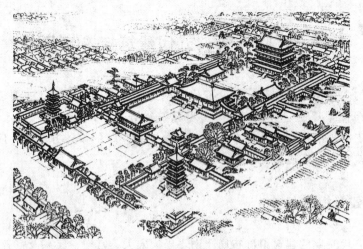

图 3.18 唐悯忠寺复原想象图

3.5.2 木构技术的发展

中国古代的木构架建筑在隋、唐、五代时期进入到一个新的发展阶段,解决了大面积、大体量的技术问题,并已定型化。大体量建筑已不再像汉代以前那样依赖夯土高台外包小空间木建筑的办法来解决。初唐时期的大明宫含元殿、麟德殿是两座大型的殿宇,它们已逐渐摆脱夯土构筑物的扶持而发展为独立的木构架。大约在唐高宗、武后时期,以木构架为主体的大型殿宇已达到成熟的水平。唐睿宗垂拱四年(公元 688 年)建于洛阳的武则天明堂就是初唐超大型建筑的一个突出例子。如图 3.19 所示,这座明堂并非高台式,而是一座大尺度的、带堂心柱的 3 层崇楼。它满足了上圆下方的明堂传统形态,且主体结构摆脱了土台核心的扶持而代以中心堂柱的木构架,显现出这个时期大型殿阁木结构技术的新面貌。

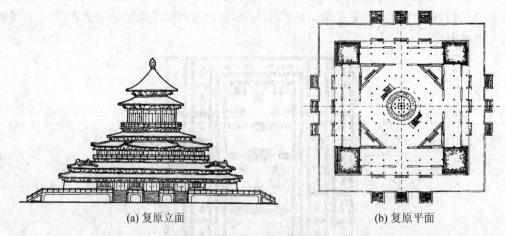

(a) 复原立面　　　　　　　　　　　(b) 复原平面

图 3.19 武则天明堂复原图

本时期也是斗栱发展的重要阶段。盛唐时期,斗栱已进入成熟状态,品类增多,形制丰富,充分发挥结构机能。

3.5.3 设计与施工的发展

从现存的唐代五台山南禅寺正殿和佛光寺大殿来看，当时的木架结构——特别是斗栱部分，构件形式及用料都已规格化，说明当时已经有了用材制度，即将木架部分的用料规格化，一律以木料的某一断面尺寸为基数计算，这是木构件分工生产和统一装配所必然要求的方法。

据傅熹年研究，佛光寺大殿构架用材已明确采用高 30cm 为 1 "材"，即以 2cm 为 1 "分"的模数。如檐柱、内柱之高均为 250 分，明、次、梢间面阔大体与柱高相等。正侧面梢间面阔相等，均为 220 分，等于檐柱与内柱的中距。这些取得了建筑空间与形体的良好比例。南禅寺正殿的立面设计也同样存在着以柱高为模数的现象。它以柱高的 3 倍为通面阔，明、次间的面阔则为 3∶2 的明确比例，这也同样反映了对于比例关系的熟练把握及以"材分"为模数设计方法的成熟。

同样，用材制度的出现反映了施工管理水平的进步，加速了施工速度，便于控制木材用料，掌握工程质量。本时期，还出现了专门从事设计与施工的民间技术人员——"都料"，专业技术熟练，专门从事公私房屋的设计与现场施工指挥，并以此为生。一般房屋都在墙上画图后按图施工，房屋建成后还要在梁上记下他的名字。"都料"的名称直到元朝仍在沿用。

3.5.4 砖石建筑的进一步发展

本时期，砖石建筑进一步发展，主要表现在佛塔采用砖石构筑者增多。唐时砖石塔的外形，已开始朝仿木建筑的方向发展，如西安兴教寺玄奘塔、河南登封会善寺的净藏禅师塔等，都部分地仿造木建筑的柱、枋、简单的斗栱、檐部、门窗等，反映对传统建筑式样的继承和对砖石材料的加工渐趋精致成熟。

本时期最著名的石建（构）筑物是由工匠李春主持建造的赵县安济桥（俗称赵州桥），如图 3.20 所示。建于隋大业年间（公元 605—617 年），距今已 1400 年。在漫长的岁月

图 3.20　赵县安济桥

中,历经洪水冲击、地震摇撼、车辆碾压、风化腐蚀,依然傲立,被誉为"天下雄胜"。它是世界上最早出现的敞肩拱桥(或称空腹拱桥),主拱由28道石券并列而成,净跨度达37m,矢高与净跨比为1∶5,以极平缓的弧形拱券降低了桥面坡度。弧度平缓的桥身,配上敞肩小券,显得线条柔和、造型空灵。再加上桥面两侧42块石栏板,雕刻精细,更增添了桥身的轻秀。这座桥,在技术和造型上都达到了很高水平,是我国古代建筑的瑰宝。

3.5.5 建筑艺术的真实与成熟

本时期建筑风格的特点是气魄宏伟,严整而开朗。从隋大兴城、唐长安城、大明宫、含元殿等一系列的遗址可以想象出这一点。现存的木建筑遗物反映了本时期建筑艺术加工和结构的统一,在建筑物上没有纯粹为了装饰而加上去的构件,也没有歪曲建筑材料性能使之屈从于装饰要求的现象。这固然是我国古典建筑的传统特点,但在本时期,尤其是唐代建筑上表现得更为突出。例如斗栱的结构职能特别鲜明,华栱是挑出的悬臂梁,昂是挑出的斜梁,都负有承托屋檐的责任。一般都只在柱头上设斗栱或在柱间只用一组简单的斗栱,以增加承托屋檐的支点。其他如柱子的形象、梁的加工等都令人感到构件本身受力状态与形象之间内在的联系,达到了力与美的统一;并且色调简洁明快,屋顶舒展平远,门窗朴实无华,给人以庄重、大方的印象,这是在宋元明清建筑上不易找到的特点。

本 章 小 结

本章主要讲述了隋、唐及五代时期的建筑发展和建筑特征。

隋结束了长期战乱和南北分裂的局面,虽然王朝持续时间很短,却兴建了都城大兴城和东都洛阳城,为唐长安、洛阳的两都建设奠定了基础。建于大业年间的赵州桥是世界上最早出现的敞肩拱桥,从一个侧面生动地显示出隋代建筑技术与艺术所达到的水平。

唐代是一个统一、强大昌盛的王朝。中国木构架建筑在唐代初期迈入体系发展的成熟期。繁荣的唐代建筑显示出以下几个特点:①建造规模宏大、规划严整;②建筑布局水平提高;③木建筑解决了大面积、大体量的技术问题,并已定型化;④砖石建筑进一步发展;⑤设计与施工水平提高;⑥建筑形象呈现雄浑、稳健的气质,建筑艺术加工真实与成熟。

五代时期,中国进入分裂状态。在建筑上主要是继承唐代传统,很少有新的创造,仅吴越、南唐石塔和砖木混合结构的塔比唐朝有所发展。

思 考 题

1. 简述唐代宫殿建筑的特点。

2. 简要分析唐长安城的规划布局特征。
3. 简要分析山西五台山佛光寺大殿特征。
4. 简述唐代现存佛塔类型，选择其中一座分析其艺术特色。
5. 简要分析唐乾陵的规划布局特征。

第4章
宋、辽、金、元建筑

(公元 980—1368 年)

【教学目标】

主要了解宋、辽、金、元时期建筑的发展概况,掌握城市建设与建筑发展的主要方向与建筑类型的发展,重点掌握两宋时期建筑的主要特征以及建筑技术与艺术的发展。

【教学要求】

知识要点	能力要求	相关知识
城市建设	(1) 了解宋之后城市规划建设的发展方向 (2) 掌握元大都的规划布局特色	(1) 里坊制—街巷制 (2) 瓦子与勾栏 (3) 胡同
宫殿建筑	(1) 了解宋、金、元宫殿建筑的发展及宫前广场的演进 (2) 了解宫殿建筑的布局特征	(1) 工字殿 (2) 前朝后寝
宗教与祭祀建筑	(1) 了解佛教建筑的发展 (2) 了解道教建筑与清真寺的发展与基本特征 (3) 掌握佛寺与佛塔建筑的典型实例	(1) 覆钵式塔 (2) 减柱造与移柱造 (3) 副阶周匝 (4) 分心槽
住宅与陵墓建筑	(1) 了解住宅建筑的布局特色 (2) 掌握宋代陵墓建设的变化与特征	(1) 方上 (2) 兆域
技术与艺术	(1) 了解宋代建筑体系的制度化与精细化 (2) 掌握宋代建筑的装饰特征 (3) 了解宋、辽、金、元建筑的地域性特征	(1) 营造法式 (2) 宋式彩画 (3) 卷杀

基本概念

方上、金厢斗底槽、分心槽、副阶周匝、瓦子、勾栏、卷杀。

引例

五代时期分裂与战乱的局面以北宋统一黄河流域以南地区而告终,北方地区则有契丹族的辽政权与北宋相对峙。北宋末年,起源于东北长白山的女真族强大起来,建立了金朝,向南攻灭了辽和北宋,又形成了南宋与金对峙的局面，直至蒙古灭金与南宋，建立元朝为止。

这 400 年间，相对安定富庶的江南地区，经济文化发展较快，建筑有后来居上之势。而崛起于华北、东北的辽、金，通过吸收汉民族先进的文化、技术，也跟上了当时城市、建筑的发展步伐。宋、辽、金时期，在建筑上，呈现出建筑规模缩小、建筑类型增多的发展态势，建筑技术也取得了重要进展，小木作发育成熟，建筑风貌显现鲜明的地域特色。中国木构架建筑体系在经过唐代粗犷的成熟期后，在宋、辽、金时期经历了精致化的磨炼。元代统一全国，建筑上沿袭了宋、金的传统，同时也有自己的发展。由于对藏传佛教的尊崇，促进了藏传佛教建筑的发展。

4.1 城市建设

4.1.1 北宋东京城

北宋以东京为首都，也称汴梁、汴京。城址位于今河南开封，地处黄河中游平原，大运河中枢地段，邻近黄河与运河的交汇点。这一带地势低平，无险可守，之所以选址于此，主要是考虑大运河漕运江南丰饶物质的便利。城内有汴河、蔡河、金水河、五丈河贯通，号称"四水贯都"，水运交通十分方便。

东京城市布局由宫城（子城）、内城（里城）、外城（罗城）三城相套，如图 4.1 所示。经考古探知，外城平面近似平行四边形，总长 29180m。内城平面呈不规则的矩形，城内主要布置衙署、寺庙、府第、民居、商店、作坊。宫城位置约在内城中心偏北，改变了曹魏邺城、隋唐长安、洛阳宫城置于北部的布局。宫城南面正门宣德门有御道直通外城正门南薰门。这条宽阔端直的干道成为全城的纵轴大街。东京城的这种宫城居中的三城相套格局，基本为金、元、明、清所沿用。

东京城的城市结构，最值得关注的，就是由里坊制走向了街巷制。北宋初年，东京城仍实行过里坊制和宵禁制，设有东、西二市。但由于商业和手工业的发展，仁宗时就已拆除了坊墙，景祐年间就允许商人到处开设店铺，从封闭的里坊制走向了开放的街巷制。开放的街巷制给东京城带来一片新的城市景象：一是商业街成批出现，专业性市街和综合性市场相辅相成；二是夜市、晓市风行；三是开辟了周期性市场，如相国寺庙会；四是商业、饮食业、娱乐业建筑发展迅速。大酒楼建筑最为瞩目，"三层相高，五层相向，各用飞桥栏槛，明暗相通"。宋代建筑规制还对这些临街酒楼、旅店等建筑特许饰用斗栱、藻井的优待，表现出对商业街市艺术表现力的重视。被称为"瓦子"的游艺场，更是新的建筑类型。每处"瓦子"都设有供表演的戏场——"勾栏"和容纳观众的"棚"。

北宋张择端的《清明上河图》长卷，描绘了东京城沿汴河的近郊风貌和城内的街市情景，如图 4.2 所示，这些前所未有的街景与建筑，深刻反映出城市商品经济的活跃和市民阶层的崛起，标志着中国城市发展史上的重大转折。

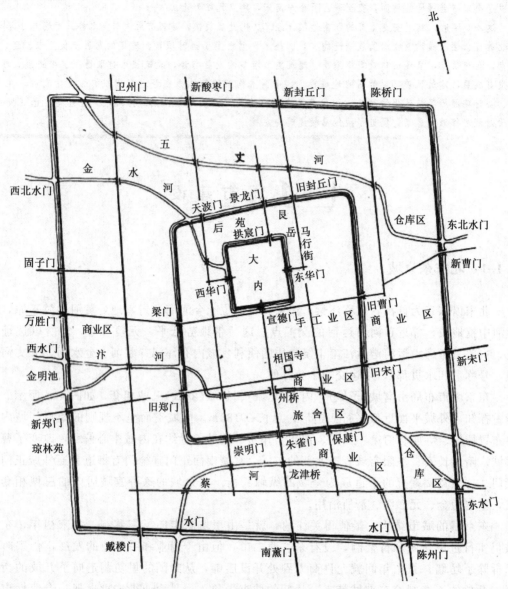

图 4.1 北宋东京城

图 4.2 《清明上河图》（片断）

4.1.2 宋平江府城

平江是北宋末和南宋时期的府城，城址位于今江苏苏州。平江城位于长江下游南岸，南临太湖，大运河绕城西南而过，城内外河湖串通，以河网纵横著称。

据绍定二年(1229年)的《平江府城图碑》，如图 4.3 所示，平江城有外城、子城两重城墙。外城呈长方形，城墙内外均有护城河环绕，有城门 5 座，均为水门、陆门并列。子城在外城中部，是平江府衙所在地。子城内分布着府院、厅司、兵营、宅舍、库房、园林等。

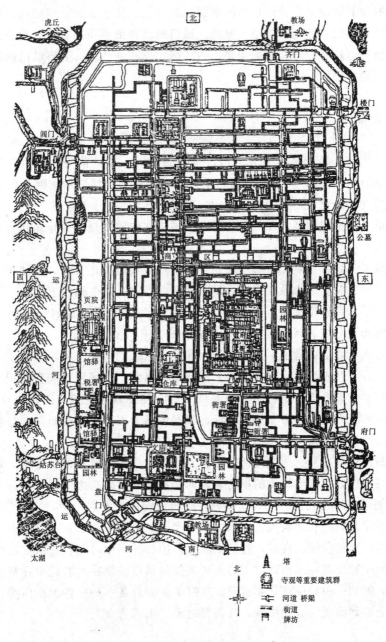

图 4.3 《平江府城图碑》(1229 年)

平江城利用水网地区条件，采取水路、陆路两套相互结合的交通系统。主要街道都取横平竖直的南北向或东西向，以丁字或十字相交。街巷多与河道并行，主要街道多是"两路夹河"格局，巷道则是"一河一路"并列。

子城以北地段是大片居住区，划分出南北向的街道与东西向的联排长巷。巷内建宅，巷口立牌坊，巷外为商业街道。这是北宋东京废除里坊制后出现在平江城的早期街巷面貌。后来元大都和明清北京就是承继了这种布局。子城以南地段集聚较多的官署、学校、寺观、园林，其街道多为网状方格，无联排的横巷，有些还带有十字形小街，生动地刻印下平江城从里坊制转向街巷制的印记。

平江城的规划建设，充分体现出因水制宜的特色。住宅多是前巷后河，呈现"人家尽枕河"、"家家门外泊舟航"的景象。城墙、城门的设置都不强求方正、对位。外城墙根据畅通河流、便利行舟和防避洪峰的需要，做成抹角形和外凸形。五座城门的定位也都是根据河流走向，迎河设门。

4.1.3 元大都城

元大都是当时世界上著名的大城市，也是明清北京城的前身。始建于公元1267年，历时近30年建成。大都的规划由刘秉忠主持，参与规划、建设的有阿拉伯人亦黑迭儿丁等。元大都的规划、建设，如图4.4所示，有以下几个特色。

一是保留了金中都旧城，在其东北另建新城。在中国按规划平地新建古都，这是最后的一座。

二是形成了大城、皇城、宫城三重相套的格局。大城为正方形，皇城位于大城南部中央，内含宫城(大内)等。宫城在皇城内偏东部位，处于大城中轴线上。

三是对河湖水系特别关注，开发了两个系统的河湖水系。规划将整个太液池圈入皇城，环绕水面布置宫城、兴圣宫等，决定了皇城偏南、偏西的定位。同时，开挖金水河，从玉泉山引水入太液池，满足了皇宫中用水和苑囿水景的需要。大城的定位也使积水潭处于全城中部，并且开挖了从积水潭连通大运河的通惠河，使得漕运能直达积水潭，其中东北一带成为繁华的商业区。这种结合水系的布局，使得宫城处于南部，商业区处于北部，再加上在东面布置太庙，西面布置社稷坛，大都城基于因地制宜的布局，却吻合了"左祖右社，面朝后市"的王城模式，体现了现实需要与历史文脉的统一。

四是规整的街巷布局。南北向街道与东西向街道构成棋盘式的街道网，划分为50坊。但坊无坊墙与坊门，不同于封闭的里坊制，而是在南北向大街之间平行地分布胡同。胡同宽5～7m，胡同之间相隔约70m，胡同内联排布置院落式大宅。

五是突出了都城的壮丽景观。大都城布局严谨，道路整齐方正、井然有序。城市中轴线南起丽正门，穿过皇城、宫城，直达全城几何中心——中心阁。这条突出的城市轴线为明清北京城的中轴线奠定了基础。当时来到大都的马可波罗在其游记中称赞大都"街道甚直，此端可见彼端……城中有壮丽宫殿，复有美丽邸舍甚多……各大街两旁，皆有种种商店屋舍……全城地面规划有如棋盘，其美善之极，未可言宣"。

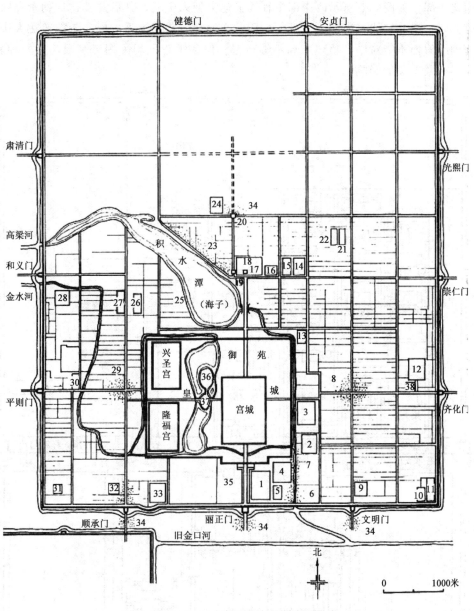

图 4.4 元大都平面复原想象图

4.2 宫殿建筑

4.2.1 北宋汴梁宫殿

北宋东京宫殿是在唐汴州衙城基础上，仿洛阳宫殿改建的。宫城由东、西华门横街划分为南北两部,如图 4.5 所示。南部中轴线上建大朝大庆殿,其后北部建日朝紫宸殿。又在西侧并列一南北轴线,南部为带日朝性质的文德殿,北部为垂拱殿。紫宸殿在大庆殿后部,而轴线偏西不能对中,整体布局不够严密。但各组正殿均采用工字殿,是一种新创,对金、元宫殿有深远影响。

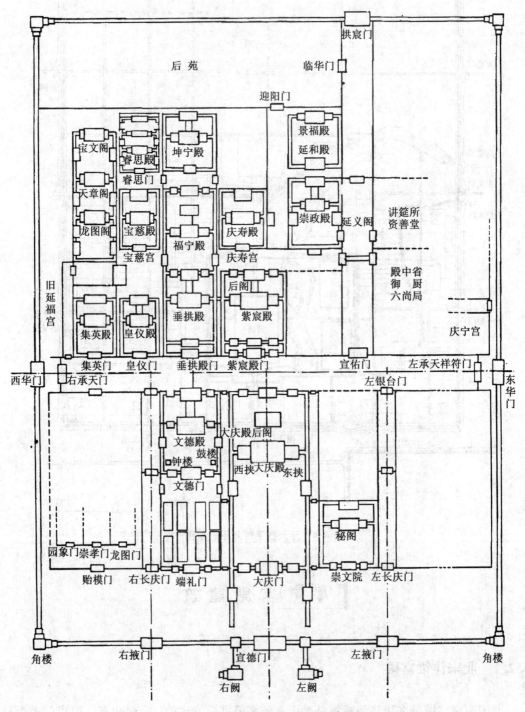

图 4.5 北宋汴梁宫殿总平面示意图

4.2.2 金中都宫殿

金中都大内宫殿是仿北宋汴梁宫殿建造的，如图 4.6 所示。它纠正了汴宫的轴线错位，正宫大安殿与后宫仁政殿已在中轴线上对齐。大安殿前东西庑建广祐楼、弘福楼，仁政殿前东西庑建鼓楼、钟楼，开启了宫殿东西庑建楼的先例。

宫城正门应天门前的宫廷广场，御街宽阔，分为三道，设有朱栏、御沟，植柳树。两侧 200 余间长廊，在应天门前分别转向东西，宫前广场已演进为丁字形。

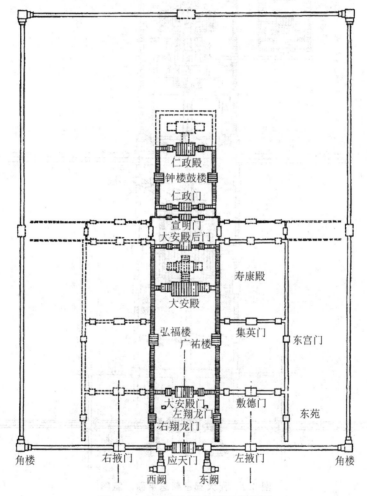

图 4.6　金中都宫殿总平面示意图

4.2.3 元大都大内宫殿

元大都大内宫殿（即宫城）在皇城东部，居大城中轴线上，其规模与明清北京紫禁城相当，而位置略偏后。宫城有南、北、东、西 4 门，由东、西华门横分宫城为前、后两部分，如图 4.7 所示，中轴线上各置一组以工字殿为主体的宫院。前宫以大明殿为主殿，后宫以延春阁为主殿。主殿后部通过柱廊连接寝殿。

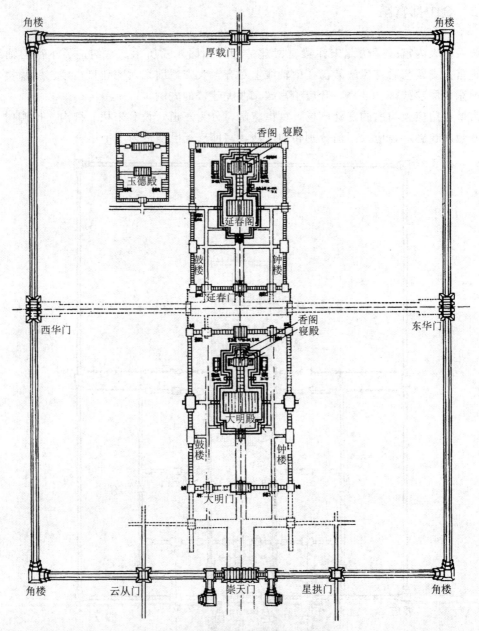

图 4.7　元大都宫殿总平面示意图

大都的宫前广场承继金中都的丁字形，但位置从宫城正门崇天门移到皇城正门大明门前，并在大明门与崇天门之间设置了第二道广场，强化了宫前纵深空间的层次与威严，为明清北京的宫前广场奠定了初型。

大明宫宫院是前宫的主院，据傅熹年考据复原，主体建筑呈工字殿，如图4.8所示。主殿大明殿面阔11间，进深7间，重檐庑殿顶。后面寝殿面阔、进深各5间，重檐歇山顶。寝殿两旁带挟屋与香阁。主殿与寝殿之间连以柱廊12间。工字殿下承三重工字形大台基，台基前方伸出三重丹陛。宫院周庑共120间，四角设角楼。整组宫院布局严谨，气势宏敞。

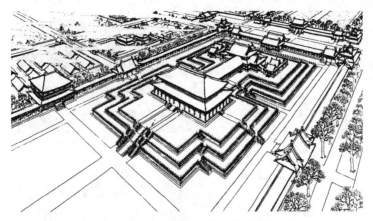

图 4.8 大明宫宫院主体建筑复原图

4.3 宗教与祭祀建筑

4.3.1 佛寺

佛教寺院的基本形式在唐代以前已基本确立，宋、辽、金的佛教寺院在此基础上走向完善。元代统治者提倡藏传佛教，它原来盛行于西藏、内蒙古一带，除了覆钵式塔和一些细部装饰外，对中土的佛教建筑影响不大。

1. 河北正定隆兴寺

河北正定隆兴寺创建于隋代，北宋开宝四年（971年）至元丰年间（1078—1085年）扩建。此寺历经金、元、明、清和近代重修，大体上还保持着北宋时期的总体布局，如图 4.9 所示。

寺院主要建筑沿纵深轴线布置，自南至北依次为照壁、山门、大觉六师殿、摩尼殿、戒坛、佛香阁、弥陀殿。这条贯通全寺的纵深轴线，院落空间纵横变化，殿宇楼阁高低错落，生动地反映出唐末至北宋期间以高阁为中心的佛寺建筑的特点。

现存寺内的摩尼殿、转轮藏殿、慈氏阁和山门都是宋代的木构建筑。摩尼殿，建于北宋皇祐四年（1052年），殿基为方形，面阔、进深均为 7 开间，平面为金厢斗底槽加副阶周匝形式，重檐歇山顶。四周正中出抱厦，使建筑形体富于变化，正面开窗，殿身全是厚墙围绕，大殿外观别致，檐柱有侧脚与生起。

2. 天津蓟县独乐寺

蓟县独乐寺相传始建于唐，辽统和二年（984年）重建。辽代重佛教，大型寺院的布局多是在主轴线上依次布置山门、观音阁、佛殿、法堂，四周环绕廊庑，东西庑上对峙建阁。独乐寺现存的辽代建筑尚有山门及观音阁两处，是十分难得的辽代官式建筑典范，如图 4.10 所示。

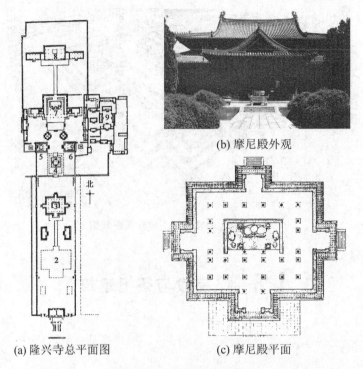

(a) 隆兴寺总平面图　　(c) 摩尼殿平面

图 4.9　河北正定隆兴寺

1—山门；2—大觉六师殿遗址；3—摩尼殿；4—戒坛；
5—转轮藏殿；6—慈氏阁；7—佛香阁；8—弥陀殿；9—方丈

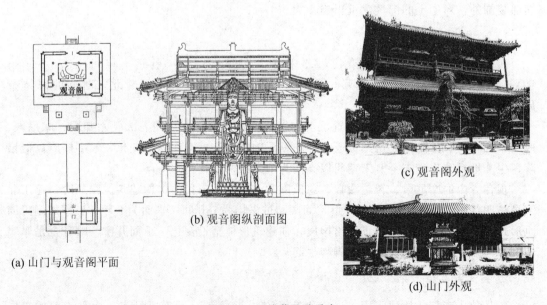

图 4.10　天津蓟县独乐寺

山门，面阔 3 间，进深 2 间（四架椽），平面有中柱一列，如宋《营造法式》所谓的"分心槽"式样，空间紧凑得宜。山门台基低矮，柱的收分小，但有显著侧脚，单檐庑殿顶，斗栱雄大，出檐深远，整体建筑形象雄健、壮观。进入山门的人流，通过敞开的后檐当心间，恰好将观音阁全部收入视线范围。门与阁的空间关系处理得妥帖、周到。

观音阁，平面为金厢斗底槽形式，分内外槽。外槽面阔 5 间，进深 8 架椽；内槽面阔 3 间，进深 4 架椽。外观显两层，但木构架实际高 3 层。下层挑出斗栱、下檐；中层挑出斗栱、平坐；上层挑出斗栱、上檐。中层空间因平坐斗栱和下檐遮挡而成为暗层。阁内观音主像高 15.4m，是现存中国古代最高的塑像。为容纳高像，下层、中层内槽都做成空筒，观音立像贯通三层，直达阁顶中央藻井之下。

3. 山西大同善化寺

大同善化寺始建于唐，金天会六年至皇统三年(1128—1143 年)重修，如图 4.11 所示。寺院布局，沿中轴线自南而北为山门、三圣殿和大雄宝殿。大雄宝殿前庭院西侧有普贤阁。现存的大雄宝殿是经过金代大修的辽代建筑，山门、三圣殿、普贤阁均为金代建筑。这组寺院是现存辽金佛寺中规模最大的一处。总平面布局因东南向偏宽而南北轴偏短，因而将普贤阁位置尽量靠南，以疏放大雄宝殿，规划颇具匠心。

大雄宝殿，是善化寺的主殿，高踞于 3m 高的砖砌台基上，台前有宽阔的月台。殿身面阔 7 间，进深 5 间。除正面当心间、左右梢间辟版门和方格横披外，均为厚墙封闭，上冠单檐庑殿顶。外观尺度宏大，形象简洁。但内部藻井采用斗栱装饰，已显繁丽趋向。

三圣殿，面阔 5 间，进深 4 间。其柱网布置采用了"减柱"与"移柱"法，殿内仅有内柱 4 根，取得了殿内空间非常开阔的感觉。

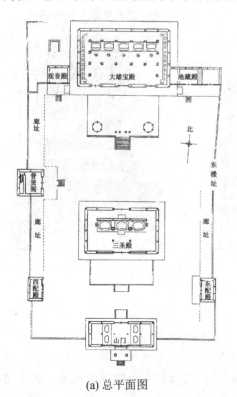

(a) 总平面图

(b) 大雄宝殿外观

(c) 三圣殿外观

图 4.11 山西大同善化寺

4.3.2 佛塔

我国楼阁式塔的兴盛期从唐朝一直延续至宋朝,现存的此类塔中,两宋最大;而密檐塔到辽、金时期达到兴盛期,隋、唐密檐塔多为正方形,而辽、金密檐塔多为八角形,并将塔基和低层装饰得十分华丽。

1. 楼阁式塔

本时期最具典型的楼阁式塔有山西应县佛宫寺释迦塔和苏州报恩寺塔。

佛宫寺释迦塔又称应县木塔,建于辽清宁二年(1056年),是我国现存唯一的全木构的塔,也是世界现存的最高的古代木构建筑。如图 4.12 所示,塔位于寺南北中轴线上的山门与大殿之间,属于"前塔后殿"的布局。塔高 63.71m,外观显 5 层,6 檐。塔身内槽 5 层,外槽因添加 4 个平坐暗层而呈 9 个结构层。塔底层直径 30.27m。木构架柱网和构件采用内外槽制度,功能上内槽供佛,外槽为人流活动的空间。底层的内、外 2 圈柱都包砌在厚达 1m 的土坯墙内,檐柱外设有回廊,即《营造法式》所谓的"副阶周匝"。塔平面为八角形,比方形平面更为稳定。塔使用双层套筒式的平面与结构,而且,位于各楼层间的平坐暗层,在结构上增加了梁柱间的斜向支撑,使得塔的刚性有很大改善,迄今 900 余年经历多次地震,仍然完整屹立。木塔外观雄壮华美,层层向内递收的塔身取得总体轮廓的恰当收分,不同出跳的斗栱使斗栱逐层减小,强化了全塔的透视效果。

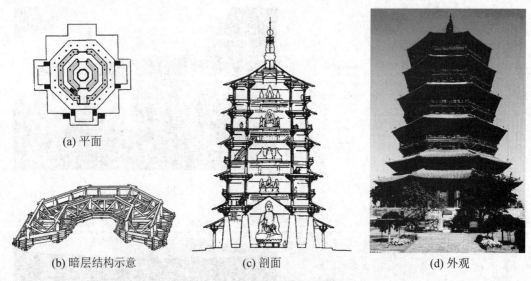

图 4.12 山西应县佛宫寺释迦塔

建于南宋绍兴年间(1131—1162年)的苏州报恩寺塔,又称北寺塔。如图 4.13 所示,塔高 9 层,71.85m,平面八角形,砖木混合结构(木构外廊砖塔身)。各层外壁施木构平坐、腰檐,底层出宽大的副阶周匝。塔身、腰檐逐层内收,形成优美的曲线形外轮廓。巨大的塔刹贯穿 8 层、9 层塔心柱,蔚为壮观。疏朗的平坐勾阑和翼角高翘的飞檐,表现出江南建筑的轻巧、飘逸。

2. 密檐式塔

本时期最具典型的密檐式塔是北京天宁寺塔，建于辽天庆九年至十年（1119—1120年）。如图4.14所示，塔立于下层方形上层八角形的台基上，塔体实心，全部砖砌，平面八角形，总高55.38m。全塔分为塔座、塔身、塔檐与塔刹四个部分。塔座由3段叠成，下段是须弥座；中段由须弥座、平坐斗栱与栏杆组成；上段是莲台。塔身高一层，完全仿木结构。塔檐紧密相叠，共13层，檐间满布斗栱。塔檐逐层内收，使塔的轮廓略呈抛物线形。此塔整体造型柔和优美，构图富有韵律，装饰偏于华丽，刻意仿木已达到无以复加的程度。

图4.13　苏州报恩寺塔　　　　图4.14　北京天宁寺塔

3. 覆钵式塔

元代对藏传佛教的尊崇，促进了藏传佛教建筑的发展。位于北京阜成门内的妙应寺白塔，建于元至元八年（1271年），是我国中原地区现存最大、最早的覆钵式塔。如图4.15所示，塔高50.86m，由塔基、塔身和塔刹3部分组成。塔基分3层，下层为平台，上两

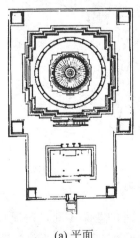 

(a) 平面　　　　　　(b) 外观

图4.15　妙应寺白塔

层为重叠的须弥座,平面均为"亚"字形。折角的平面丰富了台基挺拔的轮廓,也给光洁的基座增添了光影变化。塔身为圆形白色覆钵体,上肩略宽,外形光洁、浑厚。塔身上方为"亚"字形平面的"塔颈"和圆形平面的相轮。相轮顶部冠以铜制的华盖和宝顶。白塔的设计者是尼泊尔人阿尼哥。可以说,白塔不仅是中国覆钵式塔的艺术典范,也是中外建筑文化交流的历史见证。

4.3.3 祠庙道观

1. 山西晋祠

山西晋祠原是奉祀周初古晋国始祖叔虞的祠庙,创建年代已不可考,北宋天圣年间(1023—1031年)为叔虞之母姜氏建造了圣母殿,奠定了晋祠的新格局。祠址背山面水,坐东向西,圣母殿是祠内的主体建筑,殿前建有鱼沼飞梁、献殿、金人台、水镜台等,形成晋祠的主轴线,前方左右还分列其他祠庙,组成了一组庞大的园林建筑群,如图4.16所示。这些建筑中,圣母殿和鱼沼飞梁建于北宋,献殿重建于金,其他为明清所建。

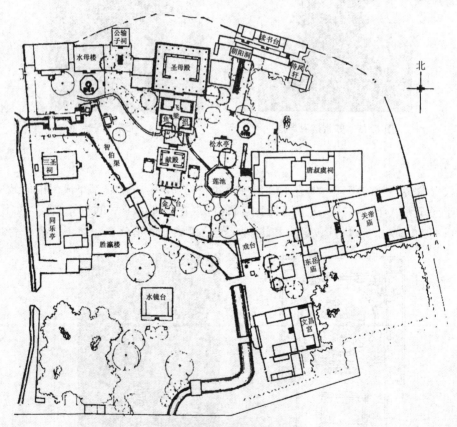

图4.16 山西晋祠总平面图

山西晋祠圣母殿,如图4.17所示,殿身面阔5间,进深4间,四周环绕一圈柱廊,形成《营造法式》中所谓"副阶周匝"形式,上冠重檐歇山顶。圣母殿在建筑结构上独具匠心,为加深前廊,其构架做了减柱处理,减去了殿身4根前檐柱,获得了深2间的宽阔的前檐空间。这种设计和结构方法,反映了宋代工匠处理建筑结构技术的新水平。内部空间的处理也采用了减柱的方法,减去所有内柱,使内部空间开阔完整。内部减柱的结果使上部大梁长达 11m,对木构建筑而言是相当可观的。大殿的柱身有显著的侧脚、生起,尤以上檐为甚。檐口和屋脊呈柔和曲线,表现出典型的北宋建筑风格。

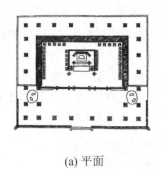
(a) 平面

(b) 外观

图 4.17　山西晋祠圣母殿

2. 山西芮城永乐宫

永乐宫是道教全真派的重要据点,原址在山西芮城县永乐镇。宋淳祐七年(1247 年)建大纯阳万寿宫,后改称永乐宫。1262 年主体建筑建成,1358 年诸殿壁画完成。

永乐宫的布局,如图 4.18 所示,是在纵深主院的轴线上布置无极门、三清殿、纯阳殿和重阳殿 4 座殿宇,均属元代官式建筑。

三清殿,如图 4.19 所示,是永乐宫的主殿,面阔 7 间、进深 4 间,单檐庑殿顶。殿内采用减柱法,仅用 8 根内柱,这在元代地方建筑的建造中已十分常见。殿前庭院超长,台基高起,出月台、朵台,形制独特。立面比例和谐,柱子侧脚、生起显著,外观柔和秀丽。殿内绘有"朝元图"壁画,场面开阔,线条流畅,为元代壁画的代表作。

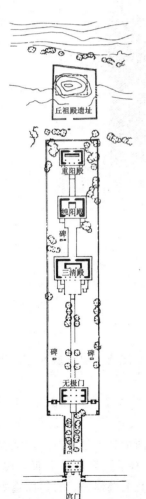

图 4.18　山西芮城永乐宫

图 4.19　山西芮城永乐宫三清殿

4.3.4 清真寺

创建于 7 世纪初的伊斯兰教,约在唐代就已自西亚传入中国。由于伊斯兰教的教义与仪典的要求,礼拜寺(又称清真寺)的布置与中国历史悠久的佛寺、道观有所区别。早期的清真寺在建筑上仍保留了较多的外来影响,如泉州清净寺,如图 4.20 所示。始建于南宋绍兴元年(1131 年),元至大三年(1310 年)重建,是中国伊斯兰教四大古寺之一。现存门殿一座和礼拜殿遗址一处。门殿朝南,宽 6.5m,深 12.5m,由前部半穹隆顶券龛和后部 1 间穹隆顶方室组成。礼拜殿遗址坐东朝西,后部凸出 1 间带神龛的小室,信徒面向此龛向麦加朝拜。该寺的平面布局与门、墙式样都保存了较多的外来影响。

图 4.20　泉州清净寺

4.4 住宅与陵墓建筑

4.4.1 宋、辽、金、元时期的住宅

本时期尚无住宅实物遗存,但当时留下的绘画作品及一些古书记载、建筑遗址等提供了有关住宅的形象资料。

北宋画家王希孟的《千里江山图》,生动地展现了北宋江南村落景观,如图 4.21 所示,画面中有大、中、小型村舍数十幢。其中,小宅院多由一字形茅屋与曲尺形瓦屋组成,有带衡门的竹篱围合。中型住宅多以工字屋作为主体,前座两侧带有茅顶挟屋,宅院由竹篱围合,大门内立有影壁。大型村舍则有一字形、丁字形、曲尺形等多种平面形式,有悬山、歇山、攒尖等多种屋顶形式。可以看到茅顶与瓦顶并用及宅畔建亭、竹篱曲迤等现象。

位于明清北京城墙基下的后英房元代居住遗址,反映出宋、辽、金向明清过渡的住宅形式。从傅熹年所作的复原图，如图4.22所示，可以看出遗址是一处大型住宅，分为东、中、西三路。中路主院正房宽3间，前出轩廊，两侧出挟屋，有东西厢房。东路正房为工字屋，前后屋均宽3间，由穿廊连接。中路与东路之间有夹道间隔。前出轩、立挟屋、用工字屋是宋、辽、金建筑的常见做法。

(a) 小宅院　　　　　　(b) 中型宅院　　　　　　(c) 大型宅院

图4.21　《千里江山图》中的宅院形象

图4.22　后英房元代建筑复原图

4.4.2　陵墓建筑

北宋有8座皇陵聚集在河南巩县洛河南岸台地上，这是中国出现集中陵区的肇始。陵区南北约15km，东西约10km。东南为嵩山，西北临洛水，各陵地势均东南高而西北低。8座皇陵的布局基本一致，每陵均有兆域、上宫、下宫。兆域内除帝陵外，还有后陵、宗室及重臣的陪葬墓。宋陵规模远小于唐陵，因为宋朝的帝后生前不营建陵墓，死后7个月内即须下葬，时间短促因而限制了规模。各陵具体布局格式，以永昭陵为代表。

永昭陵是宋仁宗的陵墓，如图4.23所示，帝陵由上宫、下宫组成，上宫西北附有后陵。上宫中心为夯土陵台，称为"方上"，底方56m，高13m。四面围神墙，每面长242m，正中开门，上建门楼，四周有角楼。各门外列石狮一对。正门南出为神道，设鹊台、乳台、望柱与石象。下宫是供奉帝后遗容、遗物和守陵祭祀之处。永昭陵的石象生雕刻没有唐陵的雄伟遒劲气势，但仍不失为浑厚严谨之作。

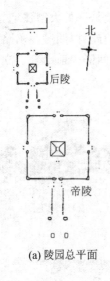

(a) 陵园总平面　　　　　　　　(b) 陵体外观

图 4.23　宋永昭陵

4.5　宋、辽、金、元建筑技术与艺术

4.5.1　宋《营造法式》与建筑体系的制度化、精细化

《营造法式》是宋代官修的一部建筑典籍，由将作监李诫奉旨编修，元符三年（1100年）成书，崇宁二年（1103年）刊印颁行。编书的目的主要是制订一套建筑工程的制度、规范，作为朝廷指令性的法典，用以"关防工料"，防止工程管理人员的贪污和物料的浪费。

全书包括释名、诸作制度、功限、料例和图样5大部分，共36卷，其中正文34卷。正文前另有"看详"、目录各1卷。"看详"近似于"编审说明"，阐述若干规定与数据。卷1和卷2为"总释"，主要考证、注释建筑术语，订出"总例"。卷3～卷15为诸作制度，包括壕寨（土作）、石作、大木作、小木作、雕作、旋作、锯作、竹作、瓦作、泥作、彩画作、砖作、窑作等13个工种，详述各工种的做法、规范和标准数据。卷16～卷25为诸作"功限"，详列各工种的劳动定额和计算方法；卷26～卷28为诸作"料例"，规定各工种的用料定额和工艺等。卷29～卷34为图样，包括总例、壕寨、石作、大木作、小木作、雕木作和彩画作所涉及工具图、平面图、剖面图、构件详图及各种雕饰与彩画图案。

《营造法式》一书的特点主要有以下几个方面。

第一，制定了严密的模数制。确立了"以材为祖"的设计原则，将一整套材分制用文字确定下来。如大木作制度规定"材"的高度为15"分"，斗栱的两层栱间的高度为6"分"，称为"栔"。大木作的一切构件几乎全部用"材"、"栔"、"分"来确定。

第二，注重设计的灵活性。书中对各作制度有明确细致的规定，但没有硬性限定建筑组群的布局和建筑单体的平面尺度，许多做法、规定都贯穿"变造"的原则，允许"随意加减"，符合实际工程的特点。

第三，广泛吸收工匠经验。书中大部分内容来自工匠相传，并且是经久可以行用之法，充分显示了对工匠实践经验的重视。

第四，注重装饰与结构的统一。书中对石作、砖作、小木作、彩画作等均有详细的条目与图样。对梁、柱、斗栱等建筑的构件，考虑它们在结构上所需大小和构造方法的同时，也注重装饰效果的加工，这是我国古代木构建筑的特征之一。

第五，建筑生产管理的严密性。书中有13卷叙述功限和料例，达到十分细密的程度。在计算劳动定额上，按四季日的长短分为长工、中工、短工。工值对每一工种的构件，按照等级、大小和质量要求进行计算。料例则对各种材料的消耗有详尽而具体的定额，这些规定为编造预算和施工组织定出严格的标准，即便于生产，也便于检查。

总体而言，《营造法式》是中国现存时代最早、中国古籍中最完善的一部建筑技术专书。它为我们保存了宋代建筑设计、建筑做法、建筑施工等的系统知识，全书条理井然，其科学性是古籍中罕见的，对于中国古代建筑的研究提供了重要的资料。

4.5.2 宋代建筑装修与色彩

北宋之后，中国古代建筑的装修与色彩有了很大发展，这和当时手工业水平的提高及统治阶级追求豪华绚丽是分不开的。

如唐代建筑多采用板门和直棂窗，宋代则大量使用格子门、格子窗、球文、古钱文等，既改进了采光条件，又增加了装饰效果，如图4.24所示。

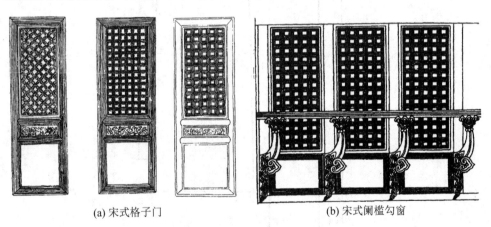

(a) 宋式格子门　　　　　　　(b) 宋式阑槛勾窗

图4.24　宋式格子门与阑槛勾窗

唐代以前建筑色彩以朱、白两色为主，到了宋代，建筑木构架部分采用各种华丽的彩画，包括遍画五彩花纹的"五彩遍装"，以青绿两色为主的"碾玉装"和"青绿迭晕棱间装"，以及由唐以前朱、白两色发展而来的"解绿装"和"丹粉刷饰"等，加上屋顶部分大量使用琉璃瓦，建筑外貌变得华丽了。

在室内布置上，唐代以前的室内空间分隔主要依靠织物来完成，宋代则主要采用木装修。《营造法式》中列出的42种小木作制品充分说明了宋代木装修的发达与成熟。在宋代，家具基本废弃了唐以前席地而坐时期的低矮尺度，普遍因垂足坐而采用高桌椅，室内空间也相应提高。使得宋代建筑从外观到室内，都和唐代有显著的不同。

4.5.3 宋、辽、金、元时期建筑的地域性特色

北宋时期，主要吸收齐鲁和江南文化，与汴梁地区传统相结合，创造出了秀美、柔细的北宋官式风貌；南宋则在北宋官式基础之上，与江南地方传统相结合，风格走向绚丽、小巧、精致。宋代建筑的总格调是从唐代建筑的雄大、豪放向柔和、精细方向发展。建筑体量缩小，建筑构件避免生硬的直线，建筑造型避免僵滞的形象，普遍通过卷杀的方法取得构件和建筑柔和的曲线轮廓，如图4.25所示。门窗棂条的丰富组合，须弥座、勾阑、柱础的精细石雕，以及宋式彩画的华美装饰，增添了建筑柔美、精致的格调。它标志着中国木构架建筑，在唐代达到成熟体系的基础上，到宋代进入了体系精致化的发展阶段。

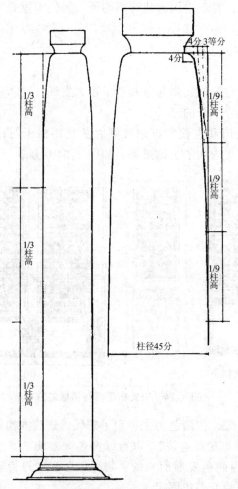

图4.25 宋柱卷杀之制

由于辽代建筑是吸取唐代北方的传统做法而来，工匠也多来自汉族，因此较多地保留了唐代建筑的手法，延续着唐风的雄健浑厚。从留下的辽代建筑来看，不论大木、装修、彩画还是佛像等都反映出了这种风格。

女真贵族统治的金朝占领中国北部地区后，吸收宋、辽文化，逐渐汉化。因此，金代建筑既沿袭了辽代传统，又受到宋代建筑的影响。现存的一些金代建筑有些方面与辽代建筑相似，有些方面则和宋代建筑接近。由于金代统治者追求奢侈，建筑装饰与色彩比宋代更为富丽。例如金中都宫殿的一些殿宇用绿琉璃瓦结盖，华表和栏杆用汉白玉制作，雕镂精丽，是明清宫殿建筑色彩的前驱。

元代统一全国，建筑上接受宋、金传统，但在规模与质量上都要逊于两宋，尤其在北方地区，许多构件被简化了。这种变化所产生的后果也不完全是消极的，因为两宋建筑已趋向装饰繁多，元代的简化措施除了节省木材外，还使木构架进一步加强了本身的整体性和稳定性。元代建筑最重要的发展是，由于统治者崇信宗教，使得宗教建筑，尤其是藏传佛教建筑异常兴盛。来自中亚的伊斯兰教建筑也在大都、新疆及东南地区陆续兴建，并开始出现中国式的伊斯兰教建筑形式。

本 章 小 结

本章主要讲述了宋、辽、金、元时期的建筑发展和建筑特征。

两宋时期，由于手工业与商业的发达，建筑水平达到新的高度，主要表现在：①城市结构和布局发生了根本变化，由封闭的里坊制走向开放的街巷制；②木架建筑采用了古典的模数制；③建筑组合方面，在总平面上加强了进深方向的空间层次，以便衬托出主体建筑；④建筑装修与色彩有很大发展；⑤砖石建筑的水平达到新的高度。

辽代建筑是吸取唐代北方的传统做法而来，工匠也多来自汉族，因此较多地保留了唐代建筑的手法，延续着唐风的雄健浑厚。

金代建筑既沿袭了辽代传统，又受到宋代建筑的影响。现存的一些金代建筑有些方面与辽代建筑相似，有些方面则和宋代建筑接近。由于金代统治者追求奢侈，建筑装饰与色彩比宋代更为富丽。

元代统一全国，建筑上接受宋、金传统，但在规模与质量上都要逊于两宋，尤其在北方地区，许多构件被简化了。由于统治者崇信宗教，使得宗教建筑异常兴盛。尤其是对藏传佛教的尊崇，促进了藏传佛教建筑的发展和汉藏建筑的交流。

思 考 题

1. 简要分析元大都城的规划布局特色。
2. 简要分析北宋东京城的规划特色。
3. 简要分析河北正定隆兴寺的规划与建筑特征。
4. 简述宋、辽、金、元时期现存佛塔类型，选择其中一座分析其艺术特色。
5. 简述宋《营造法式》的内容与特点。

第5章
明、清建筑

（公元 1368—1911 年）

【教学目标】
　　主要了解明、清时期建筑的发展概况，掌握城市建设与建筑发展的主要方向与建筑类型的发展，重点掌握明清宫殿与坛庙建筑、明清主要住宅形式及中国古典园林艺术特征。

【教学要求】

知识要点	能力要求	相关知识
城市建设与宫殿建筑	(1) 了解明、清北京城市建设的发展 (2) 掌握北京城市规划布局艺术 (3) 掌握紫禁城宫殿建筑艺术特征	(1) 城市中轴线 (2) 前朝后寝 (3) 建筑色彩
坛庙与陵墓建筑	(1) 了解坛庙建筑的起源、发展与类型 (2) 掌握北京天坛的规划艺术与特色 (3) 了解明清陵墓建设的变化 (4) 掌握明十三陵规划布局艺术	(1) 坛庙 (2) 方城明楼 (3) 宝城宝顶
宗教建筑	(1) 了解佛寺建筑与佛塔的发展变化 (2) 掌握佛塔的基本类型与典型实例 (3) 了解道教与伊斯兰教建筑的发展	(1) 金刚宝座塔 (2) 布达拉宫 (3) 清真寺
住宅建筑	(1) 了解明清住宅建筑的基本类型 (2) 掌握南北院落式住宅的差异与特征	(1) 北京四合院 (2) 徽州民居 (3) 晋陕窄院 (4) 西北窑洞 (5) 客家土楼
明清皇家园林与私家园林	(1) 了解中国古典园林的发展 (2) 掌握皇家园林与私家园林的典型实例 (3) 掌握皇家园林与私家园林艺术的异同	(1) 园冶 (2) 造园艺术 (3) 园林意境
建筑技术与艺术	(1) 了解清《工程做法则例》 (2) 掌握中国木构架建筑的基本特征	(1) 开间与进深 (2) 木构架形式 (3) 立面构成 (4) 清式彩画

第5章　明、清建筑(公元1368—1911年)

基本概念

抬梁式、穿斗式、方城明楼、宝城宝顶、须弥座、举架、枋、藻井、平棋、平闇。

引例

明、清两代是分别由汉族、满族建立的全国统一政权,也是中国历史上最后两个封建王朝。中国古代建筑在明代至清中叶之前,经历了最后一次发展高峰。现存的中国古代建筑,绝大多数都是明、清遗存。中国木构架建筑体系在经历了两宋的精致化之后,到明、清到达高度成熟阶段。清中叶以后,随着清朝国势的衰败和王朝的覆灭,清代官式建筑走向衰落,最终终结了帝王宫殿、坛庙、陵墓、苑囿的建筑史。

5.1 城市建设与宫殿建筑

5.1.1 明、清北京城

北京是明、清两代的都城,在元大都基础上改扩建而成,如图5.1所示。明代北京城经历3次演变:第一次是明初定都南京,大都改称北平。当时为便于军事防守,收缩北城,向南退入约5里,另筑一道新的北城墙。第二次是永乐十四年(1416年)决定迁都北京,至永乐十八年北京新宫建成。新建宫城位置仍坐落在元大都宫城轴线上,但宫城、皇城及都城的南城墙都稍向南移。第三次是嘉靖三十二年(1553年),为加强京师防卫将内城前三门外的地区,包括天坛、山川坛和居民稠密的市肆围筑于外城之内,由此奠定了北京城"凸"字形的格局。清代沿用明代北京建置,城郭格局没有大的变动。

明、清北京城市布局,如图5.2所示,外城在南,内城在北。内城东西6672m,南北5350m,共辟9门。外城东西7950m,南北3100m,南面3门,东西各1门。北面除内城前3门外,另辟2个通向城外的东、西便门。北京城墙,元大都时尚是土筑,洪武元年(1368年)时是用砖包砌外侧,正统元年至十年(1436—1445年),城墙内侧也用砖包砌,并建造了九门城楼、瓮城和四隅角楼。北京内外城均有护城河环绕,河宽约30m,深约5m,距城墙约50m。两岸用砖石驳岸,河上架石桥。城墙、瓮城、城门、城楼、箭楼、闸楼和护城河一起,构成北京城坚固的城防体系。

皇城居内城中心偏南,东西2500m,南北2750m,呈不规则的方形。皇城内除宫城外,还包括宫城北面的景山,宫城南面的太庙、社稷坛,宫城西侧的西苑三海,以及分布于皇城内的各种监、局、库、房、作坊等内府机构。皇城中的宫城坐落在内城中轴线的核心位置,南北961m,东西753m,四面有高大的城门,四角建有形制华美的角楼。宫城内以传统的"前朝后寝"制度,布置着皇帝听政、皇城居住的宫室和御花园。皇城正门前由千步廊围合的丁字形宫廷广场,规制上也列入皇城范围。宫廷广场两侧集中分布着五府六部等中央官署。

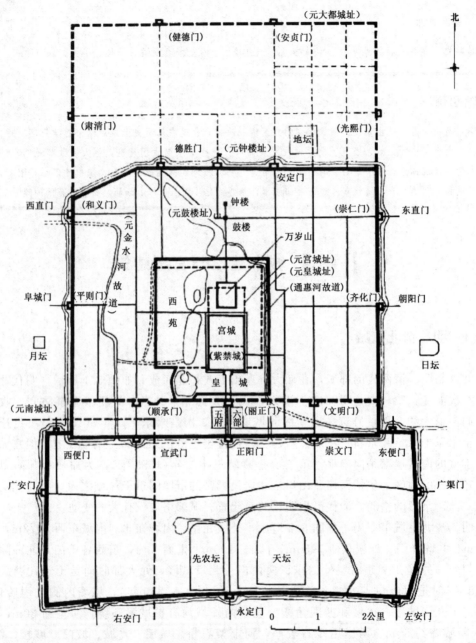

图 5.1 北京城址变迁图

明、清北京内城沿袭元大都棋盘式道路网，街道走向多为正南北、正东西。外城街道除个别地段有整齐规划外，大部分沿用旧路或利用废弃的沟渠。

明、清北京的居住区，名义上分为若干"坊"，实际上并不具备里坊制性质，而是以胡同划分为长条形的住宅地段。胡同以东西向为主，胡同南北两侧分列四合院住宅，形成宁静的居住环境。

在城市布局艺术方面，重点突出，主次分明，运用了强调中轴线的手法，造成宏伟壮丽的景象。北京城的布局，形成了一条突出的，长达 7km 的中轴线。轴线第一段：从南端永定门起向北至正阳门,以"路"的形态出现,路两侧有天坛和先农坛两个组群陪衬。轴线第二段:从正阳门,经大清门到天安门,以"广场"的形态出现,丁字形广场以狭长的千步廊夹峙的纵深空间,衬托出天安门前的分外开阔、壮丽。轴线第三段:进天安门,经端门、午门,到达宫城。它以大型建筑群的形态出现,宫城轴线与城市轴线重合,将城市轴线推向高潮。轴线第四段:来到宫城北面的景山,以"山"的形态把轴线引至城市的制高点。轴线第五段:从地安门到达北端的鼓楼、钟楼,沿线三座门楼式建筑对轴线作了有力的结束。这条城市中轴线加强了宫殿庄严气氛,显示了封建帝王至高无上的权势。

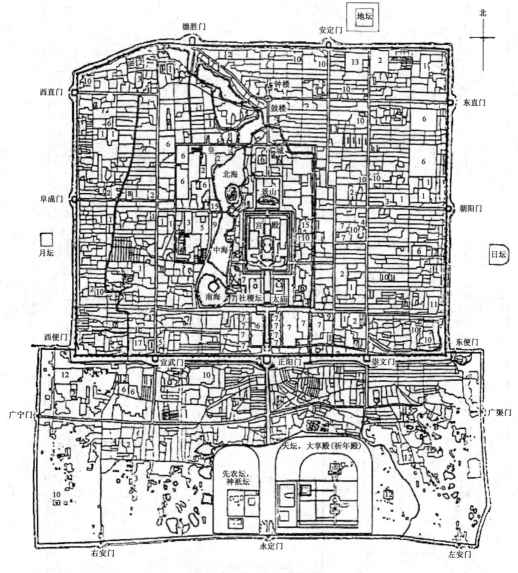

图5.2 明、清北京城平面

1—亲王府;2—佛寺;3—道观;4—清真寺;5—天主教堂;6—仓库;7—衙署;8—历代帝王庙;
9—满洲堂子;10—官手工业局及作坊;11—贡院;12—八旗营房;13—文庙、学校;
14—皇史宬(档案库);15—马圈;16—牛圈;17—驯象所;18—义地、养育堂

75

5.1.2 北京紫禁城宫殿

北京紫禁城是明清两代的宫城，通称北京故宫。明永乐十五年（1417年）始建，永乐十八年（1420年）建成。北京故宫以明南京宫殿为蓝本"规制悉如南京，而高敞壮丽过之"。现有建筑多经清代重建、增建，总体布局仍保持明代的基本格局。

紫禁城建筑规划布局，如图 5.3 所示，分外朝、内廷两大区，按照"前朝后寝"方式

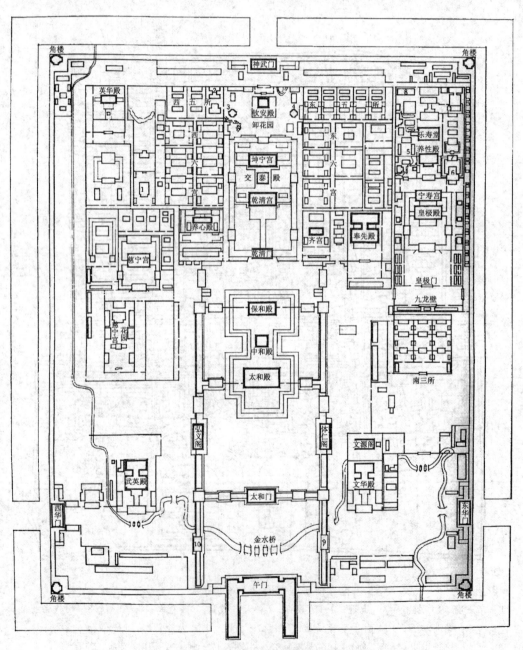

图 5.3 紫禁城建筑规划布局图

进行。外朝在前部，是举行典礼、处理朝政、颁布政令、召见大臣等的场所，以居于中路的太和殿、中和殿、保和殿三大殿为主体，东西两路对称地布置文华殿、武英殿两组建筑，作为三大殿的左辅右弼。内廷在后部，是皇帝及其家族居住的"寝"，分中、东、西三路。中路沿主轴线布置，依次为乾清宫、交泰殿、坤宁宫，通称"后三宫"，其后为御花园。东、西两路对称地布置东六宫、西六宫作为嫔妃住所，其后对称安排乾东五所和乾西五所。西路以西，建有慈宁宫、寿安宫等构成内廷的外西路。东路以东，在乾隆年间扩建了一组宁寿宫，由宫墙围合成完整的独立组群，构成内廷的外东路。除这些主要殿屋外，紫禁城内还散布着一系列值房、朝房、库房、膳房等辅助性建筑，共同组成这座规模庞大、功能齐备、布局井然的宫城。

北京故宫是中国封建社会末期的代表性建筑之一，在利用建筑群来烘托皇权的崇高与神圣方面，达到了登峰造极的地步。它的主要手法是在1.6km的轴线上，用连续的、对称的封闭空间，形成逐步展开的建筑序列来衬托出三大殿的庄严、宏伟，如图5.4所示。从大清门起经过6个封闭庭院而后到达主殿：大清门北以500余米长的"千步廊"组成一个狭长的前院，接一个300余米长的横向空间，形成丁字形广场，北端是高耸的皇城正门——天安门（图5.5），形成第一个建筑高潮。进入天安门，是一处较小的庭院，尽端是体量、形式和天安门相同的端门，这种重复，使天安门的形象得到加强。通过端门，进入一个深300余米的狭长院落，午门（图5.6）以其丰富的轮廓和宏伟的体量形成第二个高潮。午门内是太和门庭院，宽度达200余米，至此豁然开朗。过太和门，庭院更大，是一个面积4公顷多的近乎正方形的大广场，正中高台上的太和殿（图5.7）有10余座门、楼和廊庑环列拱卫，达到了全局的最高潮。

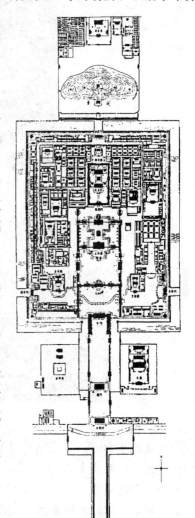

图5.4 北京紫禁城总图

图5.5 天安门

图 5.6 午门

图 5.7 太和殿

在建筑艺术上，应用以小衬大、以低衬高等对比手法突出主体。如天安门、午门都采用城楼样式，基座高达 10 余米；太和殿用 3 层汉白玉须弥座，配有栏杆、螭首，显得豪华高贵；而附属建筑的台基就相应简化和降低高度，从而保证主要门殿的突出地位，如图 5.8 所示。屋顶则按重檐、庑殿、歇山、攒尖、悬山、硬山的等级次序使用：午门、太和殿用重檐庑殿，天安门、太和门、保和殿用重檐歇山顶，其余殿宇相应降低级别，建筑

图 5.8 故宫三大殿（太和殿、中和殿和保和殿）

细部和装饰也有繁简高低之分。如太和殿斗栱上檐出 4 跳，下檐出 3 跳，等级最高。主要殿、门之前还用铜狮、龟鹤等建筑小品和雕饰作为房屋尺度的陪衬物，显示皇权的神威。建筑色彩采用强烈的对比色调：白色台基，土红墙面，朱色门窗和青绿彩画之中密布着闪光的金色，再加上黄、绿、蓝等诸色琉璃屋面，使故宫在蓝天和全城大片灰瓦屋顶的衬托下，显得格外光彩绚丽。在中国古代，使用色彩也有等级限制，金、朱、黄最高贵，用于帝王、贵族的宫室；青、绿次之，百官第宅可用；黑、灰最下，庶民庐舍只能用这类色调。

5.2 坛庙与陵墓建筑

坛庙的出现起源于祭祀。祭祀是人们向自然、神灵、鬼魂、祖先、繁殖等表示一种意向的活动仪式的通称。古人的祭祀主要包括：①祭祀自然神，主要建筑有天地、日月、社稷、先农之坛及五岳、五镇之庙等；②祭祀祖先，主要建筑为太庙、家庙(祠堂)；③祭祀先贤，主要建筑有孔庙、武侯祠、关帝庙等。

古代帝王亲自参加的最重要的祭祀有 3 项：天地、社稷和宗庙。所谓坛庙，主要指的就是天坛、社稷坛、太庙。它们各有自己的形制演变；现所存为明代制定。

5.2.1 北京天坛

古代帝王亲自参加的最隆重的祭祀是祭天。一般皇帝例于每年冬至祭天，皇帝登位也例须祭告天地，表示"受命于天"。北京天坛建于明永乐十八年(1420 年)，位于北京城南端。

北京天坛的规划布局，如图 5.9 所示，分为内坛和外坛两部分，主要建筑物都位于内坛。内坛墙内偏东形成一条主轴线，轴线南段为祭天的圜丘坛组群，北段为祈祷丰年的祈谷坛组群。沿着这条轴线，有一条联结南北两坛的甬道——丹陛桥，长 361m，宽 29.4m，将圜丘坛组群和祈谷坛组群联结成超长的整体，突出了天坛主轴线的分量。在这条轴线的西侧，有一组供皇帝斋戒的建筑——斋宫。另外在外坛西侧还建有演习礼乐的"神乐署"和饲养祭祀用牲畜的"牺牲所"两组附属建筑物。

圜丘坛的主体，如图 5.10 所示，由 3 层圆形石台基构成，每层周围都有汉白玉栏杆和栏板。坛面、台阶、栏杆所用石块全是九的倍数，象征九重天。这里是举行祭天仪式的场所。它的北面有一组圆形小院，主殿皇穹宇是一座单檐攒尖顶圆殿，内供"昊天上帝"牌位。皇穹宇及神库、神厨、宰牲亭等构成了圜丘的配套建筑。

祈谷坛组群，包括祈年门、祈谷坛、祈年殿、皇乾殿等，其中的主要建筑由一圈墙围合成方形大院，大院内部有一重由祈年门和东西配殿组成的三合院，形成院内套院的格局。由 3 层圆台基构成的祈谷坛就处于大院后部中心，祈谷坛的正中矗立着三重檐圆攒尖有鎏金宝顶的祈年殿，如图 5.11 所示。

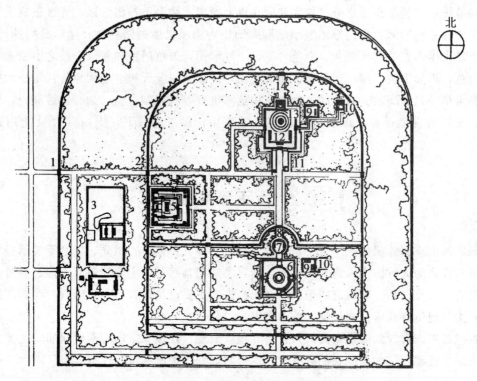

图 5.9　北京天坛总平面图

1—坛西门；2—西天门；3—神乐署；4—牺牲所；5—斋宫；6—圜丘；7—皇穹宇；
8—成贞门；9—神厨、神库；10—宰牲亭；11—具服台；12—祈年门；13—祈年殿；14—皇乾殿

(b) 皇穹宇外观

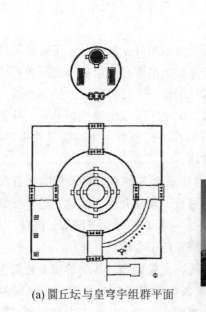

(a) 圜丘坛与皇穹宇组群平面　　(c) 圜丘坛外观

图 5.10　圜丘坛与皇穹宇组群

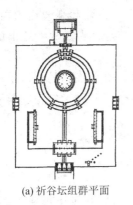 

(a) 祈谷坛组群平面　　　　　　　　(b) 祈谷坛组群外观

图 5.11　祈谷坛组群

天坛的总体布局蕴涵着中国古代规划设计大型建筑组群的杰出意匠：第一，它以超大规模的占地，突出天坛环境的恢宏壮阔；第二，它以大片满铺的茂密翠柏，渲染坛区的肃穆宁静；第三，它以圜丘坛、祈谷坛两组有限的建筑体量，通过丹陛桥的连接，形成超长的主轴线，控制住超大的坛区空间；第四，它通过一系列数的象征、方位的象征、色彩的象征和"天圆地方"之类的图形象征，充分显现崇天的意识；第五，它还特意将皇帝居住的斋宫置于主轴线旁的侧位，坐东朝西，以皇帝低于昊天上帝的建筑规制，强调出"天子"与"天"的亲缘关系。可以说，经历明、清两代扩建的北京天坛，堪称中国古代建筑组群的典范。

5.2.2　北京太庙

帝王祭祀祖先的宗庙称太庙，按周制，位于宫门前左（东）侧，与社稷坛一起形成"左祖右社"的格局。

北京太庙始建于明永乐十八年（1420 年），嘉靖二十四年（1544 年）重建，后经清代增修。有内外三重围墙，主体建筑由在第三重围墙内的正殿、寝殿、祧殿组成，如图 5.12 所示。正殿用作祭殿，原为 9 间，清代改为 11 间，上覆黄琉璃瓦重檐庑殿顶，下承三重

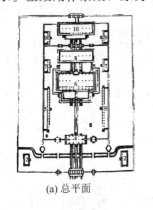 

(a) 总平面　　　　　　　　　　　　(b) 正殿外观

图 5.12　北京太庙

1—庙门；2—神库（东）、神厨（西）；3—井亭；4—戟门；5—前配殿；
6—正殿；7—中配殿；8—寝殿；9—后配殿；10—祧庙；11—后门

汉白玉须弥坐台基，与太和殿同属最高等级形制而尺度稍逊。寝殿和祧殿均为面阔9间，单檐庑殿顶。寝殿内供奉历代帝后神位，祧殿则供奉世代久远，从寝殿中迁出的帝后神位，为此将祧殿单独隔于后院，颇为得体。

太庙的总体设计，以大体量的、最高规制的正殿为主体，以大面积的、满铺的柏林为环境烘托，在较短的距离内安排了多重门、亭、桥、河的铺垫，取得了祭祀建筑所需要的庄重、肃穆、宁静的氛围。

5.2.3 曲阜孔庙

中国封建社会中，儒家思想占据统治地位，儒家创始人孔丘被尊为万世师表。孔庙是祭祀建筑中占有很大比重的一类，几乎遍及全国，规模最大历史最久的当推孔丘故宅所在的曲阜孔庙。现存曲阜孔庙的规模为宋代奠定，金代重修，明清依旧制重建，如图5.13所示。

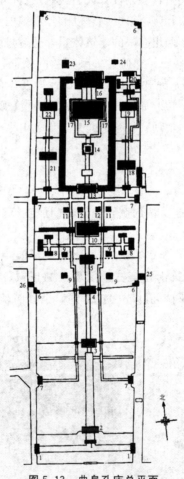

图 5.13 曲阜孔庙总平面

1—牌坊；2—圣时门；3—弘道门；4—大中门；5—同文门；6—角楼；7—侧门；8—斋宿所；
9—明碑亭；10—奎文阁；11—金碑亭；12—元碑亭；13—大成门；14—杏坛；15—大成殿；
16—寝殿；17—两庑；18—诗礼堂；19—家庙；20—神厨；21—金丝堂；22—启圣殿；
23—焚帛所；24—后土祠；25—钟楼；26—鼓楼

曲阜孔庙总体布局呈纵深多进院。前三进是孔庙的前导部分，依次为圣时门、弘道门和大中门三重门庭。这部分不设殿宇亭阁，以重重坊门和苍翠古柏渲染出宁静的环境氛围。从大中门起为孔庙主体部分，仿造宫禁形制，四周有院墙围合，四隅建角楼。它以大成殿廊院殿庭为核心，形成主殿前方纵深排列五门的隆重格局。

位于廊院殿庭中心的大成殿，是孔庙的中心建筑。现存正殿，如图5.14所示，面阔9间，进深5间，上覆黄琉璃瓦重檐歇山顶，下承两层台基。正殿前檐采用了10根高浮雕的蟠龙石柱，增添了正殿的华美壮丽。与正殿相配套的是其后部的寝殿，面阔7间，进深4间，上覆黄琉璃瓦重檐歇山顶。它的两层台基与正殿台基相连成工字形平面，强调出前殿后寝的组群关系。

图5.14　曲阜孔庙大成殿

5.2.4　明十三陵

明代迁都北京后，在昌平天寿山形成集中陵区，称为"明十三陵"。十三陵距北京约45km，陵区的北、东、西三面山峦环抱，十三陵沿山麓散布，各据岗峦，面向中心——长陵，如图5.15所示。

长陵是十三陵的首陵，规模最大，地位最为显要。它的前方设置了一条长6.6km的神道。神道以石牌坊为起点，沿线设大红门、碑亭、望柱、石象生（共18对，有马、骆驼、象、武将、文臣等）和棂星门。这条神道不仅是长陵的神道，也是整个陵区共用的唯一神道。各陵不再单独设置石象生、碑亭之类，这是与唐宋陵制全然不同处，而为清代仿效。神道微有弯折，因为道路在山峦间前进，须使左右远山的体量在视觉上感到大致均衡，因此，神道略偏向体量小的山峦而距大者稍远。这种结合地形的细腻处理，显然是从现场潜心观察琢磨而来。通过它，少量的建筑控制住广阔的陵区空间，强化了陵区的整体性，将陵区的庄严肃穆和皇权的显赫威严发挥到极致。十三陵的规划设计充分展现出陵墓建筑与自然环境的高度融合。

长陵，如图5.16所示，平面布局仿"前朝后寝"模式，由三进院落和其后的圆形宝城组成。入陵门为第一进院，院内设神厨、神库、碑亭。入棱恩门为第二进院，院庭中央为棱恩殿。棱恩殿是长陵的享殿，面阔9间，进深5间，上覆黄琉璃瓦重檐庑殿顶，下承

图 5.15 明十三陵总体布局

1—长陵；2—献陵；3—景陵；4—裕陵；5—茂陵；6—泰陵；7—康陵；8—永陵；
9—昭陵；10—定陵；11—庆陵；12—德陵；13—思陵；14—石碑坊；15—大红门；
16—华表(2对)；17—碑亭；18—石象生(18对)；19—棂星门；20—东、西井；
21—万贵妃坟；22—郑贵妃坟；23—神宗妃坟；24—世宗妃坟

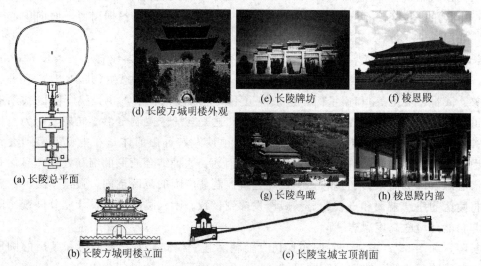

图 5.16 明长陵

1—陵门；2—棱恩门；3—棱恩殿；4—内红门；5—二柱门；6—石五供；7—方城明楼；8—宝顶

三层汉白玉须弥坐台基,形制属于最高等级的建筑规制。其面积稍逊于故宫太和殿而正面面阔超过之,因此体量感觉大于太和殿,是我国现存最大的古代木结构建筑之一。棱恩殿后通过内红门进入第三进院,院内设二柱门和石五供。院北正中为方城明楼。其下部用砖石砌筑方形墩台,称为"方城",上部用砖砌重檐歇山顶碑楼,称为"明楼"。明楼后部接宝城、宝顶。宝城呈不规则圆形,周长1km,上有垛口,形似城堡,其内的封土坟丘称为宝顶,上植松柏,地宫在封土之下。

十三陵其余各陵的陵园布局与长陵大体近似,都由棱恩门、棱恩殿、方城明楼和宝城宝顶组成,只是规模大小差别很大。自明代以后,不再见方上陵体,宝城皆圆形。

5.2.5 清东陵

清入关后,分别在河北遵化和易县建东陵和西陵两大陵区,从顺治开始的各代皇帝都分葬于东、西两陵。清东陵始建于1661年,有帝陵5座、后陵4座、妃嫔园寝5座。

东陵位于遵化市境内,北依燕山余脉昌瑞山,诸陵各依山势在山南麓东西排开,整个陵区松柏常青,古木参天。主陵孝陵居中,其他各陵在其周边簇拥排列。因地形无环抱之势,各陵仅能平列左右,总体效果不如明十三陵。东陵布局仿明十三陵,也在孝陵前方设主神道,以石牌坊、大红门为起点,沿神道设具服殿、碑楼、望柱、石象生、龙凤门、石桥、碑亭,如图5.17所示。孝陵陵园同样仿明陵,只是略有变化。它以隆恩门为正门,

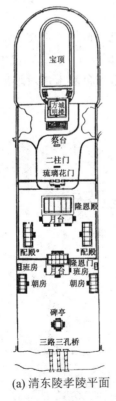

(a) 清东陵孝陵平面

(b) 孝陵隆恩殿

(c) 孝陵神道石像生

图5.17 清东陵孝陵

前院设隆恩殿主殿和配殿,进琉璃花门至后院,设二柱门、石五供和方城明楼,最后为椭圆形的宝城宝顶。自神道起点至宝顶,全长 5.5km。其他帝陵陵园与孝陵近似,地面建筑略有减少,神道石象生明显降等。

5.3 宗教建筑

5.3.1 佛寺

明清时期的佛寺更加规整化,大多依中轴线对称布置建筑,如山门、钟鼓楼、天王殿、大雄宝殿、配殿和藏经楼等,塔已很少。转轮藏、罗汉堂、戒坛及经幢等仍有兴建,但数量较少。从佛寺的总平面来看,似乎已走向停滞。清代,由于藏传佛教的发展,覆钵式塔的建设较突出。

1. 拉萨布达拉宫

布达拉宫位于拉萨市西约 2.5km 的普陀山上,始建于公元 7 世纪松赞干布时期,后毁于战火。清顺治二年(公元 1645 年)五世达赖重建,工程历时约 50 年,是历代达赖喇嘛摄政、居住和礼佛的地方,具备寺庙与宫殿的双重性质。

布达拉宫总体,包括山上的宫堡群、山前安置行政建筑和僧俗官员住所的方城及山后挖池辟建的龙王潭花园三个部分,占地超过 400000m²,如图 5.18 所示。它在总平面上没有使用中轴线和对称布局,采取了在体量、位置上强调红宫和色彩上前后形成鲜明对比等手法,达到了重点突出、主次分明的效果。

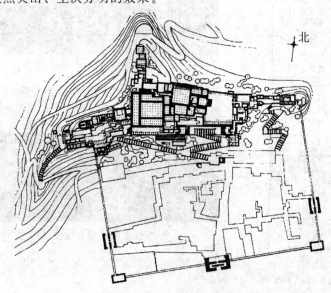

图 5.18 布达拉宫总平面图

宫堡依山而建,由山腰起筑,以中部偏西的红宫为主体,平面近方形,外观9层,藏式平顶上耸立7座汉式屋顶。上部5层分布着20余座佛殿、供养殿及灵塔殿。第5层中央的西大殿是达赖喇嘛举行继位及其他重要庆典的场所。红宫以东的东白宫为达赖理政和居住的寝宫;以西的西白宫为僧人住所。其前分别建有东、西欢乐广场。西欢乐广场下面依山建造高9层的晒佛台,上面4层开窗,与红宫9层立面组合在一起,形成布达拉宫总体高13层的巍峨形象,如图5.19所示。建筑依山势自下而上错落进退,外墙全部用石砌筑,墙体收分显著,大片红白石墙上,镶点着成行成列的梯形窗套,带有明显的藏式建筑特征。

图 5.19　布达拉宫外观

总体而言,布达拉宫在建筑形式上,既使用了汉族建筑的若干形式,又保留了藏族建筑的许多传统手法,反映了汉藏建筑形式的交融。

2. 河北承德普陀宗乘庙

承德位于北京通往内蒙古的要道上,是清代帝王避暑的地方。在承德避暑山庄外东、北面的丘陵地带,康熙、乾隆年间先后建造了12座大型藏传佛教寺院,其中9座由清廷理藩院设8个管理机构分管,因其地处塞外,故泛称"外八庙"。普陀宗乘庙是其中规模最大的一座。它建成于乾隆三十六年(1771年),为笼络内蒙古、青海王公及西藏上层人士而建。

普陀宗乘庙,如图5.20所示,总体布局分为前、中、后3个部分。前部为院墙围合的两重大院,中轴线上设山门、碑亭、五塔门和琉璃牌楼,两侧不规则地散布数座白台。中部沿缓坡散点布置白台和覆钵式塔台。后部高坡上建大红台,为全寺主体建筑。主体建筑模仿布达拉宫的红、白宫做法,由中部红台和东西两侧白台连接成庞大的整体;下部以高17m、设3层盲窗的白台为基座。红台上设主殿"万法归一"及群楼;东侧白台上有洛迦胜境殿、戏台群楼、权衡三界等建筑;西侧白台上有千佛阁小院,组构成气势宏大、错落有致的建筑整体形象。

普陀宗乘庙大量使用了高台、平顶、厚墙、梯形窗套、镏金铜瓦等藏式建筑要素,从总体布局、单体建筑到细部装饰反映出藏式、汉式建筑的融合。该庙布局灵活,又不失庄严肃穆,表现了较高的建筑艺术水平。

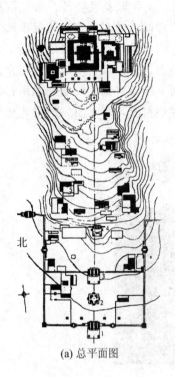
(a) 总平面图

(b) 鸟瞰

(c) 主体建筑大红台外观

(d) 牌楼

图 5.20　河北承德普陀宗乘庙

1—山门；2—碑亭；3—五塔门；4—琉璃牌楼；5—白台；6—大红台；7—万法归一殿；8—千佛阁

5.3.2　佛塔

佛塔原是佛徒膜拜的对象，后来根据用途的不同而又有经塔、墓塔等的区别。我国的佛塔，在长期的实践中发展了自己的形式，在类型上大致可分为楼阁式塔、密檐式塔、单层塔、覆钵式塔和金刚宝座塔。

楼阁式塔是仿传统的多层木构架建筑的，出现较早，历代沿用数量较多，是佛塔中的主流。南北朝至唐、宋是楼阁式塔建设的盛期。明、清时期典型的楼阁式塔有南京报恩寺琉璃塔。

密檐式塔是将楼阁的底层尺寸加大升高，而将以上各层高度缩小，使各层屋檐呈密叠状，全塔分为塔身、密檐和塔刹3部分，大多不供登临眺望。辽、金是建设密檐式塔的盛期，元以后，除云南等边远地区外，几乎没有发现。

单层塔主要用作墓塔，或在其中供奉佛像。明、清时期建设较少。

覆钵式塔在藏传佛教地区盛行，比较多保留早期"窣堵坡"的形式。塔的造型下部是须弥座，座上是平面为圆形的塔身，再上为多层相轮，顶上为塔顶。内地覆钵式塔始见于元代。江孜白居寺的菩提塔是明清覆钵式塔的典型实例。

白居寺是一座藏传佛教寺院，其中的菩提塔建于1390年，如图5.21所示。全塔由基座、塔身和塔顶组成。基座平面为折角十字，底层占地达2200m²，以土坯砌成4层的实心阶台，周边每层辟 16 间龛室。塔身呈圆柱形，也是土坯砌的实心体，内辟佛殿 4 间，佛殿门上带有印度火焰券门饰。塔身上覆圆檐，檐下施斗栱。塔顶由折角十字刹座、相轮和鎏金宝盖、宝顶组成。全塔总高 32.5m，以白色的塔体基调陪衬金色塔刹。此塔反映了印度、尼泊尔、汉族和藏族的文化融合，弥足珍贵。

金刚宝座塔是来源于印度的一种佛塔形式。塔的下部为一巨大的宝座，座上建有 5 座小塔，供奉佛教密宗金刚界 5 部主佛舍利，故称为金刚宝座塔。仅见于明、清两代，数量较少。现存实例有北京大正觉寺塔（图 5.22）、北京碧云寺金刚宝座塔（图 5.23）和北京西黄寺塔等。

图 5.21　江孜白居寺菩提塔

图 5.22　北京大正觉寺塔

图 5.23　碧云寺金刚宝座塔

碧云寺金刚宝座塔，建于乾隆十八年（1748 年），全部采用石砌，由下部两层台基、中部土字形基台和上部塔群组成，总高 34.7m。基台通体满布藏传佛教题材雕饰。基台上方，台面后布置 5 座密檐方塔；台面前部两侧各立一座小覆钵式塔；台面中部为登台罩亭，顶面设一组小金刚宝座塔。全塔体量高大，雄浑壮观，颇有气势。

5.3.3　道教建筑

道教建筑一般称宫、观、院，其布局和形式大体仍遵循我国传统的宫殿、祠庙体制，即建筑以殿堂、楼阁为主，依中轴线作对称式布置。道教的圣地，最著名的有江西龙虎山、江苏茅山、湖北武当山和山东崂山。

湖北武当山，相传自东汉迄于元、明，道家哲圣如吕洞宾、张三丰等都修炼于此，故唐、宋、元代均有所建设，但规模不大。明永乐年间，建成宫、观多处，迎来鼎盛时期。

武当山全部建筑之布局，大体可分为东、西神道两路，即沿太岳山北麓东、西之剑河与螃蟹夹子河两道溪流，由北往南，自下而上，依次兴建，最后汇合于最高峰——天柱峰。永乐二十二年(1424年)建成时，计有门庑、殿观、厅堂、厨库1500余间，规模极其宏大。在诸宫观中，以西路之玉虚宫(图5.24)规模最大，东西170m，南北370m，沿轴线设置桥梁、碑亭、宫门四重及前、后殿。殿外之玉带河前辟有广场，可供阅兵及操练，此形制为一般寺观所未有的。天柱峰顶建有周长约1km的石城。城内最高处建有"金殿"，面阔、进深均为3间，重檐庑殿顶，如图5.25所示。金殿左右建签房、印房，后置父母殿，形成一组位于山顶的两重院落建筑。此区建筑以范围广大、宫观众多、气势雄伟，殿阁亭台与山川林木合为一体而闻名。

(a) 玉虚宫遗迹　　　　　　　　　(b) 当代复建的玉虚宫外观

图5.24　武当山玉虚宫

图5.25　武当山金殿

5.3.4　伊斯兰教建筑

伊斯兰教传入中国是在唐代永徽二年(651年)。13世纪，由于成吉思汗的西征，大批波斯与阿拉伯人被迫迁入中国，使伊斯兰教在元朝进一步传入中国内地，于是在中国的通商口岸城市、新疆、西北的陕甘宁地区都陆续修建了礼拜寺。元延祐二年(1315年)，咸阳王奉敕重修陕西长安寺，奏请皇帝赐名"清真"，以表示称颂清净无污染的真主，从此，"清真寺"成为伊斯兰教礼拜寺在中国的统称。西安化觉巷清真寺是明、清时期清真寺的典型代表。

化觉巷清真寺始建于明洪武二十五年(1392年)，嘉靖、万历及清乾隆年间几经重修。全寺坐西朝东，寺内建筑沿东西中轴线整齐排列，组成前后五进院落，如图5.26所示。第一、二进院落内有木、石牌坊与大门；进二门入三进院，中央立省心楼，如图5.27所示。这是清真寺不可缺少的、用以呼唤教民礼拜的邦克楼，其形式为八角形重檐攒尖顶的多层楼阁，左右两边厢房为水房与讲堂。穿过随墙门进入四进院，是全寺主院，院内坐落着主体建筑大礼拜殿，如图5.28所示。殿前伸出宽大的月台，殿分前殿、后殿。前殿由前后两个卷棚顶勾连在一起形成屋顶。前后殿坐西面东的布局，满足了教徒礼拜时面向麦加圣地的需要。前殿为汉式装饰，用天花、斗栱与彩画；后殿以植物纹、几何纹和阿拉伯文字组成繁密的图案，极富伊斯兰特色。化觉巷清真寺从总体布局、单体建筑、建筑小品到建筑装饰的汉化程度，充分反映出中国清真寺建筑的本土化深度。

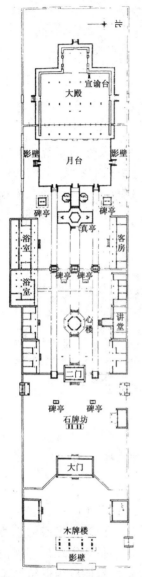

图5.26　化觉巷清真寺总平面图

图5.27　化觉巷清真寺省心楼

图5.28　化觉巷清真寺大礼拜殿

5.4 住宅建筑

5.4.1 北京四合院

北京四合院是院落式住宅的最典型布局，是传统民居中最具代表性的正统形制，如图 5.29 所示。它以木构架体系的技术手段，创造了充分适应封建家长制家庭的居住环境。它由正房、厢房、垂花门、院子、倒座、大门、耳房、后罩房、影壁等单体建筑和构筑物组成，其组合形式可分为单进院、二进院、三进院和多进院。大宅除纵向院落多外，横向还增加平行的跨院，并设有后花园。

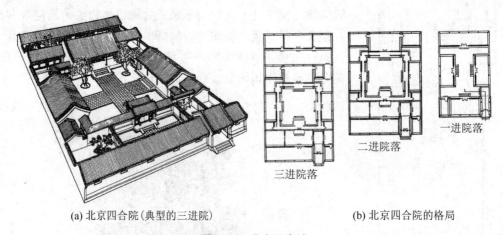

(a) 北京四合院（典型的三进院）   (b) 北京四合院的格局

图 5.29 北京四合院

北京四合院以三进院为最常见。前院较浅，以倒座为主，主要用作门房、客房、客厅；大门在倒座以东，宅之"巽"方（东南隅）。前院属对外接待区。内院是家庭的主要活动场所。内、外院之间以中轴线上的垂花门相隔。内院正中是正房，是全宅地位与规模最大的，为长辈起居处；正房两侧为东、西厢房，是晚辈起居处。正房两侧较为低矮的房间是耳房。连接和包抄垂花门、厢房和正房的为抄手游廊，雨、雪天可方便行走。内院可植花木，为家人纳凉和劳作之所。后院的后罩房居宅院的最北部，布置厨、库、仆役住房等，是家庭服务区。

整个四合院中轴对称，等级分明，秩序井然。它以空间的等级区分了人群的等级，以建筑的秩序展示了伦理的秩序。

5.4.2 徽州民居

徽州地区，丘陵起伏，山地较多。田少民稠，徽人不得不弃田经商。徽商致富后多返乡大建住宅、祠堂等，促进了徽州天井院的发展。

徽州天井院的主要特点是以毗连的、带楼层的正屋、两厢围合成三合天井院的基本单元。可以是独立的三合单进院，也可以串联两组三合院组成"日"字形的两进院，也可以由两组三合院相背组合成"H"形的两进院。安徽歙县李宅，如图 5.30 所示，是两个三合院纵横结合的不规则布局，显示出天井院布局便于灵活组合和有机扩展的特色。

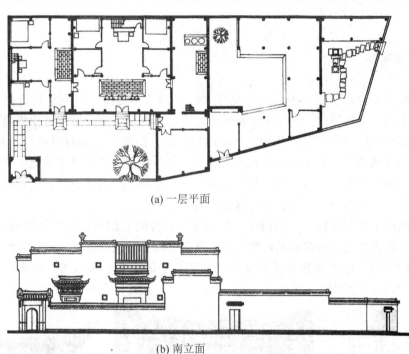

图 5.30　安徽歙县李宅

这些民居都以天井为中心，内向封闭。一般天井面积不大，但能发挥很大效用。不仅解决封闭内向建筑对采光通风、排水的需要，而且起到过渡空间、联系空间的重要作用。

建筑多采用穿斗式构架，周边高墙围护。建筑外观，如图 5.31 所示，尺度近人，比

图 5.31　徽州民居建筑外观

例和谐,清新秀逸。墙面白灰粉刷,墙头青瓦翘脊,屋顶为硬山带封火山墙。层层迭落的马头山墙,高低起伏,极富韵律与动感。入口大门上做各式门楼、门罩,精美的砖雕与大面积的白粉墙形成恰当的对比。天井院内四面为木装修所围绕,均有精细的木雕。徽州宅院以砖、木、石三雕著称。大体上,明朝宅院三雕较粗犷、简练,到清朝后期走向细腻繁复。

5.4.3 晋陕窄院

晋陕窄院主要分布于山西的晋中南地区和陕西的关中地区,以窄长的庭院为主要特征。窄院的形成有多种原因:一是遮阳避暑。这些地区夏季炎热,窄院可使内庭处于阴影区内,东西厢和正房的日晒可以得到适当的遮挡,较为阴凉。二是防阻风沙。两厢靠拢,掩护正房,相互遮挡,可避免正厢房和庭院直接被风沙吹刮。三是紧缩用地。晋中南和关中地区,人口密集,地少人多,商品经济相对活跃,城镇宅院沿街布置,宅基划分在宽度方向控制较紧,自然形成窄门面、大进深的院落。

晋陕窄院的平面布局以"一正两厢"为基本型,可配上倒座、过厅等形成多进院落;也可并联侧院组成主院与跨院的横向组合;也可通过内外院的串联和院与院之间的并联构成纵横交织的大宅。山西祁县乔家大院就是窄院住宅的著名大型组群,如图5.32所示。全宅有6个大院,4个跨院,共有房屋313间。

(a) 总平面图　　　　　(b) 天井院内景　　　　　(c) 门楼

图5.32　祁县乔家大院

窄院以坐落在纵深轴线后部的正房为主体,多数为"一明两暗"的三开间,明间作为堂屋,两暗为长辈与长子的居室。两厢主要用作居室,一般晚辈住内厢,外厢住仆人或用作厨房。

晋陕窄院的大门是全宅的艺术表现重点,通常也随倒座做到一层半或两层高,门洞上部有精美的门楼,木、砖、石三雕俱全。

5.4.4 江南水乡民居

江南,主要指长江三角洲、太湖流域和钱塘江一带,这里称"鱼米之乡",气候宜人,地势旷奥相间。江南民居,贵在"水"字,很多民居临河而建。

典型的江南临河民居外观，如图 5.33 所示，一般主楼三间、二层，前有院子，后为"水后门"，有一个似"廊"的空间，柱间设座凳栏杆，在此可歇息观景。有梯级可至河边。

图 5.33　江南临河民居外观

苏州东北街的陈宅，如图 5.34 所示，属于江南地区的中等住宅，也是院落式住宅的一种。呈中轴线布局，其中西轴为正轴，大门入内为一进院，正对面是轿厅；转弯入内院为第二进，又是一个大厅；然后是第三进，有东、西披屋小院，后面是最后一进。东边有避弄，每进均有门可通避弄，可一直通往后门。这座建筑的西侧临河，西南角有木桥，可谓"小桥、流水、人家"。有些临河民居还有"水后门"，即屋后临水开一个门，外面有踏级可至河上，并可以洗衣、取水，或登舟出入。

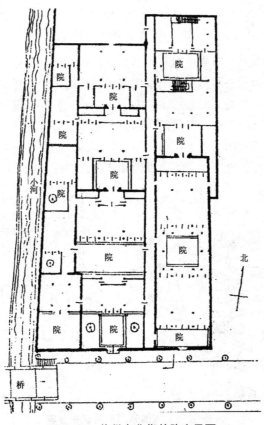

图 5.34　苏州东北街的陈宅平面

5.4.5 西北窑洞

中国有得天独厚的黄土资源。明、清时期，窑洞已成为黄土高原和黄土盆地农村住宅的主要形式。窑洞主要分为3种基本类型(图5.35)：一是靠崖窑，即直接依山靠崖挖掘横洞，所需挖方较少，施工较方便。二是天井窑，又称为地坑院，是在平坦的黄土地带，就地挖下地坑，形成四壁闭合的下沉院，然后再向四壁挖窑。三是覆土窑，即用土坯、砖石砌出拱形洞屋，然后覆土掩盖。

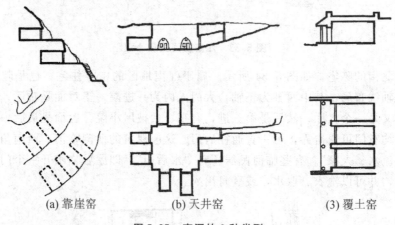

(a) 靠崖窑　　(b) 天井窑　　(3) 覆土窑

图5.35　窑洞的3种类型

窑洞住宅具有就地取材、节省能源和自然生态的优点，但是也存在潮湿、持久性差、空间组合受限制等缺点，因而一些地主庄园采用窑屋混构的方法，形成庞大而持久的组群。陕西米脂县刘家峁姜园就是如此。如图5.36所示，姜园坐落在陡峭的峁顶上，由覆土窑和木构房屋混构，组成上(主院)、中、下(管家院)三层窑院。下院辟正房、厢房各三孔石拱窑；中院设东西厢各三间木构硬山房；上院正房用五孔石窑，东西各三孔厢窑。正房两侧各辟出一小院，建两孔石窑。庄园外围以高墙，设碉楼和角楼，并形成不规则的城堡。

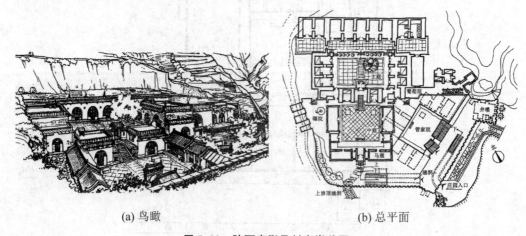

(a) 鸟瞰　　(b) 总平面

图5.36　陕西米脂县刘家峁姜园

(c) 中间透视

图 5.36　陕西米脂县刘家峁姜园（续）

5.4.6　客家土楼

客家是汉族的一个民系，原是居住于黄淮和长江流域的汉族人民，受天灾或战乱的驱迫，辗转迁徙，陆续定居于闽、粤、赣交界的山区，形成了独特的客家文化。客家住宅以大家族聚居为突出特色，表现出强烈地向心性与内聚性。

客家住宅可以划分为多种类型。大体上，耕地较少，交通闭塞，历史上匪患较多发地区，如闽西、赣南一带，注重宅屋的防御功能，其住宅多以圆形、方形土楼为主；广州梅州一带的盆地，经济、交通和社会治安相对优于山区，住宅以单层的"围垅屋"为主。

广东梅县南口宁安庐是客家地区围垅屋的代表性实例，如图 5.37 所示。平面分为前部正屋与后部围屋两部分，正屋前方有宽大的禾坪和半月形水池。正屋由中轴三堂和两排横屋组成，称为"三堂两横"。第一进为下堂，用作门厅；第二进是家族公共活动场所；

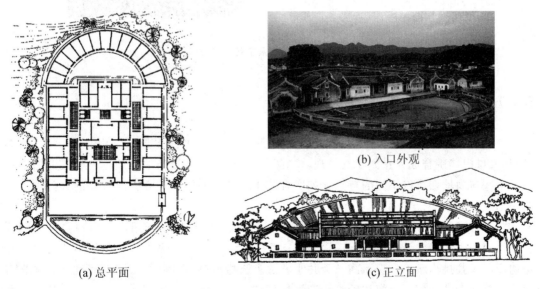

(a) 总平面　　(b) 入口外观　　(c) 正立面

图 5.37　广东梅县南口宁安庐

第三进明间为上堂，用作祖堂，次梢间分为前后房，为长辈居室。两排横屋都面向天井朝向堂屋，是晚辈居所。后部围屋呈半圆形，由正中用于祭祀的"垅厅"与两侧用作厨房、杂物的房屋组成。半圆形后院是晾晒衣物的场所。整组建筑依山而建，前低后高，层次分明。

福建永定县承启楼是圆形土楼的典型实例，如图 5.38 所示。土楼外径 62.6m，由 4 个同心圆环建筑和中间圆形天井院组成。外环 4 层，以单面走廊作为通道，设 4 部楼梯。环楼每个开间 1~4 层住一户，一层厨房，二层谷仓，三、四层是卧室。二、三环为单层，二环是牲畜栏舍和储藏室，三环为居室和厨房。四环为环形回廊，内建单层圆形天井院，作为全宅祖堂。土楼外环外墙用厚达 1m 以上的夯土承重墙，与内部木构架相结合。外墙下两层不开窗，防御性很强。

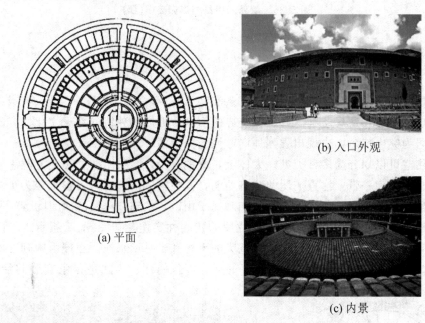

图 5.38 福建永定县承启楼

5.4.7 云南"一颗印"住宅

"一颗印"是云南昆明地区汉族与彝族普遍采用的一种住屋形式，由正房、耳房（厢房）和入口门墙围合成方正如印的外观，如图 5.39 所示。由于当地的地理、气候的原因产生了一些与内地四合院不同的特点，如四合院正房的朝向面向东方，四合院的大门也多开在中部或东北角的位置而朝东。

"三间四耳倒八尺"是"一颗印"最典型的格局，即正房 3 开间，左右两侧各 2 间耳房，大门居中，门内设倒座，倒座深 8 尺。"一颗印"住宅高两层，天井狭小，正房、耳房均面向天井挑出腰檐。房屋高、天井小，加上腰檐深挑，可挡住太阳大高度角的强光直射，十分适合低纬度、高海拔的高原型气候特点。

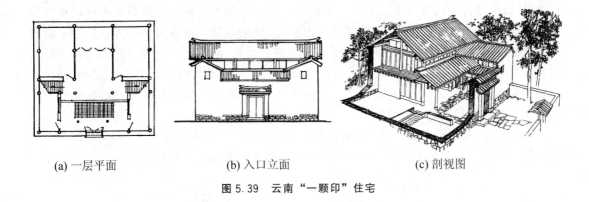

(a) 一层平面　　　　　　(b) 入口立面　　　　　　(c) 剖视图

图 5.39　云南"一颗印"住宅

5.4.8　西南干阑民居

干阑民居分布于云南、贵州、广西、海南、四川等省，是傣族、壮族、侗族、布依族和景颇族等 10 多个少数民族的住屋形式。干阑的类别有架空较高的高楼干阑；架空较低的低楼干阑；重楼式的麻栏和半楼半地式的半边楼等。

楼面架空是干阑建筑的基本特征，其作用主要包括：第一，避免贴地潮湿；第二，有利于楼面通风；第三，防避虫兽侵害；第四，便于防洪排涝。在山区地段，还能保持底层地面坡度，有利于适应地形，节约土方工程量。

如图 5.40 所示为云南西双版纳傣族高楼干阑，上层由堂屋、卧室、前廊、晒台组成，底层开敞用作贮藏、畜圈。屋顶为"T"字相交的歇山，山尖起采光、通风、散烟作用。架空的居住面、深远的大出檐、向外倾斜的外墙，加上墙面的少或不开窗，构成了独特的"自防热体系"，取得良好的防日晒、隔潮和通风的效果，同时，也带来了建筑外观的轻快、活泼。

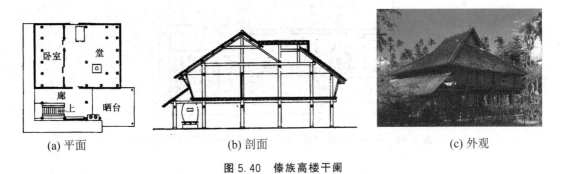

(a) 平面　　　　　　(b) 剖面　　　　　　(c) 外观

图 5.40　傣族高楼干阑

5.4.9　新疆"阿以旺"

新疆和田地区，气候干燥，雨量极少，日照时间长，辐射强度高。异常的干热气候导致和田维吾尔族民居形成以"阿以旺"为中心的布局形式。"阿以旺"意为"明亮的处所"，即屋顶上带有天窗的房子。

"阿以旺"住宅的特点是：第一，外墙不开窗，屋顶为平顶，平面布置灵活，可纵横自由延伸；第二，住宅布局以"阿以旺"为中心。"阿以旺"通过天窗采光，是全宅最明亮、装饰最讲究的房间。它是全宅公用的起居室，也是待客、聚会和歌舞的场所。第三，居室分夏室和冬室。夏室面积大，靠近"阿以旺"，通风采光较好；冬室面积小，封闭，靠屋顶开小洞通风。第四，常在宅内设"阿克赛乃"，即将部分屋顶敞开，形成局部露天的房屋，类似闭合的室内天井院。

如图5.41所示和田地区带"阿以旺"和"阿克赛乃"的小型住宅，"阿以旺"和"阿克赛乃"相邻，都占很大空间。夏、冬居室布置紧凑，平面关系简洁。

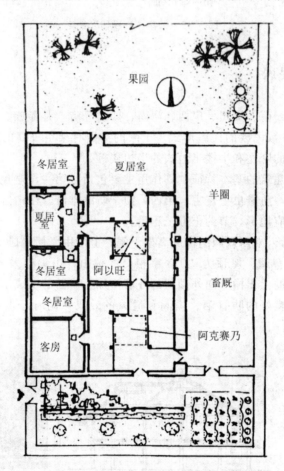

图5.41 和田地区带"阿以旺"和"阿克赛乃"的小型住宅

5.4.10 藏式碉房

藏式碉房以厚石墙、木梁柱、小跨、密肋楼地层、低层高、平屋顶和梯形窗套为特色，很适合藏区的干寒气候和藏民习惯帐篷低空间的生活习俗。藏式碉房大都采用石木混构，外墙明显收分，呈现上小下大的梯形轮廓，加上石墙的粗犷材质和小窗的窄小尺度，建筑通体稳重、敦实、封闭，如图5.42所示。

图 5.42 藏式碉房

藏式碉房有 3 种基本形式：①实体式。一般住宅高 3 层：一层为牲畜用房；二层是卧室、贮藏室；三层是晒台、经堂与旱厕。建筑与地形结合紧密，防卫性强。②天井式。如图 5.43 所示，两层带内天井，下层布置起居室、卧室与库房，上层布置经堂、卧室与库房。大部分房间是带一根中心柱的标准间。布局紧凑，造型严整。③廊院式。主屋前方建一圈廊子或廊屋，围合成或大或小的廊院。廊宽 2m，是室内生活空间的延伸。一些贵族的廊院式碉房大院可以达到很大的规模。

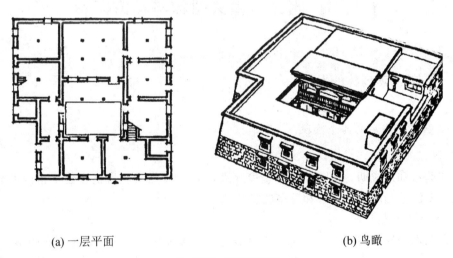

(a) 一层平面　　　　　　　　　　　　　(b) 鸟瞰

图 5.43 天井式碉房

5.4.11 蒙疆毡包

居住在内蒙古、新疆辽阔草原的蒙古、哈萨克、塔吉克等族的广大牧民，为适应"逐水草而居"的生活方式，形成一种独特的毡包住宅。它是一种圆形的、便于拆装、迁徙的活动房屋。为适应装卸、迁移的需要，毡包的结构、构件力求轻巧简便，它的骨架，如

图 5.44 所示，由三种构件组成：一是栅栏墙架，是用木条做成斜格状的网架，可拉开也可收拢。二是顶圈，是木制的直径约 1～1.5m 的圆圈，上有一圈孔眼，圈内凸起 2 对弯杆，使顶圈呈穹隆状。三是撑杆，是一端弯成弧形的细木杆，长约 2～3m。搭建时，将一根根撑杆弯头绑扎在栅架上，另一端插入顶圈孔眼，就形成了毡包骨架，然后再在栅架外铺围毡，在伞状撑杆外铺篷毡，在顶圈上铺可开启的顶毡。整个毡包的安装，一般 1～2 小时即可，十分便捷。

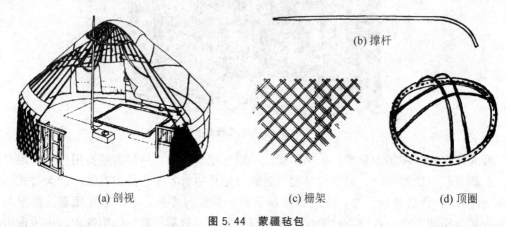

(a) 剖视　　　　　　　　(c) 栅架　　　　　　　　(d) 顶圈

图 5.44　蒙疆毡包

5.5　明、清皇家园林与私家园林

5.5.1　中国古典园林的发展

1. 造园艺术发展的 4 个阶段

1）汉以前

处于萌芽和形成期，造园仅限于皇家苑囿，如上林苑及阿房宫、建章宫内的苑囿等，都是供帝王游乐、阅军、远眺和狩猎的场所。

2）魏晋南北朝时期

造园艺术的发展期。这一时期，社会动乱、佛教的流传，以及老庄哲学的影响，孕育了有独立意义的山水审美意识，对造园艺术影响极大，造园艺术初步走上了"再现自然"的道路。私家宅园与郊区别墅相继兴起。帝王造园也受到当时思想潮流的影响，向追求自然美方面转移。汉代以前盛行的畋猎苑囿，开始被大量开池筑山，以表现自然美为目标的园林所代替。另外，还出现了城郊风景点及寺院园林。

3）隋唐宋时期

造园艺术达到盛期。本时期生活安定，经济繁荣，文化艺术也有很大的成就，不仅为造园提供了雄厚的物质基础，而且由于山水诗、画盛行，还给造园艺术构思和技巧以启迪。当时绘画界流行的"外师造化、内发心源"的主张，同样被当做造园艺术必须遵守的原则。这时期的造园活动规模大、数量多,手法也趋于成熟,是造园艺术达到鼎盛的标志。公卿贵戚和名士文人纷纷建造宅园、山庄、别墅,推进了宅居与林木山水环境的密切交融。

4)明清时期

继宋之后,是造园艺术发展的又一次高峰。本时期经济有较大的发展,特别是清乾隆时期大兴土木,建造苑囿之多、规模之大为历史前所未有。此外,江南一带私家园林也极为兴盛。造园艺术、技术日趋精致、完善,文人、画家积极投身于造园活动,还出现了一些专门匠师。计成著《园冶》一书系统地总结了造园艺术经验。

2. 园林建筑的分布

早在周、秦时代,我国即有兴建苑囿的活动,到魏晋南北朝时期,特别到隋唐,园林建筑的发展尤为昌盛。这时期的园林,多集中于政治、经济、文化十分发达的城市长安、洛阳一带。至北宋,洛阳的园林尤盛。南宋迁都临安,江南一带如临安(杭州)、平江(苏州)、吴兴等地多为官僚、地主、富商聚居之地,园林建筑活动十分发达。明清时期的园林多集中于两处:北京的皇家园林集中于北京、承德两地;江南一带私家园林则以扬州、苏州、吴兴、杭州为多。此外,岭南地区如广州、福建、广西等地还有一些地主、富商所营建的私家园林。现存的园林建筑主要是明清所建的苑囿和私家园林,主要集中于北京、承德及江南、岭南地区。

5.5.2 明清皇家园林

明代皇家园林基本集中于北京皇城内,有 6 处御苑,分别是:宫后苑(清称御花园)、慈宁宫花园、万岁山(清称景山)、西苑、兔园和东苑。至清代,开始了大规模的造园活动。从康熙朝开始,到乾隆中期,形成了庞大的皇家园林集群,地点集中在北京城的西北郊和河北的承德两地。

1. 圆明三园

圆明园始建于康熙朝,完成于乾隆时期,是一座大型人工山水园,由圆明、绮春、长春 3 园组成,总占地 $3.47 km^2$,如图 5.45 所示。

(a) 圆明园福海

(b) 绮春园

(c) 长春园西洋楼

图 5.45　圆明园景观

圆明园最大的特点是：①平地造园，以水为主。大小水面联为一个完整的水系，构成为一个十分有特色的水景园林。②园中有园。一组又一组的小型园林布满全园。或以建筑为中心，配以山水植物；或在山水之中，点缀亭台楼阁；利用山丘或墙垣形成一个又一个既独立又相互联系的小园，组成无数各具特点的景观。③园中建筑不但类型多而且形式多样，极富变化。乾隆时期还在长春园的北部集中建造了一批西洋形式的石头建筑，这是西方建筑形式第一次集中出现在中国。

乾隆、嘉庆年间是圆明园的全盛时期，咸丰十年(1860年)被英法联军劫掠焚毁。

2. 北京颐和园

颐和园原名清漪园，始建于清乾隆十五年(1750年)，位于北京的西北郊，是清帝后长期居住的离宫御苑。咸丰十年(1860年)，清漪园被英、法侵略军焚毁。1886年慈禧挪用海军军费开始重建，1888年改名颐和园。1900年八国联军之役再次遭毁，1902年再度重修。

颐和园，全园占地 $2.9km^2$，是利用昆明湖、万寿山为基址，以杭州西湖风景为蓝本，汲取江南园林的某些设计手法和意境而建成的一座大型天然山水园，如图 5.46 和图 5.47 所示。全园分为 3 区：一是宫廷区。位于昆明湖的东北角岸，包括东宫门、"外朝"、"内廷"、戏台和茶膳房等辅助建筑。外朝以仁寿殿为主殿，内廷以乐寿宫为主要建筑，背山

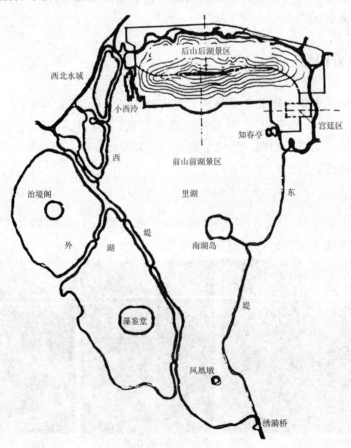

图 5.46 颐和园总平面图

临湖，位置极佳。这组离宫型的建筑为9进院落，因地制宜分为3段，轴线转折两次，与湖山关系处理较佳。二是前山前湖景区。包括万寿山南坡和昆明湖，大部分为水面。仿造杭州西湖的规划手法，由西堤及其支堤将湖面划分为里湖、外湖、西北水域3个部分，设置了南湖岛、治镜阁、藻鉴堂3个大岛与知春亭、凤凰墩、小西泠3个小岛，形成了大型的浩渺水景。前山建筑则是包容了朝宫、寝宫与佛寺的大型建筑群。主体建筑佛香阁体量壮硕、造型稳重，体形与前山前湖的壮阔场面十分相称。三是后山后湖景区。即万寿山北坡与后溪河景区。后山建筑不多，除中央部位建有大型佛寺须弥灵境外，其余多为小型景点建筑。

(a) 万寿山南坡鸟瞰　　　　　　　(b) 佛香阁远景

(c) 后溪河　　　　(d) 后湖买卖街　　　(e) 前湖西堤桥亭

图 5.47　颐和园景观

颐和园是中国皇家园林中最后建成的一座，集中体现了中国古代大型山水园的造园成就。它的水域采取了岛式布局和堤式布局相结合的做法；它的山体运用了"寺包山"和"山包寺"的两种处理手法。颐和园的景观既有像前山中部的"仙山琼阁"，也有像后山那样的"世外桃源"；既突出"海阔天空"的风景主题，也包容小桥流水的清幽境界，可以说是将皇家园林所需要的宏大气度和精丽细致，与天然山水园所擅长的壮阔气势和深邃宁静，融合得恰到好处。

3. 承德避暑山庄

承德避暑山庄又名热河行宫、承德离宫，位于今河北省承德市区北部，始建于清康熙年间，乾隆时又有扩建，是中国现存占地最大的古代离宫别苑。山庄创造了山、水、建筑浑然一体而又富于变化的园林艺术，如图 5.48 和图 5.49 所示。

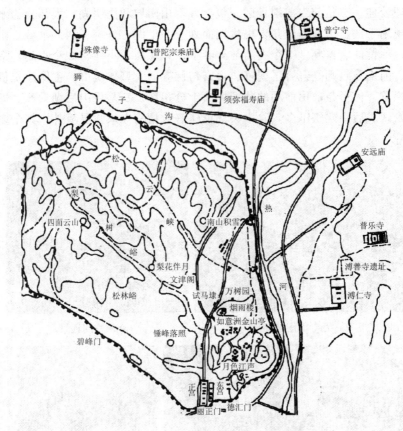

图 5.48　承德避暑山庄总平面图

(a) 烟雨楼　　　　　　　　　　　　(b) 长堤卧波

图 5.49　承德避暑山庄景观图

避暑山庄的布局运用了"前宫后苑"的传统手法。宫殿区位于山庄南端，包括正宫、松鹤斋、东宫和万壑松风四组建筑群。苑区则可分为湖区、平原区与山岭区 3 大部分。湖区水面浩渺，泉流汇集，堤岛布列其间，将水面分隔为若干区，景色多仿江南名胜，如

"烟雨楼"仿嘉兴南湖烟雨楼,"长堤卧波"、"芝径云堤"仿杭州西湖等。平原区布置有万树园、藏书楼文津阁及永佑寺等,是清帝习射、竞技和宴会的场所。山区则根据山地特点,布置小巧而富于变化的游观性建筑和庙宇。

此园山区所占面积较大,园林造景也根据地形特点,充分加以利用,以山区布置大量风景点,形成山庄特色。园中水面较小,但在模仿江南风景名胜方面有其独到之处。而远借园外东北两面的外八庙风景,也是此园的成功之处。

5.5.3 明、清私家园林

中国古代园林,除皇家园林外,还有一类属于官吏、富商、地主等私人所有的园林,称为私家园林。就全国而言,私家园林最发达的地方是江南地区。

1. 明清私家园林与皇家园林的异同

从内容上看,皇家园林兼有朝政、生活、游乐的多种功能,实际是一座封建帝王的离宫;私家园林则有待客、生活、读书、游乐的要求。

从规模上看,皇家园林占地大,多选择在京城之郊或其他空旷之地;而私家园林多与住宅结合,占地不大。

从园林风格上看,皇家园林追求宏伟的大气魄,讲求金碧辉煌;而私家园林则追求平和、宁静的气氛,讲求清淡雅致。

2. 明清私家园林的造园手法

1) 布局上采取灵活多变的手法

建筑布局采用灵活、不规则的布置,按功能的需要穿插安置不同形式的建筑;建筑物之间多用曲折多弯的小路,而忌用径直的大道。

2) 善于仿造自然山水的形象

对自然山水的形态进行观察与研究、总结,提炼出它们在造型上的规律,按园林的需要再现,以小见大,得自然之神韵。

3) 讲求园林的细部处理

私家园林要做到可看、可游,除了在布局、在模仿自然山水上下工夫外,十分讲究园中建筑、山水和植物的细部处理。

3. 园林意境

意境是中国古代艺术所追求的一种艺术境界。通过艺术形象去表现一种思想、一种情感,这是一种无形的意境。中国自然山水园林从一开始就与山水画、山水诗文不可分离,所以意境成为古代园林所追求的一种最高境界。

园林意境的表现方法包括以下几方面。

1) 象征与比拟

这是运用得最多的方法。从中国古代早期的神话、宗教中可以发现人们很早就用象征和比拟表达自己的思想与愿望。

2）引用各地名胜古迹

各地名胜的产生都经历了漫长的历史过程，都带有各自不同的历史内容。随着这些各地的名山名景进入园林，它们所附有的历史、文化内涵也被引入园林，使园林增添了意境。

3）应用诗情画意

中国园林经常应用诗情画意来表达意境。这种诗情画意除了用景观空间来表达之外，还常常依靠悬挂在建筑上的题额、楹联等来点明，用附在建筑上的诗词、书画来渲染，从而使它们更加富有情趣。

4. 明、清私家园林的典型实例

1）拙政园

拙政园位于苏州楼门内东北街，始建于明朝中叶（16 世纪初）。最初是明御史王献臣私园，后屡易园主。拙政园的总体布局分为东、中、西三个部分，各部分相互隔离、自成格局。东部布局以平冈草地为主。西部景观是清光绪年间形成的，以水池为中心环置了一厅、三楼、四亭，造园手法瑕瑜互见。中部是全园精华所在，山水明秀，厅榭精美，空间闭敞开合，是江南私家园林的代表作品，如图 5.50 和图 5.51 所示。其设计意匠有几个特点：

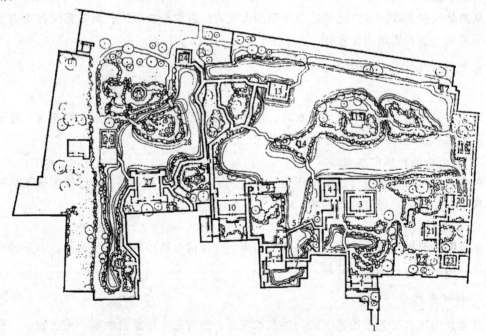

图 5.50　拙政园中部总平面图

1—园门；2—腰门；3—远香堂；4—倚玉轩；5—小飞虹；6—松风亭；
7—小沧浪；8—得真亭；9—香洲；10—玉兰堂；11—别有洞天；12—柳荫曲路；
13—见山楼；14—荷风四面亭；15—雪香云蔚亭；16—北山亭；17—绿漪亭；18—梧竹幽居；
19—绣绮亭；20—海棠春坞；21—玲珑馆；22—嘉宝亭；23—听雨轩；24—倒影楼；
25—浮翠阁；26—留听阁；27—三十六鸳鸯馆；28—与谁同坐轩；29—宜两亭；30—塔影亭

图 5.51　拙政园中部景观

第一，在景观构建上突出山水主体。水面约占中部的 1/3，布局以水池为中心，"凡诸亭、槛、台、榭，皆因水为面势"。水面有聚有分，既有远香堂前的辽阔水面和多处水口，也有小沧浪一带的曲折小河和腰门山后的小口水池。大水面中耸立两座主山，山间隔以小溪。两山结构以土为主，以石为辅，一大一小，一高一低。漫山遍植树木，浓荫蔽日，颇有山林气氛。水池中央还有荷风四面亭小岛，通过两桥将水面分为 3 部分，但桥身空透、低矮，保持了水面的浩渺，山水整体布局十分周到。

第二，在规划布局中合理安排建筑。主体建筑远香堂设置在大池南岸，形成"主山，隔着主水面，遥对主建筑"的最佳构成模式。远香堂可以北望山水主景，南临小池假山，西接倚玉轩、小飞虹，东赏绣绮亭、枇杷园，以四面厅环视四面景观，十分得体。

第三，强化景观对比。园内由南北望，林木苍翠的山体，掩映于大片水池之中。水中两山各建一亭，两亭一大一小，一显一隐，完全是开阔疏朗的江南水乡景致；而由北望南，则以堂阁轩廊组构的建筑景观与北岸的疏朗形成明显对比。

第四，通过对景、借景等手法获得丰富的景观层次。例如透过晚翠洞门，位于枇杷园内的嘉实亭和西山顶部的雪香云蔚亭，相互之间构成绝妙的对景。特别是从小沧浪水阁凭栏北望，透过小飞虹廊桥，穿过倚玉轩、香洲夹口，越过荷风四面亭，遥望见山楼，其空间层次之深远，堪称私家园林创造景深的范例。

2）留园

留园位于苏州阊门外，原为明代"东园"故址，清嘉庆年间改建为寒碧山庄，光绪初年易主后扩大范围，改名为留园。全园分为东、西、北、中四部分，如图 5.52 所示。

中部是全园精华所在，分为东、西两区。西区以山池为主，西北叠山、中间辟池、东南部署建筑，符合"南厅北山，隔水相望"的常规模式。沿西墙做爬山廊，至山巅建闻木樨香轩，可居高俯瞰。游廊北上东折后沿北墙穿过远翠阁，接通佳晴喜雨快雪之亭近处的曲廊，形成贯穿全园的一条迂回曲折的外环游赏路线。东区以建筑为主，以主厅五峰仙馆为中心，四周环绕布置揖峰轩、鹤所等景点建筑。五峰仙馆室内宽敞，装修极为精致，其前院特置太湖石五峰，是苏州诸园中最大的一处厅山。其东侧的揖峰轩，与鹤所、石林小屋、还我读书处通过回廊的环绕、转折围合出 10 个大小不同、形态各异的小院，如图 5.53 所示，院内散点湖石花竹，曲廊透迤，空窗通透，框景重重，取得了"处处虚邻，方方侧境"的空间变化，堪称私家园林空间组织的杰作。

揖峰轩以东是留园的东部，以突出冠云峰为主题。冠云峰据传是北宋花石纲遗物，为苏州诸园巨型峰石之冠。其北面建有冠云楼，登楼可远眺虎丘，是留园借景的最佳处。

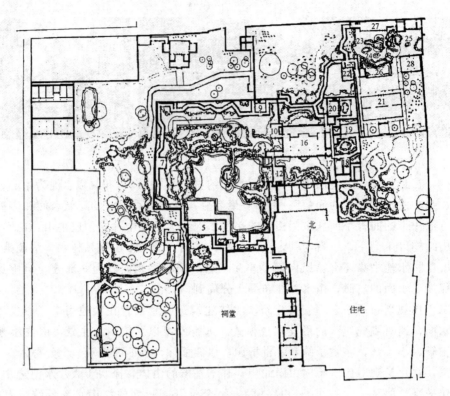

图 5.52 留园总平面图

1—大门；2—古木交柯；3—绿荫；4—明瑟楼；5—涵碧山房；6—活泼泼地；7—闻木樨香轩；
8—可亭；9—远翠阁；10—汲古得绠处；11—清风池馆；12—西楼；13—曲溪楼；14—濠濮亭；
15—小蓬莱；16—五峰仙馆；17—鹤所；18—石林小屋；19—揖峰轩；20—还我读书处；
21—林泉耆硕之馆；22—佳晴喜雨快雪之亭；23—岫云峰；24—冠云峰；25—瑞云峰；
26—浣云池；27—冠云楼；28—伫云庵

图 5.53 留园石林小院剖视图

留园规模较大，建筑数量较多，园内厅堂在苏州诸园中也最为宽敞华丽。由于建筑密集而采取一系列极富变化的空间处理，创造出一处处精湛的建筑空间杰作。

5.6 明、清建筑技术与艺术

明、清时期是我国历史上的古代晚期。这一时期的建筑发展，无论在技术上还是在艺术上都趋向完备，但也不可避免地走向僵化。清雍正十二年（1734年）颁布的《工程做法则例》，标志着我国古代建筑走向终结。建筑的标准化标志着结构体系的高度成熟，但同时也不可避免地使结构僵化。

5.6.1 清朝《工程做法则例》

《工程做法则例》是清朝官修的一部建筑法典，是继宋《营造法式》之后的又一部官方颁布的、较为系统完整的古代营造专书，完整地反映出官式建筑成熟期的状态。

此书修编的目的是确定官式建筑形制，统一房屋做法标准、用料标准、用工标准，加强工程管理制度，便于主管部门规范建筑等级、审查工程做法、验收核销工料经费。全书74卷，分为"诸作做法"和"用料用工"两大部分。涉及的建筑类型有殿堂、楼房、正楼、角楼、箭楼、仓房、方亭、垂花门等。全书贯穿着严格的模数制，建立了以"斗口"为模数的清式建筑模数体系。规定大至建筑布局、间架组成，小至构件尺寸、榫卯大小等，均以斗口表示。这套斗口模数较之宋《营造法式》的材分制有明显的改进，也反映出清代建筑构架体系的演变，如梁架趋向简化，梁枋断面尺寸增大，屋面曲线以举架法取代举折法等。

中国木构架建筑体系，到清朝发展到高度成熟阶段，清朝《工程做法则例》完整地反映了官方建筑高度成熟期的状态，提供了一整套明、清建筑的术语、制度和做法等，是研究明、清建筑最重要的历史文献。

5.6.2 清朝官式建筑——中国木构架建筑的基本特征

木构架承重的建筑是中国使用面最广、数量最多的一种建筑类型，也是我国古代建筑成就的主要代表。现以清朝官式建筑为例，从单体建筑平面空间构成、立面构成、木构架、建筑装修和色彩5个方面分别阐述中国木构架建筑的基本特征。

1. 单体建筑平面空间构成

1) 开间与进深

中国古代木架建筑的平面是以"间"为单位组合而成的，相邻两榀屋架之间的空间即为"间"。间之长者为宽、短者为深。木构建筑正面相邻两檐柱间的水平距离称为开间或面宽、面阔；数间相连之总长称为通面宽。一般，建筑开间为11以下的奇数间。建筑正中一间称明间，左右两侧称次间，再外称梢间，最外称尽间。前后檐柱间的水平距离称为进深，数间相连之总深度称为通进深。有时也以建筑侧面间数或以屋架上的椽数来表达进深。

2)平面形式

中国古代木架建筑的平面形式主要有4种类型(图5.54):分心槽、单槽、双槽和金厢斗底槽。槽是指殿身内用一系列柱子与斗栱划分空间的方式,也指该柱列与斗栱所在的轴线。有时,在建筑主体之外包绕一圈外廊,称为"副阶周匝",一般应用于较隆重的建筑物。金厢斗底槽的特点是殿身内有一圈柱列与斗栱,将殿身空间划分为内外两层空间组成,外层环包内层。分心槽是分心斗底槽的简称,它的特点是以一列中柱及柱上斗栱将殿身划分为前后相同的两个空间,一般用作殿门。

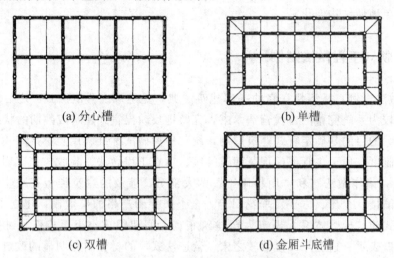

(a) 分心槽　　　　　　　　(b) 单槽

(c) 双槽　　　　　　　　(d) 金厢斗底槽

图5.54 古代木架建筑的平面形式

2. 单体建筑立面构成

中国古代木构架建筑,无论单体建筑规模大小,其外观轮廓均由台基、屋身和屋顶3部分组成。一般下面是由砖石砌筑的台基,承托着整座房屋;立在台基上的是屋身,由木制柱额作骨架,其间安装门窗隔扇;上面是用木结构屋架造成的屋顶,屋面做成柔和雅致的曲线,四周均伸展出屋身以外,上面覆盖着青灰瓦或琉璃瓦。西方人称誉中国建筑的屋顶是中国建筑的冠冕。

1) 台基

台基是整座建筑物的基础部分。建筑下施台基,最早是为了御潮防水,后来则出于外观及等级制度的需要。清官式建筑的台基已高度程式化,由台明、月台、台阶、栏杆4部分组成,如图5.55所示。台明是台基的主体,又分为平台式(即普通台基)和须弥座两种制式。须弥座如图5.56所示,是一种带有雕刻花纹和线脚的基座,其名称来源于佛教。凡比较高贵的建筑基座都采用须弥座,其所用的材料有雕砖、木刻、石作、琉璃、铜铁等。

2) 屋身

屋身一般由柱、墙与门窗等组成。古代木构建筑的墙体,在房屋中不是承重构件,只作围护和隔断用。依不同部位有不同名称,如檐墙、山墙、廊墙(廊心墙)、槛墙等。

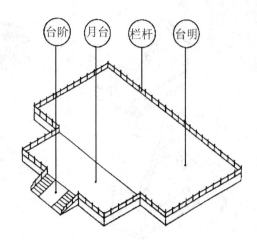

图 5.55 台基的基本构成

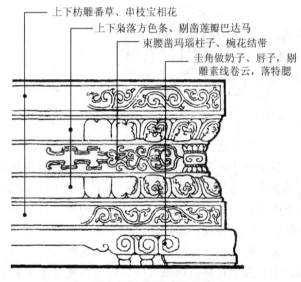

图 5.56 须弥座的构成

3）屋顶

中国古建筑的重要特点是屋顶形式丰富多彩，分为正式屋顶与杂式屋顶。庑殿、歇山、悬山、硬山是正式建筑屋顶的 4 种基本型，如图 5.57 所示。其中，歇山、悬山、硬山根据构造还区分为带正脊的尖山做法和不带正脊的圆山（即卷棚）做法。庑殿、歇山屋顶按照等级可做成单檐和重檐。

在封建社会里，屋顶形式有着严格的等级制度，正式建筑屋顶形成了重檐庑殿、重檐歇山、单檐庑殿、单檐歇山、卷棚歇山、尖山式悬山，卷棚悬山、尖山式硬山和卷棚硬山 9 个依次降低的等级，构成了正式屋顶严格的等级序列。

3. 木构架

1）木构架形式

明、清时期，用于坡屋顶建筑的木构架，主要是抬梁式构架和穿斗式构架两种基本形

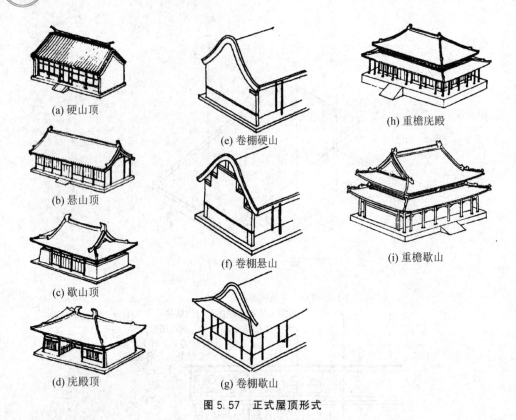

(a) 硬山顶
(b) 悬山顶
(c) 歇山顶
(d) 庑殿顶
(e) 卷棚硬山
(f) 卷棚悬山
(g) 卷棚歇山
(h) 重檐庑殿
(i) 重檐歇山

图 5.57 正式屋顶形式

式。抬梁式使用最广，全部官式建筑都用抬梁式构架，华中、华北、东北、西北地区的民间木构建筑，基本上也是抬梁式。穿斗式主要用于华东、华南、西南地区的民间建筑。

抬梁式是梁柱支承体系，由层层叠起的梁和柱来传力。柱上置梁，梁头上搁置檩条。梁上再用矮柱支起较短的梁，如此层叠而上。梁是受弯构件，长梁可以达到四步架和六步架的长度，可以取得较大的空间跨度，但要付出大断面梁柱的代价。

穿斗式木构架，又称立贴式，是檩柱支承体系，用穿枋将柱子串联起来，形成一榀榀的房架；檩条直接搁置在柱头上；在沿檩条方向，用斗枋将柱子串联起来，由此形成一个整体框架。穿斗式木构架的优点在于：①尽量以竖向木柱来代替横向木梁，充分发挥木柱的竖向承压力而避免使用受弯的横梁；②尽量以小材取代大材；③简化了屋面构造；④简化屋檐的悬挑构造；⑤增加了构架的灵活适应性。

2）木构架组成

我国木构架建筑的主要结构部分，由柱、梁、枋、檩等组成，同时也是木建筑比例尺度和形体外观的重要决定因素。

（1）柱。可分为外柱和内柱两大类。按结构所处的部位，常见的有檐柱、金柱、中柱、山柱与童柱等。檐柱是屋檐下最外边一列的柱。金柱是位于檐柱内的柱，也称为步柱、内柱。中柱指建筑通阔方向的中线上，顶着屋脊而不在山墙墙身内的柱，又称脊柱。山柱是在山墙正中顶着屋脊的柱，实际上是两端山墙的中柱。它与中柱在一条中线上。童柱是立于横梁上，下端不着地的柱，一般位于檐廊部位的挑尖梁上。清代檐柱、金柱、中柱等断面大多为圆形、体直，只在上端做小圆卷杀。其柱径与柱高间的比例较以前有较大变化，清约为 1/11～1/10。檐柱发展到清代已无侧脚和生起。明、清以前的"移柱法"、"减柱法"至清代已不使用。

（2）梁。按照其上所承的檩数来命名，可分为单步梁、双步梁、三架梁、五架梁等。梁根据其外观又可分为直梁和月梁。清代建筑梁的断面近于方形，高宽比多为 5∶4（宋高宽比 3∶2），梁头多用卷云或挑尖。

（3）梁架和举架。清代梁架的做法称为举架（宋称举折）。梁架水平方向，即相邻两檩中至中的水平距离称为步架，而相邻两檩中至中的垂直距离称为举高。举架是指举高与步架之比值，宋《营造法式》称为"举折"，它是确定屋面曲线的一种计算方法。古代木构架建筑每"步"的长度是相等的，每"举"的高度是不同的。例如，五举表示此步升高是水平距离的 50%。愈往上屋面坡愈陡，一般建筑的脊步不超过九举，如图 5.58 所示。由于各"步"有不同高度的"举"，所以建筑屋面不是平面，而是曲面。这种曲面的曲率，宋元时期比较平，清代较陡，说明建筑构架由实用走向表现。屋顶的坡度陡，建筑的上下部分比例更有表现力。

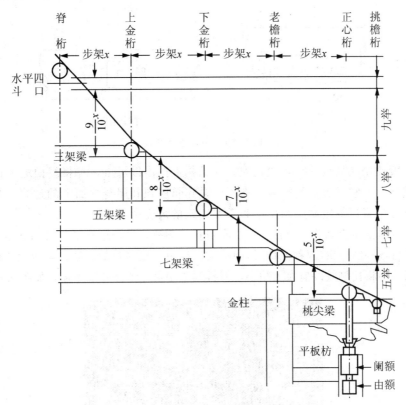

图 5.58　清式建筑屋顶举架

（4）枋。在木构架中主要的承重构件是柱与梁，而用来辅助稳定柱梁的横木构件称为枋，分为额枋、平板枋和雀替 3 种。额枋是柱上端联络与承重的水平构件，清代有时两根叠用，上面的称大额枋，下面的称小额枋。两者之间用垫板，位于内柱间的称内额，位于柱脚处的称地栿。平板枋置于阑额之上，是用以承托斗栱的构件。雀替是置于梁枋下与柱相交处的短木，可以缩短梁枋的净跨距离。

（5）斗栱。是我国木构架建筑特有的结构构件，主要由水平放置的方形斗、升和矩形的栱及斜置的昂组成。斗栱中最下的构件称坐斗，坐斗正面的槽口称斗口，在清官式建筑中用斗口宽度作尺度计算标准。斗口按建筑等级分为11等，用于大殿的斗口一般为5等、6等。栱是置于斗口内或跳头上的短横木，向内外出跳的栱，称作"翘"。昂是斗栱中斜置的构件，起杠杆作用。最简单的斗栱由一斗一栱三升组成，简称"一斗三升"，如图5.59所示，在此基础上向上增加，使其支撑距离外伸，称为"出踩"。一般建筑（楼牌除外）不超过九踩。

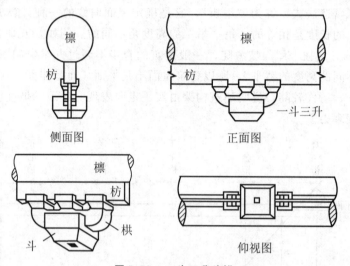

图5.59　一斗三升斗栱

斗栱一般使用在高级的官式建筑中，在结构上挑出以承重，并将屋面的大面积荷载经斗栱传递到柱上。它又有一定的装饰作用，是建筑屋顶和屋身立面上的过渡，此外，它还作为封建社会中森严等级制度的象征和重要建筑的尺度衡量标准。

斗栱从具体部位上划分，有柱头科、平身科、角科，另外还有平坐科和支承在檩枋之间的斗栱等，科指一组斗栱（宋称铺作），即一攒。经历一段漫长的时期，至清代斗栱的结构机能逐渐减弱，斗栱比例较以前大大缩小，但排列更密集，装饰效果更强，如图5.60所示。

图5.60　清式建筑斗栱

5.6.3 建筑装修

建筑装修可分为外檐装修和内檐装修。前者在室外，如走廊的栏杆、檐下的挂落和外部门窗；后者装在室内，如各种隔断、罩、天花、藻井等。

门分为版门、槅扇门和罩。版门用于城门、宫殿、衙署、庙宇、住宅的大门等，一般为两扇。版门又可分为棋盘版门和镜面版门。槅扇门在唐代以后出现，宋、辽、金广泛使用，明、清时期更加普遍，一般用作建筑的外门或内部隔断，每间可用4扇、6扇、8扇。罩多用于室内，使用硬木浮雕或透雕成几何图案或动植物等，起隔断空间和装饰的作用。

窗在唐以前以直棂窗为主，固定不能开启。宋之后可开关的窗增多，且在类型和开关上均有很大发展。明代起重要建筑中已使用槛窗。槛窗置于殿堂两侧的槛墙上，由格子门演变而来。漏窗应用于住宅、园林中的亭、廊、围墙等，窗孔形状有方、圆、扇形等各种形式。

顶棚，一般常在重要建筑梁下做成天花枋，组成木框。一种在框内放置密而小的小方格，称作"平闇（暗）"；另一种在框内放置大方格，格内贴木雕花饰，并绘彩画，称作"平棋"。藻井是高级的天花，顶棚向上凹进如穹隆状，一般用于殿堂明间的正中，如帝王御座、神佛像座之上，如图5.61所示。

(a) 藻井　　　　　(b) 平棋　　　　　(c) 平闇

图5.61　建筑顶棚

室内家具及陈设的进展反映了社会的进展。六朝以前人们多"席地而坐"，家具较低矮；五代以后"垂足而坐"成为主流，日常使用的家具有床、桌、椅、凳、几、案、柜、屏风等；明代家具在原基础上又有发展，榫卯细致准确，造型简洁而无过多的修饰等；清代家具注意装饰，线脚较多，外观华丽而烦琐。室内陈设以悬挂在墙面或柱面的字画为多，有装裱成轴的纸绢书画，也有刻在竹木版上的图文。

5.6.4 建筑色彩与彩画

建筑色彩基本源于建材的原始本色，随着制陶、冶炼和纺织等行业的发展，人们认识并使用了若干来自矿物和植物的颜料，产生了后天的色彩。我国古代建筑中的彩画是最有代表性的色彩艺术加工。清代彩画的造型与分类多表现在梁、枋上，常用的有以下三类。

1. 和玺彩画

它是等级最高的一种彩画，主要用于宫殿、坛庙、陵寝等的主要建筑。其彩画布局是将梁枋均分为三段：中段为枋心；左右两段的端头作箍头；箍头与枋心之间的部位称为藻头。和玺彩画的重要特点是以龙为装饰母题，定型为行龙、坐龙、升龙、降龙4种图案。和玺彩画以青绿色为主调，其用色原则是左右蓝绿相间，上下蓝绿对调。和玺彩画所用图案均为程式化、图案化及变形的画题；严格运用平面图案，排除图案的立体感与透视感，力求保持构件载体的二维平面视感。整个画面强调规整、端庄凝重的格调，如图5.62所示。

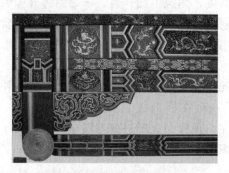

图5.62 和玺彩画

2. 旋子彩画

它是等级次于和玺的一种彩画，多用于宫殿、坛庙、陵寝的次要建筑和寺庙组群中的主次建筑等，其彩画布局、用色原则与和玺彩画基本相同。旋子彩画的主要特点是在藻头里画旋子图案，最标准是画一个整旋子和两个半旋子，称为一整二破，如图5.63所示。

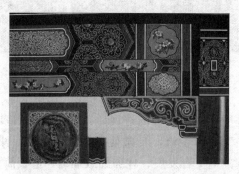

图5.63 旋子彩画

3. 苏式彩画

起源于南宋时的苏州，传入北京后成为官式彩画的一种，主要用于园林、住宅的厅房、亭榭及门廊等。苏式彩画的包袱心和枋子集锦，画的都是写实、非程式化的主题；不排除图案的立体感、透视感，并以退晕的烟云极力强化这种感觉；它不遵循构件的界限，包袱和箍头都将檩、垫、枋连成一体，有意模糊其界限，呈现轻松、欢快的性格，如图5.64所示。

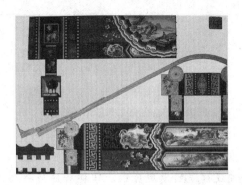

图 5.64　苏式彩画

本 章 小 结

本章主要讲述了明、清时期的城市、建筑与园林的发展，并以清代官式建筑为例总结了中国木构架建筑的基本特征。

在城市建设上，明、清北京城的完整规划和恢宏气势，被史家誉为"都市计划的无比杰作"。

现存的中国古代建筑，绝大多数是明、清时期的遗存，在帝王宫殿、坛庙、陵墓等大型官式建筑中，北京故宫、天坛、明十三陵等都是组群布局的典范性杰作，标志着明清时期大型建筑组群达到了前所未有的规划设计水平。各地区的乡土建筑具有鲜明的地域特色，显现出勃勃生机。北方的皇家园林与南方的私家园林，反映出造园艺术在明、清时期的突出发展。少数民族建筑也有所发展，藏地佛教、汉地藏传佛教都有重大的建筑活动，并产生了像承德外八庙那样融合汉藏建筑于一体的创造性突破。

思 考 题

1. 简要分析北京天坛的规划布局艺术特征。
2. 简要分析明清北京城的规划布局特征。
3. 简要分析徽州民居特征。
4. 简述北京四合院的平面布局特征。
5. 结合实例简要分析明清私家园林的造园艺术。

第6章 近代中国建筑

【教学目标】

主要了解近代城市建设及建筑的发展历程，掌握居住与公共建筑的发展特征，以及近代中国建筑设计的主要思潮。

【教学要求】

知识要点	能力要求	相关知识
近代建筑的发展历程	了解近代建筑发展的阶段	（1）中国固有形式 （2）近代建筑的类型
近代城市建设的发展	（1）了解近代城市的主要类型 （2）了解近代城市与封建社会城市的不同	（1）主体开埠 （2）局部开埠
居住建筑	（1）了解近代居住建筑的基本类别 （2）掌握里弄住宅的发展与特征	（1）独院型住宅 （2）公寓 （3）里弄 （4）竹筒屋
公共建筑	（1）了解近代公共建筑的主要类别 （2）掌握近代公共建筑发展的主要特征	（1）行政会堂 （2）商贸建筑
近代建筑教育与建筑设计思潮	（1）了解近代中国建筑教育的发展 （2）掌握近代建筑设计的主要思潮	（1）洋式建筑 （2）传统复兴 （3）现代主义

基本概念

中国固有形式、里弄、竹筒屋、居住大院、外廊样式、传统复兴。

引例

从1840年鸦片战争开始，中国进入半殖民半封建社会，中国建筑转入近代时期，开始了近代化的进程。由于列强的入侵、战争与内乱的影响，中国近代化的进程是蹒跚的、扭曲的。近代中国的城市与乡村、沿海与腹地形成了一种截然分明的二元化社会经济结构。

近代中国建筑的发展，深深受制于这种二元社会经济结构的影响，导致了发展的不平衡，其最主要、最突出的表现，就是近代中国城市和建筑都没有取得全方位的转型，明显地呈现出新旧两大建筑体系并存的局面。

旧建筑体系是原有的传统建筑体系的延续，是与农业文明相联系的建筑体系。至1911年清王朝覆灭，终止了官工系统的宫殿、坛庙、衙署等的建筑活动，但并没有终止传统、民间的建筑活动。在广大农村、集镇、中小城市以至某些大城市的旧城区，大量的民居和其他民间建筑仍然是地道的旧体系建筑，是推迟转型的传统乡土建筑。与近代中国的新建筑体系相比，它们不是近代中国建筑活动的主流。

新建筑体系是与近代化、城市化相联系的建筑体系，是向工业文明转型的建筑体系。它的形成在很大程度上是直接从资本主义各国同类型建筑便捷地输入和引进的。新建筑体系大体上形成较齐全的近代公共建筑、近代居住建筑和近代工业建筑的常规类型。通过出国留学和国内开办建筑学科，成长了中国第一代、第二代建筑师。中国建筑突破长期封闭社会与西方建筑隔膜的状态，纳入了世界建筑潮流的影响圈。总体而言，新建筑体系是中国近代时期建筑发展的新事物，是近代中国建筑活动的主流，是中国近代建筑史研究的主要内涵。

6.1 近代中国建筑的发展历程

近代中国建筑大致经历了4个发展阶段：第一阶段，19世纪中叶至19世纪末是中国近代建筑活动的早期阶段，通过西方近代建筑的被动输入和主动引进，酝酿着近代中国新建筑体系的形成。第二阶段，19世纪末至20世纪20年代，中国近代建筑的类型大大丰富，近代中国的新建筑体系形成。第三阶段，20世纪20年代至30年代末，近代建筑体系的发展进入繁盛期。第四阶段，20世纪30年代末至40年代末，由于持续的战争状态，中国近代化进程趋于停滞，建筑活动很少。

6.1.1 19世纪中叶至19世纪末

鸦片战争后，清政府被迫签订一系列不平等条约，开放了多个通商口岸。至1894年甲午战争前，开放的商埠达24处。这些商埠有些设立了外国人居留处，有些则开辟了租界，在客观上带来了资本主义的生产方式和物质文明。

19世纪60年代，清政府洋务派开始创办军事工业，到70年代继续开办了一批官商合办和官督商办的民用工业。中国私营资本也在1872—1894年间创办了100多个近代企业，商业资本由于通商口岸的增加和出口贸易的兴起，也有一定程度的发展。

外国资本主义的渗入和中国资本主义的发展，引起了中国社会各方面的变化。本时期城市和建筑的变化主要表现在通商口岸，一些租界和外国人居留地形成了新城区。这些新城区内出现了早期的外国领事馆、工部局、洋行、银行、商店、工厂、教堂、饭店等，这些殖民时期进入中国的建筑及散布于城乡各地的教会建筑，是本时期新建筑活动的主要构成。它们大体上是二层、三层楼的砖木混合结构，外观多为"殖民地式"或欧洲古典式的风貌，构成了近代中国建筑转型的初始面貌。

6.1.2 19世纪末至20世纪20年代

19世纪90年代前后,各主要资本主义国家先后进入帝国主义阶段,中国被纳入世界市场范围。列强竞相加强对中国的资本输出。中国通商口岸的数量大幅度上升,除了新开辟的53处条约商埠,中国政府还陆续自开商埠35处。与此同时,上海、天津、汉口等租界城市也显著地扩大了租界占地。在租界和租借地、附属地城市的建筑活动大为频繁,为资本输出服务的建筑,如工厂、银行、火车站等类型增多。建筑的规模逐步扩大,新建筑的设计水平也明显提高。

甲午战争后,民族资本主义有了初步发展。在民主革命和"维新"潮流冲击下,清政府相继在1901年和1906年推行"新政"和"预备立宪",这些政治变革带动了新式衙署、学堂及咨议局等新式建筑的需要。引进西方近代建筑,成为中国工商企业、宪政变革和城市生活的普遍需求,显著推进了各类型建筑的转型速度。

早期赴欧美和日本学习建筑的留学生,相继于20世纪20年代初回国,并开设了最早的几家中国人的建筑事务所,诞生了中国建筑师队伍。

在这样的历史背景下,中国近代建筑的类型大大丰富了。居住建筑、公共建筑、工业建筑的主要类型已大体齐备。水泥、玻璃、机制砖瓦等新建筑材料的生产能力有了明显提升,施工技术和工程结构也有了较大提高。这些表明,至20世纪20年代,近代中国的新建筑体系已经形成。

6.1.3 20世纪20年代至30年代末

1927年南京国民政府成立,结束了中国军阀混战的局面,至1937年抗日战争爆发,迎来了10年经济相对稳定发展的局面,使得中国的城市和建筑近代化发展获得了一段相对安定有序的发展机会。国民政府定都南京后,以南京为政治中心,以上海为经济中心,展开了一批行政办公、文化体育和居住建筑的建设活动。在这批官方建筑活动中,渗透了中国本位的文化方针,明确制订公署和公共建筑物要采用"中国固有形式",促使中国建筑师集中地进行了一批"传统复兴"式的建筑设计探索。

20世纪30年代,资本主义世界发生严重经济危机,世界市场银价下跌。一些华侨纷纷向国内投资,外商在华资本也将利润留存在中国投资,加上世界经济危机引发的建筑材料倾销,各国财团竞相向房地产投资,掀起了一股在中国大城市建造高层公寓、高层饭店、高层商业建筑的浪潮。上海、天津、汉口、广州等地新建了一批近代化水平较高的大厦,特别是上海,这时期出现了约30座10层以上的高层建筑,最高的达到24层。

这一时期,日本统治的大连、长春、哈尔滨等城市出现了一些新的建筑,主要是军事基地用房、工业厂房、金融企业机构、商业建筑等,尤其是在长春由日本建筑师主持设计、建造了一批具有复古主义和折中主义色彩的伪满军政办公建筑。

从20世纪20年代后期开始,建筑留学生回国人数明显增多,在上海、天津等地相继成立了基泰、华盖等建筑事务所,中国建筑师队伍明显扩大,进行了颇为活跃的设计实践。1929年南京中山陵的建成，标志着中国建筑师规划设计的大型建筑组群的诞生。1927—1928年，中央大学、东北大学、北平大学艺术学院相继开办建筑系，国内的建筑教育有了初步的发展。中国营造学社也于1929年成立并在其后出版《中国营造学社汇刊》，形成了建筑创作、建筑教育及建筑学术活动等方面的活跃局面。

总体而言，这10年是中国近代建筑发展的鼎盛阶段，也是中国建筑师成长的最活跃时期。刚刚登上设计舞台的中国建筑师，一方面积极探索着西方建筑与中国固有形式的结合，试图在中西建筑文化碰撞中寻找适宜的融合点；另一方面也紧跟世界先进的建筑潮流，走向现代主义建筑。

6.1.4 20世纪30年代末至40年代末

从1937—1949年，中国陷入了持续12年的战争状态，建筑活动很少，基本上处于停滞状态。位于抗战大后方的成都、重庆等地因经济的发展和人口的增加，城市建筑有了一定程度的发展。由于部分沿海城市的工业向内地迁移，四川、云南、湖南、广西、陕西、甘肃等内地省份的工业有了一定发展，近代建筑活动开始扩展到一些内地的偏僻小县镇。但是这些建筑规模不大，除少数建筑外，一般多为临时性工程。

20世纪40年代后半期，欧美各国进入战后恢复时期，现代主义建筑普遍活跃，发展很快。通过西方建筑书刊的传播和少数回国建筑师的介绍，中国建筑师和建筑系师生较多地接触了国外现代主义建筑。由于当时建筑活动不多，在实践中还没有产生广泛的影响。

6.2 近代城市建设的发展

鸦片战争以后的中国，社会政治经济发生了巨大的变动，城市也随之发生急剧变化。帝国主义各国通过一系列不平等条约，划立租界与租借地，疯狂地展开了瓜分中国的活动，控制了从沿海到内地的70余座重要城市，作为侵略的据点。除了外国资本家在各通商口岸建立起的工商企业，清政府的洋务派也曾一度兴办了一批近代军事工业与民用企业，国内的民族资本家也随之发展。随着工商业、交通事业的发展，一些新兴的资本主义工商业城市先后在沿海沿江和铁路沿线，以及资源集中地区形成与发展起来。这些城市大体可以分为如下几种类型。

6.2.1 主体开埠城市

主体开埠城市指的是以开埠区为主体的城市，这是近代中国城市中开放性最强、近代化程度最显著的城市类型。这类城市又可分为多个帝国主义国家共同侵占的租界城市（多国租界型），如上海、天津、汉口等和一个帝国主义国家占领的城市（租借地、附属地型），如青岛、大连、哈尔滨等。

租界是一种"国中之国"，租界的开设和拓展，完全服从于殖民利益的需要，但是租界区的开发、建设,自然传入西方近代的工业文明、城市文明,并且形成适宜的投资环境和居住环境,在客观上催化着租界城市的近代化。上海是这类城市的最突出代表。

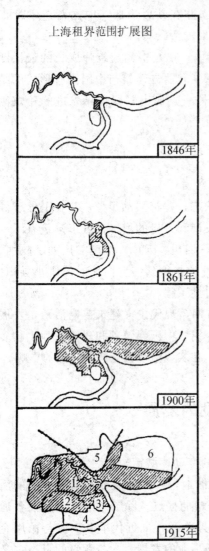

图 6.1 上海租界范围扩展图
1—公共租界;2—法租界;3—旧城;
4—南市;5—闸北;6—江湾

上海位于长江三角洲东缘,扼黄浦江、苏州河交汇处,既是长江门户又是南北海运中心,在经济地理区位上,具有得天独厚的优势。1842年,上海成为"五口通商"口岸之一,从1845年开始相继设立英、法、美租界。1862年英美租界合并为公共租界。到1915年,公共租界面积达36km²,法租界面积达10km²,上海城区面积比开埠时扩大了10余倍,如图6.1所示。作为全国最突出的多功能经济中心,上海城区在布局上由5个相对独立的区域——公共租界、法租界、闸北、沪南和浦东组成,呈现出局部有序而全局无序的基本特点。公共租界、法租界和华界在各自管辖范围内,街道布局、功能划分、市政建设是比较有计划、有步骤进行的。租界在管理上引进了西方近代城市发展模式和先进技术,各区内部达到相当高的近代化水平。但是三界分治导致缺乏统一的整体规划和协调运作,不可避免带来全局的无序,比如各区公共交通设施各行其是,不能互通。

6.2.2 局部开埠城市

局部开埠城市不像上海、天津那样由大片的多国租界构成城市主体,也不像青岛、大连那样形成全城性的整体开放。它只是划出特定地段,开辟面积不是很大的租界居留区、通商场,形成城市局部的开放。在近代中国100余座"约开"和"自开"口岸中,这种局部开埠城市占了很大数量,如济南、沈阳、九江、苏州、杭州、福州、厦门、宁波等。

这类城市多呈新旧城区的并峙格局,以新城区的兴起带动旧城区的蜕变,以济南最具代表性。济南历来为州、府行政机构的所在地,有完整的、略呈方形的旧城。1904年,清政府主动将位于胶济铁路沿线的济南开辟为"华洋公共通商之埠",1905年在西关旧城外划出4000余亩土地作为商埠区,形成旧城区与新开商埠区东西并置的双核格局,如图6.2所示。商埠区进行过规划,为适应商业需要,采用了近代都市盛行的密集棋盘式道路网,区内逐渐建设了领事馆、火车站、银行、洋行、邮局、娱乐场和洋式住宅等,形成具有近代水平的新城区。

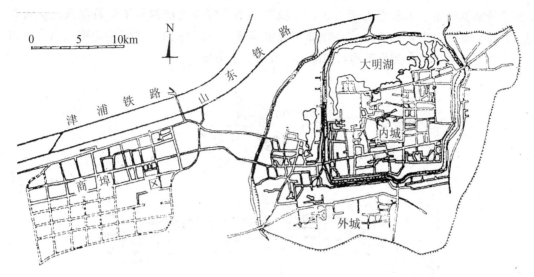

图 6.2 1904 年济南开辟商埠示意图

6.2.3 新兴的资本主义工商业城市

　　这类城市又可分为因近代铁路建设形成的交通枢纽而发展起来的交通型城市及因民族资本和官僚资本的工矿企业的开办而兴起的资源型城市两种类型。前者如郑州、石家庄、徐州、宝鸡等，后者有唐山、无锡、南通、萍乡等。

　　郑州地处中原腹地，在京汉铁路未建设前，城市一直保持着明代以来的旧格局，城市面积 2.23km²，没有近代工业，商业也不发达，是一座仅有 2 万余人口的普通小城。1906 年京汉铁路通车，1909 年陇海铁路的前身洛汴铁路建成，与京汉铁路在郑州城西并轨，由此郑州成为中国南北与东西两条铁路干线的枢纽，成为中原地区农产品的集散中心和工业品的转运中心，人口显著增加，至 1937 年已达 8 万人，并形成了面积为 5.23km² 的新市区，城市发展显著。

　　因工矿企业的开办而兴起的城市以南通最具特色。南通城址位于长江北岸的江畔平原，城市布局规整。南通在近代的发展演变与张謇的实业活动息息相关。张謇开发南通，采用了"一城三镇"的城镇结构，如图 6.3 所示。这种卫星城的分布式布局，保留了完整的老城，突出了城市的功能分区，避免了大拆大建和见缝插针式的改建，充分利用了地域优势和低廉地价，取得了工业城市难得的良好环境条件。

　　总体而言，中国的近代城市与封建社会城市的不同之处在于：第一，改变了原有以政治职能为中心的封建社会的城市性质，凸显了城市经济职能，其突出表现是在近代经济较发达的城市，都出现了集中或分散的工业区、商贸中心区，城市格局由封闭走向开放。第二，随着城市经济职能的凸显，用地布局也发生变化。除了新增加的城市工业区和商贸娱乐中心用地外，还增加了对外交通用地，尤其是沿江、海及沿铁路的大中型城市。第三，城市市政设施有了较大规模的发展，这也是近代城市与旧有封建城市的重要区别之一。第四，出现了一批在西方近代城市规划理论指导下建设的城市。这些城市多是由一个帝国主义国家管辖的城市,为长期占领着想,在城市大规模建设之前都做了比较深入的城市规划,并在城市建设中认真实施,如青岛、哈尔滨等。1927年国民政府定都南京后,也进行了一些城市的规划与建设工作,如南京、武汉、上海等。

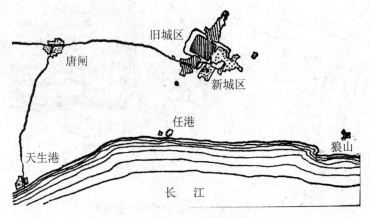

图 6.3 南通城镇分布示意图

6.3 居住建筑

近代中国的居住建筑,可以粗分为三大类别:一是传统住宅的延续发展;二是从西方国家传入和引进的新住宅类型,主要分布在大、中城市中,有独院型住宅、公寓等;三是由传统住宅适应近代城市生活需要,接受外来建筑影响而糅合、演进的新住宅类型,如里弄住宅、居住大院、竹筒屋等。这三大类住宅建筑,前一类属于旧建筑体系,后两类都是近代出现的新住宅类型,是近代建筑活动的主流。

6.3.1 独院型住宅

早期通过外国移民输入和建筑师引进的住宅形式多为独院型住宅,在1900年前后出现于各大城市。这类住宅一般位于城市的良好地段,空间宽敞、讲究庭院绿化。建筑多为二、三层楼房,砖石或砖木承重结构,内部有壁炉、卫生设备等,装饰豪华。适应近代生活方式的独院型住宅传入中国后,很快为官僚、买办、资本家等所追慕,纷纷仿效建造,如1914年前后,张謇在南通建造了"濠南别业",如图6.4所示。

20世纪20年代以后,独院型住宅活动规模有所扩大。1927年国民政府定都南京后在山西路、颐和路一带形成了大片高级住宅区。上海、天津和其他大城市也陆续建造了一批西班牙式、英国式等多种多样的独院住宅。1930年代以后,在国外现代建筑运动影响下,出现了少量住宅,如邬达克设计的上海吴同文宅,如图6.5所示,采用钢筋混凝土结构和大片玻璃等新材料、新结构,建筑空间通透、流畅,造型也是很地道的"现代式"。

图6.4 张謇"濠南别业"

图6.5 上海吴同文宅

6.3.2 公寓住宅

20世纪30年代以后，一些大城市因地价昂贵，受国外现代建筑运动影响，出现了一种可供出租、出售的公寓住宅，如图6.6所示，以上海、汉口等地建造得较多。这些公寓住宅，多位于交通方便的闹市区，总体布置除公寓本身外，有些设有汽车间、工友室、回车道和绿地等。公寓以不同间数的单元组成标准层，户型类型较多，以二室户、三室户占多数。垂直交通依靠电梯。公寓内备有暖气、煤气、热水设备和垃圾管道等，达到了较高的近代化水平。

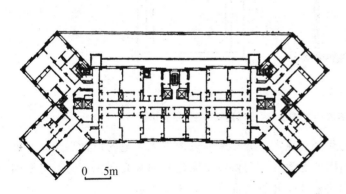

(a) 上海百老汇大厦平面

(b) 外观

图6.6 上海百老汇大厦

6.3.3 里弄住宅

里弄住宅最早出现在上海，是上海、天津、汉口等大城市建造最多的一种住宅类型，由房地产商投资集中成片建造，分户出租，是典型的中国住宅建筑商品化的产物。这种类型住宅适应了当时社会上出现的大家庭解体，城市人口剧增后造成的不同经济水平阶层的住房需求。上海里弄住宅在发展演变过程中呈现出 3 种典型形态：石库门里弄住宅（旧式里弄住宅，1870—1919 年）、新式里弄住宅（1919—1930 年）和花园与公寓式里弄住宅（1930—1949 年）。

旧式里弄住宅，是在中国传统住宅的基础上受西方联排式住宅的影响而产生的一种联排式住宅，分户单元沿用传统住宅的设计手法，平面严整对称，房间无明确分工，所有房间依靠内院及天井采光通风，保持着传统住宅内向封闭的特征。石库门里弄住宅是上海建设最早，也是数量最多的旧式里弄住宅，如图 6.7 所示。

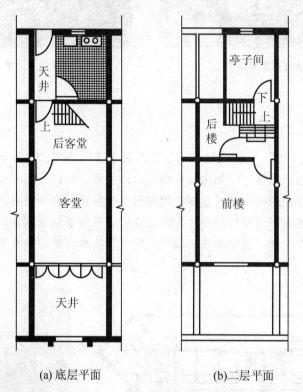

图 6.7 后期石库门里弄住宅（上海建业东里）平面示意

新式里弄住宅是从西方引进的联排式住宅。分户单元采用现代住宅的设计手法，平面布置灵活，功能分区明确，充分利用外墙面开设门窗以争取良好的采光通风条件，有院落及绿化包围建筑的趋势，具有现代住宅外向开放特征，如图 6.8 所示。

20 世纪 30 年代末至 40 年代，上海又出现了花园里弄和公寓里弄。花园里弄明显增大了用地面积，绿化空地加大，居住环境幽静，如图 6.9 所示。公寓里弄多由两个单元毗连组成，单元平面为一梯两户或一梯四户。每户由起居室、卧室、厨房、卫生间等配套房间组成。花园里弄和公寓里弄建造的数量都不多。花园里弄明显地朝着高标准的花园洋房的趋势发展，公寓里弄则以其紧凑的布局，显现出良好的经济效益，是后来广为盛行的单元式集体住宅的前身。

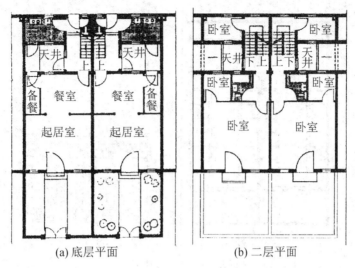

图 6.8 新式里弄住宅(上海静安别墅)平面

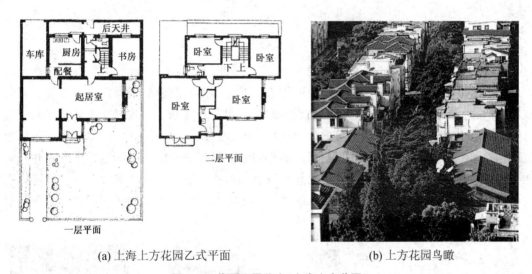

(a) 上海上方花园乙式平面　　　　　(b) 上方花园鸟瞰

图 6.9 花园里弄住宅(上海上方花园)

6.3.4 居住大院

居住大院是适应近代北方城市中、下层住户需要,通过中国工匠的建造而形成的一种中西结合、高密度、低标准的住宅形式,主要分布在青岛、沈阳、长春、哈尔滨等地,如图 6.10 所示。它是从传统合院式基础上展拓而成,它不是一户一宅,而是十几户或几十户聚居地圈楼。一般形成大小不等的院子,周围建二、三层外廊式楼房,多数为四面或三面围合。临街一面通常用作店铺,院内集中设置水龙头、下水口和厕所。砖木结构,沿街立面仿西式建筑构图,细部装饰混杂中国民俗图样。这类建筑密度大,卫生条件差,一般居住对象是城市普通职员和广大劳动者。

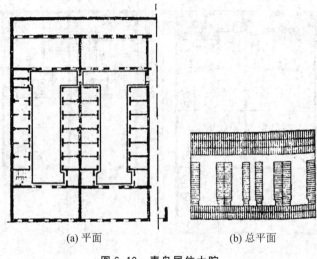

(a) 平面　　　　　　　(b) 总平面

图 6.10　青岛居住大院

6.3.5　广州竹筒屋

由于商业的兴盛，城市人口密度的增加，从 19 世纪上半叶开始，在广州的商业密集区内逐渐演进出一种单开间、大进深的联排式住宅。早期多为单层带局部二、三层，开间宽约 4m，进深 10～30m，因其形似竹筒而得名，如图 6.11 所示。这种住宅以毗连的侧墙承重，形成中空的长条形空间，分前、中、后 3 部。前部为门头厅、前厅、前房，中部为过厅、楼梯、后房，后部为厨房、厕所。由于侧墙联排无法开窗，所以主要靠内天井和高侧窗通风、采光。沿街入口大门除门扇外，设有一道挡人不挡风的"趟龙"和一道遮挡视线的半高"脚门"，形成颇具特色的立面。20 世纪 30 年代起，竹筒屋从单层独户型向多层分户型演变，采用了钢筋混凝土框架结构。

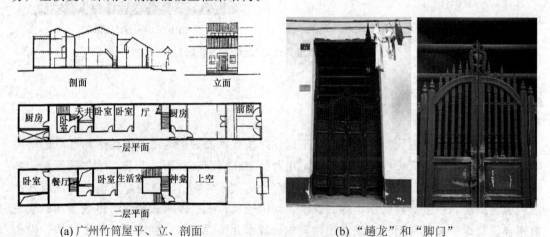

(a) 广州竹筒屋平、立、剖面　　　　(b) "趟龙"和"脚门"

图 6.11　广州竹筒屋

竹筒屋窄开间、大进深、多层联排式的布局形态，既反映了亚热带地区减少太阳辐射热的气候需要，也反映了城市商业区极度紧凑地皮，尽量少占街面的高密度要求，是针对广州商业地段应运而生的一种住宅形式。

6.4 公共建筑

20世纪后，在中国的一些大中城市中，建设活动剧增，建筑规模加大，建筑的功能状况改观，也出现了高层建筑，尤其是增加了许多新类型的公共建筑。如商业建筑中出现了大百货公司、博览性劝业场；金融建筑中出现了银行、交易所；文化教育建筑中出现了大学、中小学、图书馆、博物馆；交通建筑中出现了火车站、航空战及为交通运输服务的仓库、码头等。

6.4.1 行政、会堂建筑

早期主要是外国的领事馆、工部局及清政府推行新政建设的咨议局等。这类建筑，有的是殖民地式的外廊样式，有的是西方国家同类行政、会堂建筑的翻版，布局和造型大多脱胎于欧洲古典式、折中式宫殿、府邸的通用形式。如1909年建成的湖北咨议局，整个建筑完全参照近代西方国家议会大厦设计，立面采用西方古典三段式构图，以中央凸出的门廊为主入口，其后的穹顶高高举起，统率整体而成为构图中心，如图6.12所示。

20世纪20年代以后，国民政府在南京、上海等地建造了一批行政、会堂建筑，包括各部办公楼、市府大楼和大会堂等，基本上都由中国建筑师设计，形式上多为"中国固有形式"，其中1928年建造的中山纪念堂可容纳6000人，是当时最大的会堂建筑，如图6.13所示。

图6.12 湖北咨议局

图6.13 广州中山纪念堂

6.4.2 文化、教育、医疗建筑

中国近代文化、教育、医疗建筑多与外国教会活动联系在一起。在文教类建筑中，大学的校园规划和建筑活动最令人瞩目。许多大学校园由外国建筑师规划设计，如长沙湘雅

医学院、南京金陵女子大学、北京燕京大学等多所大学的规划与设计出自于美国建筑师墨菲，国立武汉大学的规划与设计出自于美国建筑师凯尔斯。这些大学大多沿用国外校园模式，占地规模庞大，功能分区合理，自然环境优美，校园主体建筑组群有的还采用中国式的建筑风貌，成为近代中国公共建筑中最具特色的建筑类型。

例如武汉大学的规划就源自于托马斯·杰弗逊开创的以开敞的三合院为主要特征的美国式校园布局形式。校园总设计师凯尔斯根据三面环山、西向开敞的地形，以珞珈山为主体进行了校园功能划分。山北面为教学区，山南面为教职工生活区，山坳中的一块西向开口的洼地则被用来布置校园下沉式中心花园与运动场。在功能分区的基础上，凯尔斯因地制宜，凭借山势布置了校园主体建筑群，并以运动场为中心，形成了两条轴线。其中以洼地的中分线形成东西主轴线，控制礼堂、生物楼、物理楼与体育馆；南北轴线控制理学院与工学院两组建筑群，两条轴线的交汇处则为运动场的中心。下沉式的具有环形跑道的运动场与花园与周边建筑形成了一个规模巨大的三合院落，并在其中自然形成了公共活动空间，如图 6.14 所示。

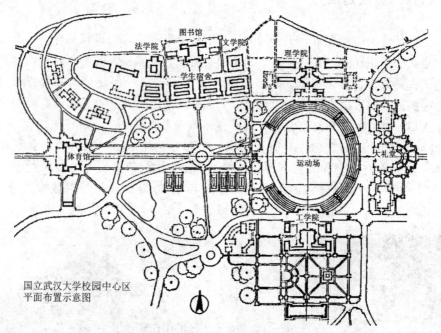

国立武汉大学校园中心区
平面布置示意图

图 6.14　武汉大学早期校园中心区平面

武汉大学校园的建筑设计，在"坚固、避免奢华、富有民族的美术性"的总体思想指导下，将当时先进的工业技术与中国传统建筑式样相结合，意欲展现中国悠久的传统文化和西方现代科学的融合，是中国近代建筑史上较早采用新结构、新技术、新材料仿中国古典建筑之型的成功之作，如图 6.15 所示。校园建筑的设计表现出两个明显的特征：讲求建筑群体的整体布局及建筑单体形式的多样。西方古典建筑注重单体美，形同雕塑；而中国古典建筑则讲求群体美，形如绘画。凯尔斯在设计中，融合了中西建筑之长：一方面，传承中国传统建筑文化理念，讲求建筑群的整体布局；另一方面，又运用西方建筑手法，塑造了单体建筑的造型美。

(a) 图书馆　　　　　　(b) 运动场望学生宿舍　　　　　(c) 理学院建筑群

图 6.15　武汉大学早期校园建筑

6.4.3　交通建筑

城市近代化的一大特征是人流、货流高频率的运动和密集型的人际信息沟通。邮政、电信和现代交通建筑应运而生，其中火车站建筑的发展最为显著。近代中国的铁路修建大多被列强所控制，火车站建筑如同铁路一样成为舶来品，大多采用各国的火车站形式。建成于 1903 年的中东铁路哈尔滨站、建成于 1906 年的京奉铁路北京前门东站、建成于 1909 年的津浦铁路济南站，都达到了当时国外火车站的一般水平。

1937 年建成的大连火车站，如图 6.16 所示，由满铁株式会社太田宗太郎设计，采用钢筋混凝土结构，建筑面积达 8433m²。这个车站处于市中心商业繁荣区，设计考虑了人流集散和人、货流分离，设置了宽敞的候车大厅和直达二楼的坡道，立面简洁，突出坡道、平台和门前的大广场处理，是一座现代化的大型火车站建筑。

图 6.16　大连火车站

6.4.4　商贸建筑

在近代中国庞杂的公共建筑系列中，商贸类建筑是最突出的发展类型。它涉及银行、洋行、海关、大百货公司、饭店、影剧院、夜总会和游乐场等，数量很多，构成近代化城市新城区的主体。银行建筑是其中表现最突出的。银行建筑的特点是竞相追求高耸、宏大的体量和坚实、雄伟的外观与内景。比较典型的实例有建于上海外滩的英国汇丰银行新楼，如图 6.17 所示。

汇丰银行新楼占地约 9000m²，主体 6 层，总建筑面积 32000m²。一、二层为银行，上面各层出租给洋行做办公室。大楼采用钢筋混凝土结构，仿砖石结构外观，典型的古典主义风格。中部高耸的穹顶，强调出建筑物的主轴线。营业厅内有拱形玻璃顶棚和整根意大利大理石雕琢的爱奥尼式柱廊。这栋建筑由英商公和洋行设计，当时曾被誉为"从苏伊士运河到远东白令海峡的一座最讲究的建筑"。

近代新类型的公共建筑较之封建时代的建筑类型显然是一个重大发展，它突破了我国封建社会后期建筑发展的停滞状态，跳出了传统的木构架建筑体系的框框，刻印下了我国建筑走向现代的步伐，是中国近代建筑发展的一个重要方面。这些公共建筑，都达到相当大的规模和很高的层数，如 1928—1931 年在上海建造的江湾体育场能容纳 40000 座位；1931—1934 年建造的上海国际饭店达到 24 层，如图 6.18 所示。这些新公共建筑，采用了钢铁、水泥等新材料，采用了砖木混合结构、钢框架结构、钢筋混凝土结构等新结构方式，并采用了供热、供冷、通风、电梯等新设备和新的施工机械。一些高级影剧院，在音响、视线、交通疏散、舞台设备等方面，也达到了较高的水平。所有这些，构成了近代中国建筑转型最鲜明、最突出的景象，意味着我国建筑从 20 世纪初到 30 年代，随着国外建筑的传播和中国近代建筑师的成长，在短短 30 年间有了急剧的变化和发展。

图 6.17　上海汇丰银行

图 6.18　上海国际饭店

6.5　近代中国建筑教育与建筑设计思潮

6.5.1　近代建筑教育

中国近代建筑教育，由两个渠道组成：一是国内兴办建筑科、建筑系；二是到欧美和日本留学学习建筑。在时间程顺序上，留学在先，办学在后，国内的建筑学科是建筑留学生回国后才正式开办的。

我国最早到欧美和日本留学学习建筑都始于 1905 年。当时的主管部门并没有通盘的派遣计划或指导意见，出国留学学习建筑多是学生自选。最早到欧美和日本留学学习建筑的分别是徐鸿和许士谔。此后，中国陆续有官费、自费留学生出国学习建筑，到 20 世纪 20 年代末，赴日学建筑的留学生总数已超过 130 人。赴欧美学建筑的势头也渐次掀起。1910 年，庄俊赴美国伊利诺伊大学建筑工程系学习，是庚款留美的第一位学建筑的学生，受其影响，先后通过清华庚款赴美留学建筑的人数颇多。受庚款留美的制约，先期赴欧美的建筑留学生中，以留美的占绝大多数，其中影响最大的是美国的宾夕法尼亚大学建筑系，范文照、朱彬、赵深、杨廷宝、陈植、梁思成、哈雄文、王华彬、吴敬安、吴景齐、过元熙、谭垣等，都先后毕业于该系，他们之中的许多人成为中国近代建筑教育、建筑设计与建筑史学研究的骨干和奠基人。

在建筑教育体系上，当时的德、日建筑系比较重视建筑技术，偏重于工程教育。而美、法的建筑教育，在 20 世纪 20 年代还属于学院派的体系，设计思想还处于折中主义、新古典主义的创作路子，强调艺术修养，偏重艺术课程。如当时主持美国宾夕法尼亚大学建筑系的美籍法国人保罗·克芮，深造于法国巴黎高等艺术学院。在他执教 35 年里，把宾大建筑系办成了地道的学院派教学体系的学府，对杨廷宝、梁思成等宾大中国留学生影响很大。因前期在美、法的留学生接受的都是学院派的建筑教育，对中国近代建筑教育和建筑创作形成了深远的影响。

出国留学学习建筑的学生，大多天资聪颖，勤奋好学，尤其是庚款和公费留学的，都经过严格的筛选，人才素质很高。他们之中的大多数在留学期间成绩斐然，出类拔萃。例如杨廷宝曾多次获得全美建筑学生设计竞赛的优胜奖，仅 1924 年一年就连续获得了政府艺术社团奖和爱默生奖。陈植于 1927 年也获得美国科浦纪念设计竞赛一等奖。留学法国的虞炳烈，不仅获得法国"国授建筑师"的称号，而且获得法国国授建筑师学会的最优学位奖金与奖牌，在当时国际建筑界是一项很高的荣誉奖。这些留学欧美与留学日本的建筑学人才形成了我国第一代建筑师的队伍，并开设了中国建筑师事务所，创办了中国近代的建筑教育，建立了中国建筑史学的研究机构，对中国近代建筑的发展做出了重大的历史贡献。

中国兴办建筑教育起步较晚。一直到 1923 年，江苏公立苏州工业专门学校设立建筑科，才翻开了中国人创办建筑学科的第一页。由柳士英、刘敦桢、朱士圭、黄祖森共同创办的苏州工业专门学校建筑科，由于四位创办人都是留日回国的，很自然沿用了日本的建筑教学体系，学制 3 年，课程偏重工程技术，专业课程设有建筑意匠（即建筑设计）、建筑结构、中西营造法、测量、建筑力学、建筑史和美术等。该建筑科于 1927 年与东南大学等校合并为国立第四中山大学，1928 年 5 月定名为国立中央大学，成为中国高等学校的第一个建筑系。1928 年，梁思成创办了东北大学建筑系。教授都是留美学者，教学体系仿制美国宾夕法尼亚大学建筑系，学制 4 年，建筑艺术和设计课程多于工程技术课程。

自此以后，中国又陆续开办了一系列建筑学科。其中，在 1942 年成立的上海圣约翰大学建筑系，与奉行学院派建筑教育体系的中央大学、东北大学建筑系明显不同，实施了包豪斯的现代建筑的教育体系，聘请的几乎都是外国现代建筑师，为中国的现代建筑教育播撒了种子。

经梁思成建议，清华大学于 1946 年开办了建筑系。同年年底，他赴美考察"战后的美国建筑教育"，并于 1947 年担任联合国大厦设计顾问。经过一年多在美期间的建筑活动,梁思成回国后提出了"体形环境"设计的教学体系。他认为建筑教育的任务已不仅仅是培养设计个体建筑的建筑师,还要造就广义的体形环境的规划人才,因此将建筑系更名为"营建系",下设"建筑学"和"市镇规划"两个专业。梁思成说:"建筑师的知识要广博,要有哲学家的头脑,社会学家的眼光,工程师的精确与实践,心理学家的敏感,文学家的洞察力……但最本质的他应当是一个有文化修养的综合艺术家。这就是我要培养的建筑师。"他将营建系分为文化及社会背景、科学及工程、表现技巧、设计课程和综合研究 5 大部分;分别在建筑学和城市规划专业加设了社会学、经济学、土地利用、人口问题、雕塑学、庭园学、市政卫生工程、道路工程、自然地理、市政设计概论、专题报告及现状调查等课程,供学生专修或选修。他还推广了现代派的构图训练作业,按包豪斯的做法聘请了手工艺教师,以培养学生的动手能力。这些,意味着"理工与人文"结合,"广博外围修养和精深专业训练"结合的建筑教学体系的建构。梁思成的建筑教育思想和建筑教育实践,推进了中国建筑教育的现代进程。

6.5.2 近代建筑设计思潮

中国近代建筑处于承上启下、中西交汇、新旧接替的过渡时期,既交织着中西建筑的文化碰撞,也经历了近、现代建筑的历史搭接。既有延续下来的旧建筑体系,又有输入和引进的新建筑体系。在新的建筑中,既有形形色色的西方风格的"洋式"建筑,也有探索"中国固有形式"的"传统复兴",还有西方"新建筑运动"和"现代主义建筑"的初步展露。中国近代建筑形式和建筑思潮是非常复杂的。

1. 洋式建筑:建筑形式中的折中主义

洋式建筑在近代中国建筑中占据很大的比重。从风格上看,近代中国的洋式建筑,早期流行的是一种被称为"殖民地式"的"外廊样式",以建筑带有外廊为主要特征。据藤森照信研究,外廊样式建筑进入中国,最初是在广州十三行街登陆,后来在香港、上海、天津等地都曾广泛采用。1860—1880 年是其活动的盛期。

紧随外廊样式之后,各种欧洲古典式建筑在上海等地陆续涌现,这也是当时西方盛行的折中主义建筑的一种表现。西方折中主义有两种形态:一种是在不同类型建筑中采用不同的历史风格,如以哥特式建教堂、古典式建银行和行政机构、巴洛克式建剧场等,形成建筑群体的折中主义风貌;另一种是在同一幢建筑上,混用希腊古典、罗马古典、文艺复兴、法国古典主义等各种风格式样和艺术构件,形成单幢建筑的折中主义面貌。这两种折中主义形态,在近代中国都有反映。

建于 1893 年的上海江海关(图 6.19)为仿英国市政厅的哥特式;建于 1907 年的天津德国领事馆(图 6.20)为日耳曼民居式;建于 1924 年的天津汇丰银行为新古典主义式,它们明显地以某一风格为主调,都属于第一种形态的折中主义。也有相当数量的洋式建筑,不拘泥于严谨的古典式构图,采取了较为灵活的体量组合和多样的风格语言,特别是一些规模较大的商业建筑,大多采用这些手法,如天津华俄道胜银行(图 6.21)、天津劝业场等,就属于第二种形态的折中主义。

第6章 近代中国建筑

图 6.19　上海江海关(1893 年)

图 6.20　天津德国领事馆(1907 年)

西方折中主义在中国流行了很长时间，成为近代中国洋式建筑的风格基调，从 19 世纪下半叶的初期开始发展，经过 20 世纪初的逐步壮大，到 20 世纪 20 年代达到发展高峰。值得注意的是，西方折中主义建筑在近代中国的传播和发展，恰好与中国各地区城市的近代化建设进程大体同步，许多城市的发展盛期正好是折中主义在该城市的流行盛期，因此，西方折中主义成为近代中国许多城市中心区和商业干道的奠基性的、最突出的风格面貌，对中国近现代城市面貌具有深远的影响。折中主义通过灵活模仿和自由组合历史上的各种风格，取得丰富多样的建筑形式，一定程度上反映了当时为解决社会发展的新需求与拘泥于固有法式之间的矛盾所作的探索。

图 6.21　天津华俄道胜银行

2. 传统复兴

早在 16 世纪末 17 世纪初，耶稣会传教士利玛窦等人来华传教，曾经沿用中国的民宅、寺庙作为教堂，或按中国传统建筑样式建造教堂，可以说是"中国式"教堂建筑的先声。从 19 世纪末到 20 世纪 20 年代，西方传教士扮演了从"布道者"到"教育家"的角色转换，纷纷在中国创办教会学校，这些大学校舍多披上了"中国装"。一批西方建筑师参与了这些教会大学"中国装"的规划设计。从其设计路子来看，大体可以分为前后两期。前期的特点是屋身保持西式建筑的多体量组合，顶部揉入以南方样式为摹本的中国屋顶形象。大约从 1918 年开始，教会大学建筑转向"后期"，关注屋身与屋顶的整合，从以南方民间样式为摹本转变为以北方官式样式为摹本，整体形象走向宫殿式的仿古追求。

在这一批设计"中国式"建筑的外国建筑师中，以美国建筑师墨菲的影响最大。他先后主持设计了长沙湘雅医学院、福州协和大学、金陵女子大学(图 6.22)、北平燕京大学、广州岭南大学的校园规划与建筑，还设计了南京灵谷寺国民革命军阵亡将士纪念塔、纪念堂等工程，都采用了中西交汇的"中国式"风格。墨菲后来担任了"国民政府建筑顾问"，对 20 世纪 30 年代中国建筑师的传统复兴建筑创作有很大影响。

图 6.22　金陵女子大学校园鸟瞰与建筑

　　随着"五四"运动以后民族意识的普遍高涨，中国人民对民族精神的追求，对中国近代的建筑也提出了民族性的要求。由于中国建筑师多数是在欧美留学，接受的是学院派的建筑教育，设计中重视追求建筑形式、风格和历史，其所在的年代又正是具有灿烂历史文化的中华民族被列强任意欺辱的时期，"民族主义"成为拯救民族危亡的强心剂。当时的国民政府定都南京后，着手实施文化本位主义，在1935年发表了《中国本位的文化建设宣言》，极力提倡"中国本位"、"民族本位"。实际上在这之前国民政府早已将这种文化方针渗透到其官方建筑活动中。1929年制定的南京《首都计划》提出："要以采用中国固有之形式为最宜，而公署及公共建筑物当尽量采用。"上海《市中心区域规划》则指定："为提倡国粹起见，市府新屋应用中国式建筑。"显然，这对当时中国建筑师的传统复兴建筑思潮是重要的推动因素，特别是对于这两个规划所涉及的具体工程，更具有指令性的制约。中国近代传统建筑的艺术形式（尤其是大屋顶），就是在这样的情况下得到了肯定，同时也开始了对中国古典复兴式的建筑探讨活动。以1925年南京中山陵设计竞赛为标志，中国建筑师开始了传统复兴的建筑设计活动。

　　1925年的南京中山陵设计竞赛是中国举办的第一次国际性的建筑设计竞赛，参加竞赛的有中国建筑师，也有外国建筑师。获得头奖的是中国建筑师吕彦直的方案，以简朴的祭堂和壮阔的陵园总体为特色，"简朴浑厚"、"古雅纯正"、"最适于陵墓之性质及地势之情形"。建筑于1926年奠基，1930年全陵建成。这是中国建筑师第一次规划设计大型纪念性建筑组群的重要作品，也是中国建筑师规划、设计传统复兴式的近代大型建筑组群的重要起点。

　　南京中山陵，如图6.23所示，位于紫金山南麓，周围山势雄胜，风光优美，陵园顺着地势坐落在绵延起伏的林海中。总体布局沿中轴线分为南、北两部分；南部包括入口石牌坊和墓道；北部包括陵门、碑亭、祭堂、墓室，绕以钟形陵墙。中山陵总体规划借鉴了中国古代陵墓以少量建筑控制大片陵区的布局原则，也揉入了法国式规整几何形绿道的处理手法。没有拘泥于传统陵园的固有格式，选用了传统陵墓的组成要素而加以简化，通过长长的墓道、大片的绿化和宽大的石阶，将分散的、小尺度的单体建筑连接成大尺度的整体，取得了庄重、宏伟、开朗的景象，较准确地表达了民主革命家陵墓所需要的特定精神与格调。主体建筑祭堂采用新材料、新技术，借用了旧形式加以革新。平面近方形，出4个角室，构成了外观4个坚实的墩子，上冠重檐歇山琉璃瓦顶，赋予建筑形象一定的壮观和特色。整座建筑既有庄重的纪念性格，浓郁的民族韵味，又呈现近代的新格调。

(a) 陵区鸟瞰

(b) 墓室

(c) 牌楼

(d) 祭堂

图 6.23　南京中山陵

继中山陵之后，广州中山纪念堂、上海市政府大厦、南京中央体育场(1931年，基泰工程司设计)、广州中山大学组群(1931—1935年，林克明设计)、南京中央研究院社会科学研究所(1947年，基泰工程司设计)等，相继建成了传统复兴风格的建筑。这些建筑，涉及行政办公、会堂、展览、研究机构、学校、住宅等诸多类型，采用了适应功能的新的平面布置，采取钢结构、钢筋混凝土结构或砖石承重的混合结构，而外观则保留了传统复兴风格。但是，这批传统复兴建筑，在"中国式"的处理上差别很大，大体可以概括为3种设计模式：第一种，被视为仿古做法的"宫殿式"；第二种，被视为折中做法的"混合式"；第三种，被视为新潮做法的"以装饰为特征的现代式"。

"宫殿式"建筑尽力保持中国古典建筑的体量权衡和整体轮廓，保持台基、屋身和屋顶"三分"构成，整个建筑没有超越古典建筑的基本体形，保持着整套传统造型构件和装饰细部。南京国民党党史史料陈列馆(1935年，基泰工程司设计，图 6.24)、南京中央博物院(1936年，徐敬直、李惠伯设计)和上海市政府大楼(1931年，董大酉设计，图 6.25)等都属于这一类。

"混合式"建筑突破中国古典建筑的体量权衡和整体轮廓，不拘泥于台基、屋身、屋顶的3段式构成，建筑体形由功能空间确定，外观呈现洋式的基本体量与大屋顶等能表达中国式特征的附加部件的综合。董大酉设计的上海市图书馆(图 6.26)和博物馆(1933年)是这类折中主义形态的中国式建筑的典型表现。有一些作品介于宫殿式与混合式的中间形态，吕彦直设计的广州中山纪念堂(1928 年)是这一类的典型实例。

图 6.24　南京国民党党史史料陈列馆

图 6.25　上海市政府大楼

图 6.26　上海市图书馆(1933 年)

"以装饰为特征的现代式"是在新建筑的体量基础上，适当装点中国式的装饰细部。这样的装饰细部，不像大屋顶那样以触目的部件形态出现，而是作为一种民族特色的标志符号出现。南京中央医院(1933 年，基泰工程司设计，图 6.27)、外交部办公楼(华盖建筑事务所，图 6.28)、北京交通银行(1930 年，基泰工程司设计)、北京仁立地毯公司(1932 年，梁思成、林徽因设计，图 6.29)都是这一类的代表实例。由英商公和洋行和中国建筑师陆谦受联合设计的上海中国银行则是近代高层建筑处理成中国式的重要尝试。

图 6.27 南京中央医院（装饰细部）

图 6.28 南京外交部办公楼

图 6.29 北京仁立地毯公司沿街外观

中国近代传统复兴的建筑创作，是中国建筑在近代化、现代化过程中为探索民族风格而展开的一次很有意义的预演，这段历史经验值得我们认真总结。

3. 现代建筑

20世纪20年代后期至30年代，欧美等各资本主义国家进入现代建筑活跃发展和迅速

图 6.30 上海沙逊大厦

传播时期，各国在中国的建筑师的设计活动也开始向"现代建筑"转变。如公和洋行设计的上海沙逊大厦（1926—1929 年，图 6.30）可以说是从商业古典主义转向装饰艺术的过渡期作品。百老汇大厦则比沙逊大厦迈前了一步，虽然局部也带有图案和线脚装饰，但整体外观十分简洁，可以说是从装饰艺术走向了准国际式。20 世纪 1930 年代之后，现代建筑陆续在上海涌现，如毕卡地公寓（1934 年，图 6.31）、雷米小学（1936 年）、吴同文宅（1937 年）等都是地道的"国际式"建筑。这些欧美建筑师设计的国际式建筑是现代建筑导入中国的一个重要渠道。

20 世纪 30—40 年代，在东北日本占领区，还出现了一批由日本建筑师导入的现代建筑，明显地具有功能主义倾向，采用简单的几何形体，自成一格。例如大连火车站，功能设计合理，旅客直接由坡道进入二层候车大厅，并由天桥通向站台。围绕大厅设置服务设施空间，在当时是很先进的设计。这些日本建筑师设计的建筑，是现代建筑导入中国的另一渠道。

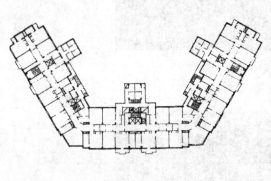
(a) 毕卡地大厦平面

(b) 大厦外观

图 6.31 上海毕卡地大厦

20 世纪 30 年代后，中国建筑界也开始介绍国外现代建筑活动，导入现代派的建筑理论。当时中国建筑师对现代主义建筑的认识是不平衡的。不少建筑师主要着眼于它的"国际式"的外在式样，认为建筑形式存在着由简到繁的循环演变，认为"繁杂的建筑物，又看得不耐烦了，所以提倡什么国际式建筑运动"；有的建筑师则将它看成是一种经济的建筑方式，认为"德国发明国际式建筑，不雕刻、不装饰，其原因不外节省费用，以求挽救建筑上损失"。基于这样的认识，"国际式"往往被视为折中主义诸多形式中的一个新的样式品种。不少建筑师既设计西洋古典式、传统复兴式，也设计"国际式"。1934 年 8 月的《中国建筑》发表了何立蒸的《现代建筑概论》一文，颇为精要地概述了现代建筑的产生背景和演进历程，论及了一些著名的学派和柯布西耶等建筑大师，阐述了"功能主义"理论和"国际式"的特点。何立蒸的分析代表了当时中国建筑师对现代建筑的较为准确的认识。

20世纪30年代的中国建筑师几乎都参与了"现代建筑"的设计,其中较为突出的是华盖建筑事务所。华盖创作的大上海大戏院(1933年,图6.32)、上海恒利银行(1933年)、上海西藏路公寓(1934年)等在当时都是很有影响的现代式建筑。奚福泉也是一位现代主义倾向的建筑师,他设计的上海虹桥疗养院(1943年,图6.33),建筑外观成层叠式的体量,十分简洁、新颖,建筑的功能性和时代性得到充分展示。李锦沛设计的上海广东银行、南京聚兴诚银行和杭州浙江建业银行,一扫银行建筑习见的西方古典式外貌,创造了新颖、清新的银行形象。中国建筑师的这些现代式建筑活动,与欧美建筑师、日本建筑师在中国的现代建筑活动一起,构成了近代中国在现代建筑方面的多渠道起步。

图6.32 大上海大戏院

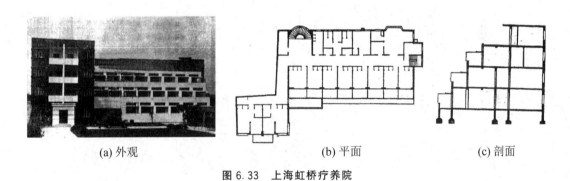

(a) 外观　　　　　　　　　(b) 平面　　　　　　　　　(c) 剖面

图6.33 上海虹桥疗养院

本 章 小 结

本章主要讲述了近代中国建筑的发展历程、建筑类型特征及近代建筑设计的主要思潮。

近代中国城市和建筑都没有取得全方位的转型,明显地呈现出新旧两大建筑体系并存的局面。旧体系建筑,不是近代中国建筑活动的主流。新建筑体系是中国近代时期建筑发展的新事物,是近代中国建筑活动主流,也是中国近代建筑史研究的主要内涵。

近代中国建筑大致经历了4个发展阶段，19世纪末至20世纪20年代，中国近代建筑的类型大大丰富，近代中国的新建筑体系形成。20世纪20年代至30年代末，近代建筑体系的发展进入繁盛期。近代建筑的类型大大丰富。居住建筑、公共建筑、工业建筑的主要类型已大体齐备。居住建筑还出现了独院型住宅、公寓住宅、里弄住宅、居住大院、竹筒屋等多种形式；公共建筑中行政会堂建筑、文化教育建筑、交通建筑及商贸建筑的发展也备受瞩目。

此时的中国建筑师：一方面积极探索着西方建筑与中国固有形式的结合，试图在中西建筑文化碰撞中寻找适宜的融合点；另一方面也紧跟世界先进的建筑潮流，走向现代主义建筑。

思 考 题

1. 简述近代中国建筑的发展历程。
2. 结合实例简要分析近代中国城市与封建社会城市的不同。
3. 简述近代居住建筑的主要类别。
4. 结合实例简要分析中国近代建筑设计的主要思潮。

第7章
欧洲建筑起源与古代建筑

(约公元前 1.5 万年—公元 395 年)

【教学目标】

主要了解欧洲建筑的起源及奴隶制社会时期古希腊与古罗马建筑的发展概况，掌握欧洲古典时期建筑的基本特征及代表性建筑。

【教学要求】

知识要点	能力要求	相关知识
欧洲建筑的起源	（1）了解欧洲建筑产生的历史背景 （2）掌握原始宗教性建筑的特征	（1）巨石建筑 （2）巨石阵
爱琴文化与古希腊建筑	（1）了解爱琴文化及其典型建筑 （2）了解古希腊神庙建筑的演进 （3）掌握古希腊柱式的发展与特征 （4）掌握雅典卫城的总体布局艺术	（1）柱式 （2）围廊式 （3）雅典卫城
古罗马建筑	（1）了解古罗马建筑材料与结构的发展 （2）掌握古罗马柱式的发展 （3）掌握古罗马建筑类型与典型实例 （4）了解维特鲁威与建筑十书	（1）拱券结构 （2）罗马五柱式 （3）万神庙 （4）建筑十书

基本概念

巨石建筑、巨石阵、围廊式、柱式、券柱式、巨柱式、多立克柱式、爱奥尼柱式、科林斯柱式。

引例

1940 年的一天，几个孩子钻入了法国南部蒙提尼亚郊区的一个山洞，突然发现了一个布满色彩斑斓的壁画的岩洞。这一意外发现，震惊了当时的考古界。原来，这个山洞曾是原始人聚居的地方，而这些壁画正是埋没了一两万年的原始人的艺术。这个山洞，被命名为拉斯科洞窟。这些洞穴岩壁上所绘的壁画为我们展示了艺术史上辉煌的第一章。

145

7.1 欧洲建筑的起源

旧石器时代的欧洲原始人，以狩猎和食物采集为生，他们或追逐着兽群，或随着季节的变化，从一地迁徙到另一地。在这居无定所的状态下，他们只能居住在天然的洞穴中或栖居在大树上。旧石器晚期，当人口日渐增多，天然洞穴不敷使用时，伴随着劳动工具的进步，出现了原始的穴居，即挖穴居住。新石器时代，原始人类在经济上由渔猎、采集逐渐转向原始农牧业生产后，开始选择适宜的地方定居下来，这便产生了修建坚固房屋的要求，出现了人工生产建筑材料——土坯，使得房屋的质量大为提高，增强了人对环境的适应能力。随着原始人的定居，开始出现村落的雏形。例如，在东欧地区发现了群体生活的场所，许多用石块或土坯建成的小屋集中在一起，围成环形，如图7.1所示。原始社会晚期，人类对木头与石头的加工能力增强，在西欧许多湖沼地区出现了水上村落，如图7.2所示为建造在湖泊沿岸的高架建筑群——湖居。直至青铜时代，欧洲人们都是过着简单的村落生活，没有出现城市社区。但是，在地中海地区，以及从斯堪的纳维亚南部经法国沿海与不列颠群岛，再到伊比利亚半岛的整个大西洋沿岸，发现了大量史前石建筑，它们就是所谓的"巨石建筑"。

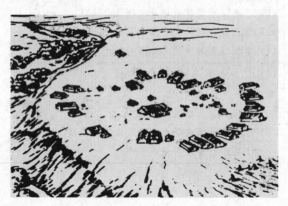

图 7.1　新石器时代环形村落复原图

图 7.2　原始湖居复原图

7.1.1 史前巨石建筑

巨石建筑的出现可视为欧洲原始先民走向定居生活所迈出的重要一步。这些建筑用巨石或大型卵石叠垒而成，年代在公元前4500—公元前1500年之间。巨石建筑主要有两类：一类是有内部空间的陵墓及神庙；另一类为独立巨石或由巨石排列成的石列或石圈。曾经普遍认为欧洲的巨石建筑来源于西亚和地中海文化，但在20世纪70年代经过科学手段的年代测定，证明它们是在西欧独立发展起来的。

在以巨石修筑的陵墓建筑中，数量最多的是巨石冢，如图7.3所示，墙壁是直立的石块，其上架起大石板作为屋顶或横梁，以此构成了一个墓室。像这样的巨石陵墓广泛分布于西欧，总数达5万个之多。

图7.3 远古时代的巨石冢复原图

由于当时人类对于许多自然现象与社会现象还不能了解，因此产生了对于自然的崇拜，并且可能已经有了宗教观念的萌芽，催生了不少宗教性建筑。如地中海岛国马耳他（Malta）的新石器时期的巨石神庙就特别有名。它们建造于公元前3000年之前，属于已知最早的独立石构建筑。如图7.4所示为马耳他詹蒂亚的一座大型神庙建筑，它由两个小庙及圆形前院组成，采用巨石进行堆筑。厚重的墙体由两层石头组成，中间填入泥土和碎

(a) 遗址外观（局部）　　　(b) 遗址总平面

图7.4 马耳他原始庙宇遗址

石。外墙面是一层当地产的天然珊瑚藻风化石灰岩，外墙石块没有修琢的痕迹，而内墙显然经过修饰。

没有内部空间的巨石建筑主要有独立巨石、石列与石圈3种形式。独立巨石建筑主要分布于从法国到苏格兰的大西洋地区，尤其以法国西部的布列塔尼（Brittany）最为集中。那里既有高达10m的独立巨石，又有由巨石组成的石列与石圈。石列是由少则三四块，多则二三十块的巨石以直线排列而成，石块之间的间隔短的1km多，长的达10余km。而石圈的排列很少有正圆形的，多为半圆形与椭圆形。石列与石圈还常常结合在一起组成巨石建筑群。

7.1.2　巨石阵

从石圈发展成石阵只有一步之遥。石阵一般为圆形，有沟堑与堤坝围绕。目前发现的规模最大、最典型的实例是位于英格兰的"巨石阵"。据专家推测，大约公元前3500—公元前2900年之间，在英格兰索尔兹伯里（Salisbury）平原上掘出了一圈近似圆形的大壕沟；公元前2200年左右，在大壕沟之内竖起了一圈同心圆的砂岩石柱，这些石柱成对安放，上置巨石横梁；公元前2000年前后，在内圈建起了同心圆的青石圈及马蹄形石圈，将一块巨型祭坛石围在中央。如图7.5所示，这些竖立在广阔地平线上的巨石，高度都在1.8～2.4m之间。当时的人们在没有现代起重设备的情况下，要将这些巨石从几百千米外的山区运送过来并竖立安装到位，这无论在运输、技术还是工程组织方面都是一个奇迹，恐怕只有宗教信仰才可能激发神奇的力量，所以一般认为它是史前的一个重要的祭祀中心。此外，科学家还发现巨石阵具有天文观测的作用。

图7.5　英格兰索尔兹伯里的石环

7.2　爱琴文化与古代希腊建筑

公元前8世纪起，在巴尔干半岛、小亚细亚西岸和爱琴海的岛屿上建立了许多小小的奴隶制城邦国家。它们向外移民，又在意大利、西西里和黑海沿岸建立了许多国家。它们之间的政治、经济、文化关系十分密切，总称为古代希腊。古希腊文化是古代世界文化史上光辉灿烂的一页，被称作欧洲文化的种子。它在建筑上具有很高的成就，是古代建筑的辉煌时代，其源头可追溯到公元前3000—公元前1400年之间的爱琴文化。

7.2.1 爱琴文化与建筑

爱琴文化在历史上曾有过高度繁荣的时期,创造了杰出的建筑艺术成就,其中心地域在克里特岛和迈西尼城周围。现代考古学家对于克里特岛的发掘,已向世人揭示出在这个小岛上所建造的宫殿的重要性。它们是欧洲建筑的最早实例,西方建筑史学家将这里作为"西方建筑史的开端"。

在这一时期的建筑中,曾创造了史无前例的上大下小的奇特柱式,其形成的原因至今仍是个未解之谜。古代爱琴建筑最早创造了"正厅"的布局形式,它成为后来希腊古典建筑平面布局的原型。古代爱琴建筑的典型实例包括:米诺斯王宫和迈西尼城。

1. 米诺斯王宫(Palace of Minos, Knossos,公元前 1600—公元前 1500 年)

米诺斯王宫位于希腊南端的地中海克里特岛内,北面临爱琴海,是欧、亚、非三洲海上交通的要地。遗址规模之大与组合之复杂令人惊叹,如图 7.6 所示。宫殿大约建造于公元前 1600 年—公元前 1500 年之间,依山而筑,西面房屋和庭院的地平面比东面房屋高出 2 层。西面建筑为 2 层,东面为 3 层。整个建筑群的平面范围略呈一个不整齐的正方形,每边大约宽 110m。中央是一个长方形的大院子,东西宽 27.4m,南北长约 51.8m。王宫内部空间高低错落,布局开敞。国王的正殿在庭院的西北侧,也称双斧殿,双斧是米诺斯王的象征。整座建筑内部墙面满布壁画,多为动植物及人物装饰图案,色彩鲜艳,形象写实,具有很高的艺术水平。

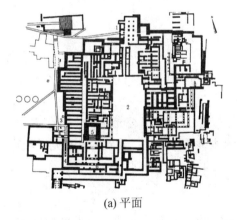 

(a) 平面   (b) 复原鸟瞰图

图 7.6 米诺斯王宫

1—北入口;2—中央大院;3—西入口;4—仪礼行列通道;5—大楼梯;6—游廊

米诺斯王宫的外观采用大块石料建成,屋顶上有檐部,各层外部采用透空柱廊形式。柱子形式上粗下细,外部漆成鲜艳的红色,形象十分醒目。在室内布置上,米诺斯王宫创造了"正厅"的形式,在入口处两侧墙中间布置两根柱子,退后一个门廊才是主要隔墙与大门。这种布置方式对以后古希腊与古罗马建筑的布置有广泛的影响。

2. 迈西尼卫城(Mycenae,约公元前 1400—公元前 1200 年)

迈西尼卫城位于一个海拔 270m 的山坡上,主要是作为国王和贵族的聚居地。卫城周围沿地形布置有自由轮廓的城墙，东西端最长处约250m，南北端最长约为174m。城墙用大石块干砌而成。卫城内部也是地形起伏，王宫与庙宇布置在地势最高处，从城外远望，形象十分壮观。一般民居则布置在卫城外围与山下。

卫城西北角有一个主要城门，称为"狮子门"，它是迈西尼的著名建筑遗物，大约建于公元前1250年。如图7.7所示，狮子门高约3m，两边有直立的石柱承托着一根石梁，长约5m。梁上用叠涩法砌成镂空三角形，高约3m，内嵌石板，板前中央刻一半圆柱，也是上粗下细，柱上有厚重的柱头，柱下有一大基座，它与克里特岛发掘的建筑形式基本相同，说明了这个时期文化的相互交流。

图7.7 迈西尼卫城的"狮子门"

7.2.2 古代希腊建筑

在公元前1200年，古代希腊开始了它的文明进程。它的古代历史可以划分为4个时期：荷马时期（公元前12世纪—公元前8世纪）；古风时期（公元前7世纪—公元前6世纪）；古典时期（公元前5世纪—公元前4世纪）；希腊普化时期（公元前3世纪—公元前2世纪）。其中，古典时期是古希腊文化与建筑的黄金时期。它所创造的建筑艺术形式、建筑美学法则及城市建设等堪称西欧建筑的典范，为西方建筑体系的发展奠定了良好的基础。

1. 神庙的演变与柱式的定型

古风时期，在小亚细亚、爱琴和阿提加地区，许多平民从事手工业、商业和航海业，他们同氏族的关系薄弱了，地域部落代替了氏族部落，民间的保护神崇拜代替了祖先崇拜，民间的自然神圣地也发达起来。圣地里定期举行节庆，人们从各个城邦汇集拢来，圣地周围陆续造起了竞技场、旅舍、会堂等公共建筑，而在圣地的中心则建有神庙，它们是公众欢聚的场所，也是公众鉴赏的中心。

初期的神庙采用民居的样式，平面为规则的长方形，以狭端作为正面，前设一圈柱廊，屋顶为两坡。在长期的实践过程中，庙宇外一圈柱廊的实用性与艺术性被发掘。至公元前8世纪，希腊神庙室内的承重柱被去除，形成了无阻隔的内部空间，可以供奉神像；室外则有一圈支柱环绕支撑屋顶，既可以避雨，又可以使建筑四个立面连续统一。这种形式无疑增加了建筑外部的庄严感。阳光的照耀还使柱廊形成丰富的光影与虚实变化，消除了封闭墙面的沉闷之感。公元前 6 世纪以后，这种成熟的围廊式庙宇形制已经在古希腊普遍采用了。

由于大型神庙的典型形制为围廊式，因此，柱子、额枋和檐部的艺术处理基本上决定了庙宇的面貌。希腊建筑艺术的种种改进，也都集中在这些构件的形式、比例和相互组合上。公元前 6 世纪，它们已经相当稳定，有了成套的做法，这套做法以后被罗马人称为"柱式"(order)。可以说，"柱式"就是石质梁柱结构体系各部件的样式和它们之间组合搭接方式的完整规范。它是除中世纪外，欧洲主流建筑艺术造型的基本元素，控制着大小建筑的形式与风格。希腊建筑创造了 3 种古典柱式：多立克(Doric)柱式；爱奥尼(Ionic)柱式和科林斯(Corinthian)柱式，如图 7.8 所示。

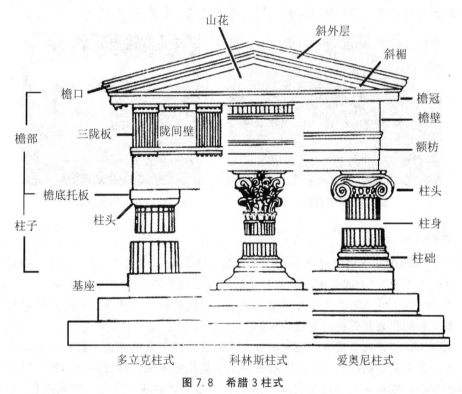

图 7.8　希腊 3 柱式

1) 多立克柱式

主要流行于意大利、西西里寡头制城邦及伯罗奔尼撒的民间圣地里，风格刚劲、质朴，比例粗壮。柱径与柱高之比为 1∶5.5～1∶5.75，开间较小(开间多为 1.2～1.5 倍柱底径)；柱身上细下粗，收分和卷杀明显，外廓成很精致的弧形。柱身凹槽相交成锋利的棱角，共 20 个。柱头为简单而刚挺的倒置圆锥台。檐部较重，檐高约为柱高的 1/3，分为上、中、下 3 层：檐口、檐壁和额枋。多立克式檐壁的明显特点是被一种竖长方形板块分隔成段落，板块上有两条凹槽，称为三垄板。多立克柱式无柱础，它的基座是三层阶座，每层高度随柱式整体的高度变化。线脚也较少，方棱方角，无雕饰。

2) 爱奥尼柱式

主要流行于小亚细亚共和城邦，风格秀美华丽，比例轻快。柱身比例修长，柱径与柱高之比为 1∶9～1∶10，开间较宽(开间多为 2 个柱底径左右)；柱身有凹槽(24 个)，槽与槽之间不相交，保留一小段弧面，因此，柱身上垂直线条密且柔和，显得轻灵。柱头左右各有一个秀逸纤巧的涡卷，涡卷下箍一道精致的线脚，如图 7.9 所示。檐部较轻，檐高不足柱高的 1/4，也分为檐口、檐壁与额枋 3 层，檐壁不分隔，形成完整的一长条，通常作内容连续的大场面故事性雕刻。爱奥尼柱式有复杂且看上去富有弹性的柱础，线脚为多复合曲面的，其上串着雕饰，母题多为盾剑或忍冬草叶饰。

3) 科林斯柱式

大约公元前 430 年左右，帕提侬神庙(Parthenon)的建筑师伊克提诺(Iktino)在伯罗奔尼撒的巴沙(Bassae)造了个多立克式的阿波罗神庙，在这个庙的内部立了一棵全新的柱子，柱头用了一棵完整的、茁壮的忍冬草的形象，后来被称为科林斯柱。古希腊时期的科林斯柱式远没有定型，檐部和基座都袭用爱奥尼柱式，如图 7.10 所示。

图 7.9　爱奥尼式柱头　　　　　　　图 7.10　科林斯式柱头

2. 雅典卫城

18 世纪德国的艺术史家温克尔曼(J. J. Winckelmann，1717—1768 年)在《论摹仿希腊绘画和雕刻》里说，"希腊艺术杰作的普遍优点在于高贵的单纯和静穆的伟大"。这高贵的单纯和静穆的伟大就典型地体现在爱奥尼和多立克两种柱式的建筑里。这两种建筑风格最成熟、最完美的代表是雅典的卫城建筑群。

公元前 479 年，波希战争的胜利解放了希腊各城邦。雅典成为希腊世界政治、经济和文化中心。作为全希腊的盟主，雅典城进行了大规模的建设，建设的重心就在卫城。卫城在雅典的中心，它建在一座石灰岩的小山上。小山四周陡峭，形成一个东西长 280m，南北宽 130m 的台地，只有西端有不宽的一个斜坡可以上山。卫城发展了民间自然神圣地自由活泼的布局方式，建筑物的安排顺应地势，没有轴线，不求对称，如图 7.11 所示。其总体设计是和祭祀雅典娜女神的仪典密切相关的。它采用了逐步展开、均衡对比和重点突出的手法，使得这组建筑群予人深刻印象。一年一度祭祀雅典娜的大典，全雅典的居民都聚集在卫城脚下西北角的广场上，献祭的行列由此出发绕城一周。经过卫城北面时，伊瑞克先神庙秀丽的门廊俯瞰着人群；当绕到南面时，帕提农神庙隐约可见；行进至西南角，胜利神庙的庙宇唤起雅典人对战胜强大波斯帝国的回忆。至西面，人们一抬头，即可看见陡峭的狭道通向高高的山门。进入山门之后，迎面是雅典的守护神——雅典娜的镀金铜像，高达 11m，是建筑群内部的构图中心。雕像注意到了建筑群体间的呼应关系，将雕像基座不正对山门轴线，而是向帕提农神庙一方偏斜了一定角度。雕像的右前方是帕提农神庙，左边是伊瑞克先神庙,再左侧是胜利神庙,给人的画面是不对称的,但主次分明、构图完整。为了同时照顾山上山下的观赏,主要建筑物贴近西、北、南面 3 个边沿布置。同时,建筑物不是机械地平行或对称布置,而是因地制宜、突出重点,将最好的角度朝向人群。设计师考虑了人们的心理活动,利用建筑群体间的制约、均衡形成了丰富统一的外部空间形象。

图 7.11 雅典卫城总体复原鸟瞰

雅典卫城不仅在群体空间布局上取得了很大的成功,在单体建筑上也大胆创新。雅典卫城的主要建筑包括:帕提农神庙、伊瑞克先神庙、胜利神庙和山门。

1) 帕提农神庙(公元前 447—公元前 438 年)

如图 7.12 所示,帕提农神庙是希腊本土最大的多立克围廊式庙宇,平面为长方形。它打破了希腊神庙正立面 6 根柱子的传统习惯,大胆应用了 8 根柱子,侧立面为 17 根柱子,高度 10.4m。虽然体量很大,但尺度适宜。檐部较薄,柱子刚劲有力(柱高是柱底径的 5.47 倍),柱间距适当(净空 1.26 倍柱底径),各部分比例匀称,使人感觉开敞爽朗。它还综合应用了视差校正的手法,如角柱加粗,柱子有收分卷杀,各柱均微向里倾,中间柱子的间距略微加大,边柱的柱间距适当减小,把台阶的地平线在中间稍微突起等,以纠正光学上的错误视觉,使建筑的整体造型和细部处理显得非常精致挺拔。

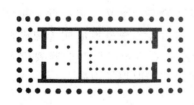  

(a) 帕提农神庙平面　　　　　　(b) 神庙现状外观　　　　　　(c) 多立克柱

图 7.12 帕提农神庙

帕提农神庙是卫城上的主题建筑，建筑师通过几个方面竭力突出它：在布局上，将它置于卫城最高处，距山门约 80m，有最好的观赏距离；在规模上，它是希腊本土最大的多立克式庙宇；在形制上，它是卫城上唯一的围廊式庙宇，形制最隆重。在用材和装饰上，它是卫城上最华美的建筑物。全部采用白色大理石建造，并饰以生动逼真的雕刻和大量的青铜镀金饰品。

同时，帕提农神庙也是融合多立克和爱奥尼两种柱式的最成功的作品。建筑外部全部采用多立克柱式，但在建筑内部，采用了 4 根爱奥尼式柱子支撑屋顶。爱奥尼柱式和多立克柱式在一座建筑中同时使用，这还是希腊建筑中现存的首例。

2) 伊瑞克先神庙(公元前 421—公元前 406 年)

位置在帕提农神庙的北面，地势高低不平，起伏很大。根据地形和功能的需要，成功应用了不对称的构图法，打破了在神庙建筑中严整对称平面的传统。神庙东立面采用爱奥尼柱式，秀美挺拔(柱高是柱底径的 9.5 倍)，涡卷坚实有力。由于神庙东部室外地面比西部高 3.2m，为了处理成一个完整的空间，就在西部建了一个高台基，上面设爱奥尼式柱廊。如图 7.13 所示，南立面是一片封闭的石墙，其西端造了一个小小的女郎柱廊，面阔 3 间，进深 2 间，雕刻精美。每座雕像有一点向中间倾斜，既纠正了视差，又达到稳定和整体的艺术效果。

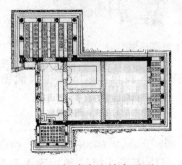 

(a) 伊瑞克先神庙平面　　　　　　　　(b) 神庙现状外观

图 7.13　伊瑞克先神庙

伊瑞克先神庙用小巧与精致的手法，与帕提农神庙的庞大体量、刚劲有力的列柱遥相呼应，形成强烈对比。不仅突出了帕提农神庙的庄重雄伟，同时也表现了伊瑞克先神庙的精致秀丽，避免了体形与形式的重复，丰富了建筑群面貌。

3) 胜利神庙(公元前 437—公元前 432 年)

胜利神庙的出现是纪念波希战争的胜利，加强整个卫城的纪念意义、宗教意义和政治意义。神庙占地面积很小，紧靠着山门的西南侧斜置，前后各 4 根爱奥尼柱子构成整个建筑体形，比例较粗重，如图 7.14 所示，这可能与神庙的意义及其所在的险要位置有关。本来山门的两侧不对称，胜利神庙的建设使得整体建筑群取得了均衡。

4) 山门(公元前 449—公元前 421 年)

山门位于卫城西端的陡坡上，根据地形需要采用了不对称形式。正立面朝西，主体前后采用 6 根多立克柱子，中央一跨特别大，强调了大门的特点。中间横隔墙上开了 5 个门洞，正中是游行队伍的通道，尺度高宽，如图 7.15 所示。

图 7.14 胜利神庙

(a) 山门平面　　　　　　(b) 山门现状外观

图 7.15 雅典卫城山门

7.3 古罗马建筑

古代罗马帝国的疆域包括大半个欧洲、北非和西亚。在这个范围里有经济和文化十分发达的希腊和埃及、叙利亚、小亚细亚等地中海东部的前希腊化地区。古希腊晚期的建筑成就由古罗马直接继承,并将之向前大大推进,达到了世界奴隶制时代建筑的最高峰。

它的古代历史可以划分为 3 个时期:伊达拉里亚时期(公元前 753—公元前 510 年);共和国时期(公元前 510—公元前 30 年);帝国时期(公元前 30—公元 476 年)。伊达拉里亚时期的石工技术与拱券结构为罗马建筑的发展创造了有利条件。共和国时期,由于国家的统一,领土的扩大,财富的集中,使得建筑的繁荣成为可能。在帝国时期,由于经历了长期的和平,拥有充足的财力,使得建筑的发展突破了地区的局限,发明了强有力的结构方法、建筑材料和施工技术,在公元 1—4 世纪初的极盛时期达到了古代世界建筑的最高峰。

7.3.1 混凝土的应用与拱券结构

古罗马建设和建筑的伟大成就,得力于它的混凝土工程技术,也得力于拱券结构。在古罗马大规模的建设活动中，混凝土得到了广泛和大量的应用。古罗马混凝土所用的活性材料为天然火山灰，相当于当今的水泥，水化拌匀之后再凝固起来，耐压强度很高。大约在公元前2世纪成为独立的建筑材料。至公元前1世纪中叶，天然混凝土的施工积累了丰富的经验，技术上也有新的进步，使得拱券结构的建设几乎可以完全不用石块，成为古罗马建筑最大的特色和最大的成就之一。

首先，拱券结构技术的成熟，根本上改变了一些依托于梁柱结构的古老的建筑形制和艺术，使得建筑内部空间艺术的发展开始与外部形式艺术处于同等重要的地位。古希腊建筑的梁柱结构不可能形成宽阔的内部空间，而大跨度的拱顶与穹顶可以覆盖很大的面积，形成宽敞的建筑内部空间。而且，穹顶与拱顶的结合还可以构成复杂的空间组合，从而造就建筑既可集中又可连续扩展的内部空间艺术。其次，拱券结构赋予古罗马建筑崭新的艺术形象，出现了新的造型因素——券洞。券洞这种圆弧形的造型因素与方形的柱式相结合，组成了连续券和券柱式，使得古罗马建筑构图丰富、适应性强。最后，拱券结构对城市的选址、布局和规模等方面也产生了一定的影响。使用拱券技术的输水道给了古罗马人在选择城址时很大的自由，也保证了城市规模几乎不受供水的限制。法国南部的迦合桥就是古罗马的输水道。如图7.16所示，在它跨越迦合河的时候，有249m长的一段用3层重叠的发券架起，最高点高度达到49m，非常壮观。

图7.16 法国迦合桥

7.3.2 柱式的发展

1. 罗马五柱式

古罗马的柱式有5种，如图7.17和图7.18所示。一方面，它在古希腊柱式的基础上继续向前发展，形成了和古希腊风格略有不同的3种柱式：多立克式、爱奥尼式、科林斯式；另一方面，古罗马人创造了两种柱式：塔司干柱式和复合柱式。塔司干柱式形式与多立克柱式很相近，但是柱身没有凹槽。复合柱式是一种更为华丽的柱式，由爱奥尼柱式和科林斯柱式混合，有很强的装饰性。为了显示罗马帝国的强大，罗马建筑通常具有庞大体形，为了与这种巨大的尺度相协调，罗马柱式中会使用较多的线脚与花纹，和希腊的精细柔美很不相同，显得豪放浑厚。

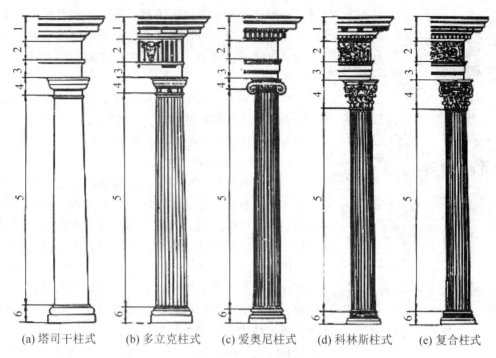

(a) 塔司干柱式　　(b) 多立克柱式　　(c) 爱奥尼柱式　　(d) 科林斯柱式　　(e) 复合柱式

图 7.17　罗马五柱式

1—檐口；2—檐壁；3—额枋；4—柱头；5—柱身；6—柱础

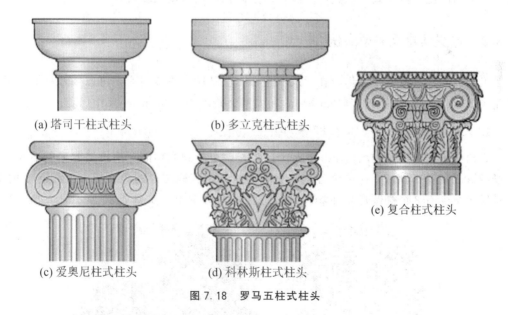

(a) 塔司干柱式柱头　　(b) 多立克柱式柱头

(e) 复合柱式柱头

(c) 爱奥尼柱式柱头　　(d) 科林斯柱式柱头

图 7.18　罗马五柱式柱头

2. 柱式与拱券的结合

1）券柱式与连续券

拱券结构的外观由于有厚实的砖石或混凝土墙体而显得笨重粗陋，这在建筑艺术上是个大问题。古罗马人创造性地发明了用柱式来装饰墙体的方法：在门洞或窗洞两侧，各立

图7.19 券柱式

上一根柱子，上面架上檐部，下面立在基座上。券洞口用线脚镶边，与柱式呼应。一个券洞和套在它外面的一对柱子、檐部、基座等所形成的构图单元，称为券柱式，如图7.19所示。

拱券与柱式的另一种组合方法是连续券，即将发券券脚直接落在柱式柱子上，中间垫一小段檐部。这种方法适用于较轻的结构，使用不多。

2）叠柱式与巨柱式

早在希腊普化时期，已经有些两层的公共建筑将柱式上下重叠使用，但没有一定的规范。罗马人在发明了拱券结构之后，大型公共建筑经常达到三层至四层，叠层使用券柱式的情况很普遍，于是像一切艺术手段走向成熟一样，终于产生了规范。规范的要点是：将比较粗壮、简洁的柱式置于底层，越往上越轻快华丽。通常底层采用塔司干柱式或多立克柱式；二层为爱奥尼柱式；三层为科林斯柱式；四层可用科林斯式壁柱。每层向后稍退一步，形成了既稳定又美观的多层叠柱式。也有少数神庙与公共建筑，内部很高，采用一个柱式贯穿两层或三层，称为巨柱式。在局部使用巨柱式可以突出重点，但大面积使用易使尺度失真。

7.3.3 古罗马建筑典型实例

古罗马的建筑成就主要集中在"永恒之都"罗马城，简单而言，可以用罗马城里的大角斗场（Colosseum）、万神庙（Pantheon）和大型公共浴场（Thermae）来作代表。

1. 大角斗场（公元70—公元82年）

大角斗场，又称圆剧场（Amphitheatre），是两个半圆剧场面对面拼接起来的意思。角斗场的形制脱胎于剧场，在希腊普化的意大利，开始有椭圆形的角斗场。公元前1世纪，罗马城里至少有3个椭圆形角斗场，最大的就是大角斗场。如图7.20所示，大角斗场的

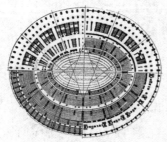
(a) 大角斗场平面示意图

(b) 大角斗场现状外观

图7.20 大角斗场

长轴188m,短轴156m,周围527m。中央为表演区,长轴86m,短轴54m,外围排列层层看台。看台约有60排座位,逐排升起,由低到高分为5区。角斗士与野兽从看台底层出发,进行殊死的搏斗,满足统治阶级野蛮与血腥的"娱乐"。

大角斗场的看台架在3层放射状排列的混凝土筒形拱上,每层80个喇叭形拱。它们在外侧被两圈环形的拱廊收齐,加上最上一层实墙,形成50m高的立面。大角斗场外面用灰白色的凝灰岩砌筑,下面用券柱式装饰,顶上一层实墙用壁柱分划,每个开间中央开一个小窗。一圈80个开间,只有长短轴两端4个大门稍有变化,但是它的椭圆形体和券柱式却造成了丰富的光影变化与对比。大角斗场的底层为敞廊入口,上两层为窗洞,看台逐层后退,形成阶梯式坡度,如图7.21所示。喇叭形拱里安排楼梯,分别通向看台的各区。观众根据入场券的号码,找到自己的入口,再找到自己的楼梯,最后到达自己的座位。整个大角斗场可以容纳5万人左右,出入井然有序。它的设计原则被历代沿用,直到现代体育场还完全一样。

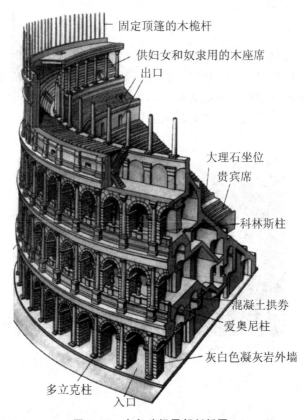

图7.21 大角斗场局部剖析图

2. 万神庙(公元120—公元124年)

万神庙,是罗马圆形庙宇中最大的一座,也是现代建筑结构出现之前世界上跨度最大的建筑。它是单一空间、集中式构图的建筑物,代表着当时罗马建筑的设计和技术水平,无论是体形、平面、立面和室内处理,都成为古典建筑的代表。

神庙面对着广场,坐南朝北。如图7.22所示,万神庙平面可以分为两部分:前面是一个34m宽、15.5m深的矩形大柱廊，16根柱子，正面8根，后面两排各4根；后面是圆形的神殿，顶上覆盖直径为43.3m的大穹顶。穹顶的最高点也是43.3m，支撑穹顶的一圈墙垣的高度大体等于半径。这种非常简单明确的几何关系，使得万神庙单一的空间完整统一。

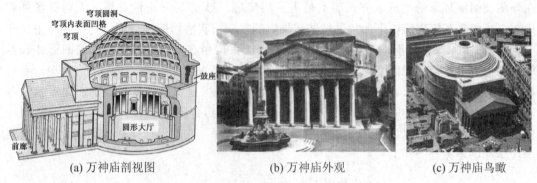

(a) 万神庙剖视图　　　　(b) 万神庙外观　　　　(c) 万神庙鸟瞰

图7.22　罗马万神庙

万神庙的外观比较封闭、沉闷，但内部空间单纯宏大，显得庄严崇高。一方面，采用小尺度的分划承托空间的宏大。穹顶内表面做了5层凹格，每层数量相同，因此凹格从下往上逐渐缩小，呈现出穹顶向上升起的球面。另一方面，在穹顶正中开一个直径8.9m的圆形大洞，是庙内唯一的采光源。光线从天而泄，氤氲出天人相通的神圣气氛，如图7.23所示。

图7.23　罗马万神庙室内

3. 卡拉卡拉浴场

公共浴场是罗马建筑中功能和空间最复杂的一种建筑类型。它兴起于希腊化时期，主要包含浴场和体育锻炼场所；大发展是在罗马帝国时期，里面增加了演讲厅、音乐堂、图书馆、交谊厅、画廊、商店、健身房等。公元2—3世纪时，仅罗马城就有大的浴场11个，小的达800多个，成为罗马人谈买卖、议政治和消磨时间的公共场所。其代表作是罗马城里的卡拉卡拉浴场，如图7.24所示。

卡拉卡拉浴场包括主体建筑与辅助建筑在内，长375m，宽363m，地段前沿和两侧前半部都是店面。两侧的后半部向外凸出一个半圆形，里面有演讲厅，旁边为休息厅。地段后部正中有贮水库,容量为 3300m³,水由高架输水道送来,水库前有竞技场,看台背靠水库,左右为图书馆和交谊厅。地段中央是浴场的主体建筑,长 216m,宽 122m。内部完全对称布局,正中轴线上从前到后排列着冷水浴池、温水浴厅和圆形的热水浴厅。轴线两侧是门厅、衣帽运动场、按摩厅和蒸汽浴厅等。锅炉房、仓库、仆役休息室都在地下,地下有过道供仆役通行到各大厅。

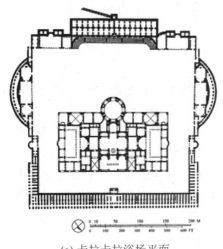 

(a) 卡拉卡拉浴场平面　　　　　　　　　(b) 浴场现状遗迹

图 7.24　卡拉卡拉浴场

卡拉卡拉浴场的主体建筑是古罗马拱券结构的最高成就之一,如图 7.25 所示。热水浴大厅的穹顶直径 35m,大温水浴厅是 3 间十字拱,长 55.8m,宽 24.1m,十字拱的重量集中在 8 个墩子上,墩子外侧有一道短墙抵御侧推力,短墙之间再跨上筒形拱,增强了整体刚性,又扩大了大厅。

图 7.25　卡拉卡拉浴场主体建筑剖视图

在先进的结构技术保障下，浴场内部空间的阔大和复杂的组合达到了很高水平，简洁多变，层次丰富。中央纵轴线上冷水浴、温水浴和热水浴3个空间串联，以集中式的热水浴大厅作结束。大空间之间以小空间过渡，两侧的运动场、更衣室等形成的横轴线与纵轴线相交在最宽敞的大温水浴厅，使它成为最开敞的空间。两条轴线上都是大小、开阖不同的空间有序地交替，大厅之间还布置了一些院落，保证每个室内都有足够的光照，同时也增加了空间组合的趣味。

7.3.4 维特鲁威与建筑十书（公元前1世纪）

为适应蓬勃发展的建设活动的需要，帝国初年罗马皇帝奥古斯都指示其御用建筑师维特鲁威总结了当时的建筑经验，在公元前1世纪末写成了一本书，共有十篇，被称为《建筑十书》，该书奠定了欧洲建筑科学的基本体系。它十分系统地总结了希腊与罗马建筑的实践经验，并且相当全面地建立了城市规划和建筑设计的基本原理及各类建筑的设计原理。主要内容包括：一般理论、建筑教育、城市选址、选择建筑地段、各种建筑物的设计原理、建筑风格、柱式及建筑施工和机械等。它是世界上遗留至今的第一部完整的建筑学著作，并最早提出了建筑的3要素：实用、坚固和美观。

本 章 小 结

本章主要讲述了欧洲建筑的起源、爱琴文化与古代希腊建筑、古罗马建筑。

欧洲建筑文明的起源是与社会生活从狩猎采集经济向农业畜牧业经济的转变紧密相关联的，它是人类定居生活方式的产物。地中海周边区域及大西洋沿岸地区的史前巨石建筑，为西方石造纪念性建筑打下了基础，更预示着后来高度发达的石造建筑的技术水平。

希腊古典建筑是欧洲建筑的直接源头。希腊人创造了3种基本古典柱式，并赋予它们以人体的比例及人性化的寓意。柱式体系伴随着古希腊神庙建筑的发展而不断完善。直至19世纪末叶之前，古典柱式一直是西方建筑的本质特征。

希腊化时期，希腊建筑又对罗马建筑产生深刻影响。可以说，罗马人在很大程度上是通过希腊化建筑来了解、接受和丰富古典建筑语言的。罗马建筑在更大范围内对东西方传统因素进行综合，从而将西方建筑文明向前大大推进。

思 考 题

1. 什么是柱式？并简述古希腊柱式的类型与特点。
2. 简述雅典卫城的布局特色与主要组成建筑。
3. 以罗马大角斗场和万神庙为例，简述罗马建筑的艺术特点和工程技术成就。

第 8 章 欧洲中世纪建筑

【教学目标】

主要了解欧洲中世纪东西欧建筑的发展情况，了解宗教建筑在这一时期建筑发展中的重要意义。掌握中世纪东西欧建筑的特征及其代表性建筑实例。

【教学要求】

知识要点	能力要求	相关知识
拜占庭时期的建筑	（1）了解拜占庭建筑产生的社会与历史背景 （2）掌握拜占庭建筑的主要特征 （3）掌握拜占庭建筑的典型实例	（1）希腊十字式 （2）帆拱 （3）圣索菲亚大教堂
罗马风建筑	（1）了解罗马风建筑产生的社会与历史背景 （2）掌握罗马风建筑的主要特征 （3）掌握罗马风建筑的代表作品	（1）罗马风 （2）拉丁十字式 （3）比萨主教堂
哥特建筑	（1）了解哥特建筑产生的社会与历史背景 （2）掌握哥特式建筑的主要特征 （3）掌握哥特式主教堂的典型实例	（1）肋架券 （2）尖券 （3）飞券 （4）巴黎圣母院

基本概念

巴西利卡、希腊十字、拉丁十字、帆拱、鼓座、罗马风、哥特式、飞券。

引例

公元395年，罗马正式分裂为东、西两个帝国。东罗马帝国从4世纪开始封建化。公元479年，西罗马灭亡，经过漫长的战乱时期，西欧形成封建制度。欧洲封建制度主要的意识形态上层建筑是基督教。基督教早在古罗马帝国晚期，公元4世纪，就已经盛行。在中世纪分为两大宗：西欧为天主教；东欧为正教。封建分裂状态和教会的统治，对欧洲中世纪的建筑发展产生了深远的影响。宗教建筑成为建筑成就的最高代表。

西欧和东欧的中世纪历史很不一样。它们的代表性建筑物，天主教堂和东正教堂，在形制上、结构上和艺术上也都不一样，分别为两个建筑体系。东欧大力发展了古罗马的穹顶结构和集中式形制；西欧则大大发展了古罗马的拱顶结构和巴西利卡（Basilica）形制。

古罗马的巴西利卡是一种综合用作法庭、交易所、会场的大厅性建筑。平面一般为长方形，两端或一端有半圆形龛。大厅常被两排或四排柱子纵分为3部分或5部分。当中部分宽而且高,称为中厅;两侧部分狭且低,称为侧廊。巴西利卡的形制对中世纪的基督教堂与伊斯兰礼拜寺均有影响。

8.1 拜占庭建筑

公元330年,罗马的君士坦丁皇帝为加强统治,将首都迁至东方的拜占庭,并将地名改为君士坦丁堡。公元395年,罗马正式分裂为东、西两个帝国。东罗马帝国的版图大致以巴尔干半岛为中心,包括小亚细亚、叙利亚、巴勒斯坦、埃及及美索不达米亚和南高加索的一部分。东罗马以希腊语系为主,手工业与商业发达,信仰正教。在11世纪后逐渐凋敝,1453年被土耳其人灭亡。因首都君士坦丁堡是拜占庭旧址,因而以后的史家称东罗马帝国为拜占庭帝国。

拜占庭帝国地处欧亚大陆交接处,是黑海与地中海间水路的必经之地,也是欧洲和亚洲陆路运输的中心。地理上的优势使拜占庭成为帝国扩张的中心。从历史发展的角度看,拜占庭建筑是古西亚的砖石拱券、古希腊的古典柱式和古罗马的宏大规模的综合,是在继承古罗马建筑文化的基础上发展起来的,同时,由于地理关系,它又汲取了波斯、两河流域、叙利亚等东方文化,形成了自己的建筑风格,并对后来俄罗斯的教堂建筑、伊斯兰的清真寺建筑都产生了积极的影响。

拜占庭建筑的发展主要可以分为3个阶段。

(1) 前期(4—6世纪)。兴盛时期,主要是按古罗马城的样子来建设君士坦丁堡。基督教(返回东方后称为正教)为国教。代表性建筑为君士坦丁堡的圣索菲亚大教堂。

(2) 中期(7—12世纪)。外敌相继入侵,建筑规模大不如前,特点是占地少而向高处发展,采用富于装饰的几个小穹隆群。代表性建筑为威尼斯的圣马可大教堂和基辅的圣索菲亚大教堂。

(3) 后期(13—15世纪)。十字军的数次东征使帝国大受损伤,建筑上没有什么新创造。

8.1.1 拜占庭建筑与装饰的特点

拜占庭建筑中最重要的是宗教建筑。为了适应宗教仪式的需要,并结合当地传统,拜占庭建筑与装饰形成了自己的特点。

(1) 从建筑形制来看,拜占庭人创造了集中式的教堂布局。教堂的平面在古罗马巴西利卡的基础上发展成十字形平面,教堂的中央穹顶和四面的筒形拱成等臂的十字,得名为"希腊十字式"。9世纪起,希腊十字式平面的教堂成为拜占庭教堂最普遍的形式,如图8.1所示。它使得教堂内部的空间得以最大限度地扩大,形成集中式空间。

(2) 创造了将穹顶支撑在4个或更多的独立支柱上的结构方法,解决了方形平面上盖穹顶的承接过渡问题。从材料与结构技术来看,拜占庭建筑常采用砖砌或砖石混砌的结构,这是由当地的自然资源所决定的。经过长期的实践,拜占庭人发展出高超的砖砌技术,尤其是各种造型精美的拱顶与穹顶。其穹顶的高度与跨度,可与古罗马以混凝土建造的万神庙相比美。但是这两种穹顶的技术方式是完全不同的。万神庙的穹顶是直接坐落于下面的圆形鼓座与圆形承重墙上,而拜占庭的穹顶之下是一个正方形的空间。可以说,拜占庭建筑的主要成就是创造了将穹顶支撑在4个或更多的独立支柱上的结构方法,解决了方形平面上盖穹顶的承接过渡问题。其典型做法是在方形平面的4边发券,然后在4个券的顶点之上做水平切口,在切口上再砌半圆穹顶。为了进一步提升穹顶的标志作用,加强集中形制的外部表现力,又在水平切口之上砌一段圆筒形的鼓座,将穹顶置于鼓座之上。在穹顶的砌筑过程中,在方形平面的4个发券的顶上的水平切口和发券之间所余下的4个角上的球面三角形部分,因像当时船上兜满了风的帆,名为"帆拱",如图8.2所示。帆拱既使建筑方圆过渡自然,又扩大穹顶下空间,是拜占庭结构中最具有特色的。

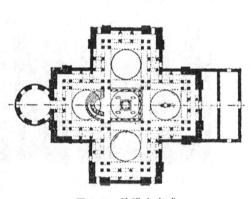

图 8.1　希腊十字式

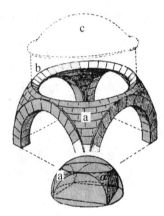

图 8.2　帆拱

a—帆拱；b—鼓座；c—穹顶

（3）从建筑装饰来看,拜占庭建筑的内墙装饰色彩丰富,十分精美。拜占庭中心地区的主要建筑材料是砖块或石块。为减轻重量,常常用空陶罐砌筑拱顶或穹顶。因此,无论内部或外部,都需要大面积的表面装饰,促使了贴面、彩画装饰及石雕的广泛应用,如图8.3所示。教堂建筑一般以彩色大理石贴面,在拱券和穹顶表面等不便于贴大理石板的部位,用玻璃、马赛克等材料作镶嵌画,没有深度层次,人物的动态很小,比较适合建筑的静态特

(a) 拜占庭建筑的内墙装饰　　　(b) 彩色玻璃镶嵌画　　　(c) 石雕

图 8.3　拜占庭建筑的室内装饰

点，但砌筑感较强，使建筑内部显得灿烂夺目。一般小教堂，则采用墙面抹灰，作粉画的装饰方法。镶嵌画和粉画的题材都是宗教性的。石雕主要用于发券、柱头、檐口等部分，题材以几何图案或程式化的植物为主，在雕饰手法上常保持构件原来的几何形状，而用镂空和三角形截面的凹槽来形成图案。

8.1.2 拜占庭建筑的典型实例

1. 圣索菲亚大教堂（Santa Sophia，公元532—公元537年，君士坦丁堡）

拜占庭建筑最光辉的代表是君士坦丁堡的圣索菲亚大教堂，东正教的中心教堂，君士坦丁堡全城的标志。教堂平面为长方形，东西长77m，南北长71m，前面有一个很大的院子。从外部造型看，它是一个典型的以穹顶为中心的集中式建筑，如图8.4所示。

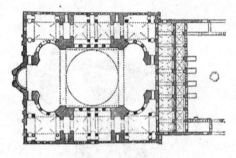

(a) 圣索菲亚大教堂平面　　　　　　　　(b) 教堂现状外观

图8.4　圣索菲亚大教堂

圣索菲亚大教堂的一个重要特点是它的复杂而条理分明的结构系统，如图8.5所示。它创造了以帆拱上的穹顶为中心的复杂的拱券结构平衡体系。教堂正中是直径32.6m，高15m的穹顶，有40个肋，通过帆拱架在4个7.6m宽的墩子上。中央穹顶侧推力由东西两面半个穹顶抵挡，它们的侧推力由斜角上两个更小的半穹顶和东西两端各两个墩子抵挡，它们的力又传到两侧更矮的拱顶上。结构关系明确，层次井然。

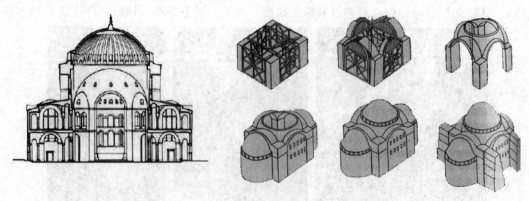

(a) 圣索菲亚大教堂剖面　　　　　　　　(b) 圣索菲亚大教堂的结构砌筑过程

图8.5　圣索菲亚大教堂的结构

圣索菲亚大教堂的另一个特点就是它的集中统一又曲折多变的内部空间，如图8.6所示。大穹顶直径32.6m，离地54.8m，覆盖着主要的内部空间。这个空间同南北两侧明确分开，而同东西两侧半穹顶下的空间则是完全连续的。东西两侧逐个缩小的半穹顶造成了步步扩大的空间层次，但又有明确的向心性，适合宗教仪式的需要。穹顶底部密排着一圈40个窗洞，将自然光线引入教堂，使得从内部看大穹顶犹如飘浮在空中，整个空间变得缥缈、轻盈和神奇。

图8.6　圣索菲亚大教堂的内部空间

圣索菲亚大教堂的第三个特点是内部灿烂夺目的色彩效果。大厅采用白、绿、蓝、黑、红等色彩斑斓的大理石贴面。帆拱及穹顶上贴蓝色和金色相间的玻璃马赛克，镶拼成圣徒、天使等人物，色彩交相辉映，既丰富多变，又和谐相处，构成了一个统一的意境——神圣、高贵与富丽，充分显示了拜占庭建筑利用色彩语言构造艺术意境的魅力。

圣索菲亚大教堂的外墙较朴素，采用陶砖砌成，无装饰，表现着早期拜占庭建筑的特点。现存的外观是经土耳其人作为清真寺后改变的，在四周加建了挺拔高耸的邦克楼（授时塔），为其沉重的外观增加了表现力。

2. 圣马可主教堂（St. Mark，始建于公元829年，重建于公元1043—公元1071年，威尼斯）

威尼斯的圣马可主教堂位于圣马可广场。它最初的外貌十分朴素、沉重，后历经多年改建，逐渐趋向华丽。现在所见到的教堂外貌是12—15世纪间形成的，如图8.7所示，冠冕式的顶部、尖塔及壁龛等都是后加的。

(a) 从广场看圣马可主教堂　　(b) 主教堂的穹顶　　(c) 主教堂剖面图

图8.7　圣马可主教堂

外观上，它的五座圆顶来自土耳其的圣索菲亚教堂；正面的华丽装饰源自拜占庭风格；而整座教堂的形制与结构则呈现出希腊式十字设计，在中心和四端有5个穹顶。中央和前面的较大,直径约12.8m,另外3个较小一些。穹顶由柱墩通过帆拱支撑,底部有一列小窗。为了使穹顶外形高耸,在原结构上加建了一层鼓身较高的木结构穹顶。

圣马可主教堂内部空间丰富多变,由5个穹顶覆盖下的空间融合为一个整体,以中央空间为构图重点,它们之间用筒形拱连接,相互穿插,融为一体。室内装饰十分华美,拱底及穹顶的内表面都采用彩色玻璃马赛克镶嵌,题材均为宗教性的。

8.2 西欧罗马风建筑

古罗马帝国在公元395年分裂为东、西两部分。西罗马帝国于公元479年被哥特人灭亡。经过漫长的战乱时期,西欧形成封建制度。在普遍的愚昧和野蛮状态下,基督教迅速发展,教堂和修道院是当时唯一质量比较好的建筑。中世纪早期,西欧各地教堂的形制不尽相同,但基本上都是继承了古罗马末年的初期基督教教堂的形制,即古罗马巴西利卡形制。9—12世纪,西欧重新出现了作为手工业和商业中心的城市,市民文化开始萌芽,具有各民族特色的文化在各国发展起来。建筑除基督教堂外,还有封建城堡和教会修道院等。其规模远不及古罗马建筑,设计施工也较粗糙,但建筑材料大多来自古罗马废墟,建筑艺术上则继承了古罗马的半圆形拱券结构,形式上也略有古罗马的风格,故称为"罗马风"建筑。它流行于除俄罗斯与巴尔干半岛以外的欧洲广大地区。

8.2.1 罗马风建筑的特点

图 8.8 罗马风教堂内的肋骨拱顶

早期罗马风建筑承袭初期基督教建筑,并采用古罗马建筑的一些传统做法,如半圆拱、十字拱等。在长期的演变过程中,对古罗马的拱券技术不断进行实践与发展,逐渐采用轻盈的骨架券代替了厚拱顶,创造了四分肋骨拱和六分肋骨拱,堪称罗马风建筑最大的结构特色,如图8.8所示。

教堂的平面多采用有长短轴的拉丁十字式,如图8.9所示。长轴为东西向,由较高的中厅和两边侧廊组成。西端为主要入口,东端为圣坛。短轴为横厅。横厅比中厅短,这样的十字形称为"拉丁十字",以区别于拜占庭的"希腊十字"。由于圣像膜拜之风日盛,在东端逐渐增设了若干小祈祷室,平面形式渐渐趋于复杂。在教堂的一侧常附有修道院。

罗马风建筑的外观常常比较沉重,墙体巨大而厚实。为减少沉重感,墙面用连列小券,门窗洞口用同心多层小圆券层层退进,称为"透视门"。教堂西面常有一两座钟楼,有时在拉丁十字交点和横厅上也有钟楼,如图8.10所示。

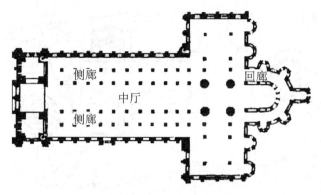

图 8.9 拉丁十字式

(a) 罗马风建筑外观　　(b) 大门（透视门）

图 8.10 罗马风建筑外观

在教堂内部空间中，为适应宗教仪式需要，中厅大小柱有韵律地交替布置，朴素的中厅与华丽的圣坛形成对比，中厅与侧廊较大的空间变化打破了古典建筑的均衡感。窗口窄小，在较大的内部空间造成阴暗神秘气氛。

罗马风教堂为了适应宗教发展与社会的需要，中厅越升越高，平面日益复杂，如何减少和平衡高耸的中厅上拱脚的横推力；如何使拱顶适应于不同尺寸和形式的平面；围绕这些矛盾的解决，推动了建筑的发展，最终出现了崭新的哥特建筑形式。

8.2.2　罗马风建筑的典型实例

罗马风建筑的著名实例首推意大利的比萨主教堂建筑群（Pisa Cathedral，11—13 世纪），由教堂、洗礼堂和钟塔组成。如图 8.11 所示，洗礼堂位于教堂前面，与教堂处于同一条中轴线上；钟塔在教堂的东南侧，外形与洗礼堂不同，但体量上保持均衡。三座建筑的外墙都采用白色与红色相间的云石砌筑，墙面饰有同样层叠的半圆形连续券，形成统一的构图。

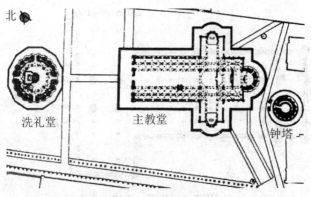

(a) 比萨主教堂建筑群总平面

(b) 比萨主教堂建筑群外观

图 8.11　比萨主教堂建筑群

图 8.12　比萨斜塔

教堂平面为拉丁十字式的，全长 95m，有 4 条侧廊，4 排柱子。中厅用木桁架，侧廊用十字拱。正面高约 32m，有 4 层空券廊作装饰，形体和光影都有丰富的变化。

钟塔，也就是享誉世界的比萨斜塔，如图 8.12 所示，位于主教堂东南 20 多米外。圆形，直径大约 16m，高 8 层，中间 6 层围着空券廊。由于基础不均匀沉降，塔身开始逐年倾斜。但由于结构的合理性和设计施工的高超技艺，塔体未遭到破坏，并一直流传至今，历时近千年。

8.3　西欧哥特建筑

罗马风建筑的进一步发展，就是 12—15 世纪西欧以法国为中心的哥特式建筑，它是欧洲封建城市经济占主导地位时期的建筑。"哥特"本是欧洲一个半开化的民族——哥特族的名称，他们原是游牧民族。文艺复兴的艺术家们认为 12—15 世纪的欧洲艺术是罗马古典艺术的破坏者，因此将"哥特"这个名字称呼当时的艺术与建筑。其实，这种称呼是不公正的。这个时期，由于城市的兴起、手工业的发展与进步，建筑在技术与结构上都有自己的特点与突破性创新，取得了很大的成就。同时，随着新的社会生活的需要，出现了不少新的建筑类型。

哥特建筑最初诞生于以巴黎为中心的法国北方地区，以主教教座所在的主教堂（Cathedral）为最高代表。然后从法国流传到英国、德国、西班牙和意大利北部地区。这时期的建筑仍以教堂为主，但反映城市经济特点的城市广场、市政厅、手工业行会等建筑也不少，市民住宅也大有发展。在建筑风格上，哥特式建筑完全脱离了古罗马的影响，而是以尖券（来自东方）、尖形肋骨拱顶、坡度很大的两坡屋面和教堂中的钟楼、扶壁、束柱、花空棂等为其特点。

8.3.1 哥特式建筑的特点

哥特式教堂是中世纪西欧最突出的建筑类型，也代表了西欧哥特式建筑的最高成就。

1. 哥特式教堂的平面型制与规模

典型的哥特式教堂平面为拉丁十字式，规模较大，如图 8.13 所示。大门朝西，中舱很长，空间的导向性很强，渲染了强烈的宗教情绪。内部空间包含 3 大部分。

（1）大厅。长方形，被两排或四排柱子纵向划分成一条中舱和左右的舷舱。中舱窄而长，空间的导向性很强，渲染了强烈的宗教情绪。

（2）圣坛。在大厅的东端正对中舱，尽端呈半圆形或多边形。

（3）袖厅。圣坛与大厅之间的一个横向的空间，也被柱子划分成中舱与舷舱。

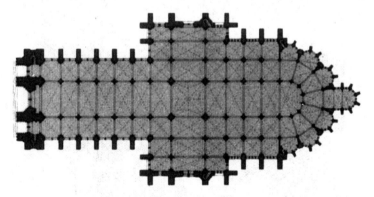

图 8.13　典型的哥特式教堂（法国亚目民主教堂）平面

2. 哥特式教堂的结构

哥特式教堂的结构体系，是基督教和教堂的作用在市民文化影响下发生变化，利用新技术而形成的，主要特点有以下几个方面。

（1）使用肋架券作为拱顶的承重构件，将整体的筒形拱分解成承重的"券"和不承重的"蹼"两部分，如图 8.14 所示。券架在柱子顶上，"蹼"的重量传到券上，由券传到柱子再传到基础。这实际是一种框架式的结构，重力传递相当明确。

图 8.14　哥特式教堂的结构体系

（2）使用尖券。即肋架券不是半圆形的，而是尖矢形的，如图 8.15 所示。尖券的优点是可以调节起券的角度，使券脚同在一个水平线上的不同跨度的拱和券的最高点，都在一个高度上，视觉上容易形成完整统一的空间。同时，尖券的侧推力比半圆券小，中舱上部可以开较多的高侧窗，符合哥特时代的市民心理。

（3）使用飞券，抵住中舱拱顶的侧推力，使中舱可以大大高于舷舱，克服了大多数"罗马风"教堂的沉重、压抑，如图 8.16 所示。

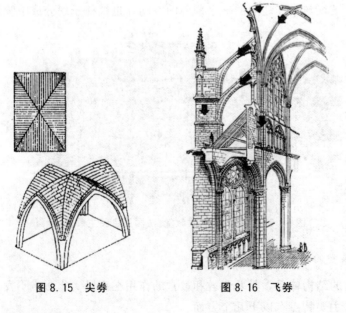

图 8.15　尖券　　　　　图 8.16　飞券

3. 哥特式教堂的外观

哥特式教堂的外观在几千年的建筑史中个性是极其鲜明的，如图 8.17 所示。

(a) 典型的西面构图　　(c) 充满装饰的大门　　(d) 外观满布的垂直线条

图 8.17　哥特建筑的外观

（1）典型的西面构图。一对塔夹着中厅的山墙，垂直地划分为三部分。水平方向利用栏杆、雕像等也划分为三部分：上部是连续的尖券，中央是彩色圆形玫瑰窗，下部是三座门洞，套多层线脚，线脚上常刻成串的圣像。

（2）垂直线条强调向上的动势。钟塔、小尖塔、飞券、尖矢形窗和无数的壁柱、线脚等在主教堂周身布满了垂直线，造成了向上升腾的动态。

（3）丰富多彩的外部装饰。哥特教堂的外部充满装饰，其中彩色玻璃窗是建筑最有表现力的装饰部位。窗的面积很大，常用连续的画面来表现圣经故事。光线通过五颜六色的窗户透进教堂内部，空间迷离而幽幻。

8.3.2　哥特式建筑的典型实例

哥特式建筑的最主要代表就是教堂，以结构方式为标志，初成于巴黎北区王室的圣德尼教堂，在夏特尔主教堂配套成型，成熟的代表是巴黎圣母院，最繁荣时期的作品有兰斯主教堂、亚眠主教堂等。到 15 世纪，西欧各国的哥特式教堂趋于一致，而且都被繁冗的装饰、花巧的结构和构造淹没。

1. 法国巴黎圣母院（Notre Dame，Paris，公元 1163—1252 年）

巴黎圣母院位于塞纳河中的斯德岛上，是世界驰名的天主教堂，如图 8.18 所示。入口西向，前面广场是市民的集市与节日活动的中心。

教堂平面宽约 47m，深约 125m，可容近万人。中间有 4 排柱子，分成 5 个通廊，中间通廊较宽敞。两翼凸出很小，后面有一大圆龛，周围环绕着祈祷室。教堂屋顶采用尖券肋料构成，中央通廊两旁圆柱支撑着联排的尖券。侧通廊上有一层夹楼。

正立面朝西，两旁是一对高度为 60 余米的塔楼。立面上下水平划分为 3 段，以两条

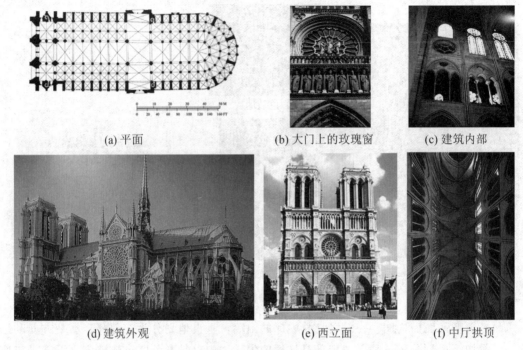

(a) 平面　　(b) 大门上的玫瑰窗　　(c) 建筑内部

(d) 建筑外观　　(e) 西立面　　(f) 中厅拱顶

图 8.18　巴黎圣母院

水平向的雕饰作为联系。下层雕饰是历代帝王雕像，上层为券带。底层有 3 个入口，在门洞正中都有一根方形小柱，大门两侧层层退进。立面正中有一个直径为 12.6m 的彩色玫瑰窗，图案精美。教堂两侧的玫瑰窗既是室内光的来源，也是建筑重要的装饰部位。在建筑侧面与背面联排的飞券既是平衡屋顶拱券侧推力的结构构件，在造型上也起着重要的装饰作用。屋顶中部，"拉丁十字"交叉点上屹立的高达 90m 的尖塔，与西面两个钟塔一起表现了哥特教堂追求"高直"的独特风格。

2. 兰斯主教堂（Rheims Cathedral，公元 1211—1290 年）

兰斯城距离巴黎东面约 150km。兰斯主教堂原是法国国王的加冕教堂，造型华丽，形体匀称，装饰纤巧细致，是法国哥特式教堂中最精致的一座，如图 8.19 所示。教堂正面朝西，中厅直通圣坛。立面上下 3 段的比例划分与巴黎圣母院非常相似，但其装饰却复杂得多，3 个尖券门洞是装饰的重点部位。西立面上两座高耸的钟塔高 80m，中间的玫瑰窗直径 12m，色彩斑斓，增加了教堂内部的神圣气氛。

3. 德国科隆主教堂（Cologne Cathedral，公元 1284—1880 年）

位于德国科隆市中心，是欧洲北部最大的哥特式教堂，如图 8.20 所示。它除了有重要的建筑和艺术价值外，还在于它是欧洲基督教权威的象征。在第二次世界大战期间科隆主教堂部分曾遭到破坏，近 20 年来一直在进行修复，是德国中世纪哥特式宗教建筑艺术的典范。

教堂平面宽 84m，深 143m。中厅宽 12.6m，高 46m，使用了尖矢形肋架交叉拱和束柱，是哥特式教堂室内处理的杰作。西立面的一对八角形塔楼建成于 1824—1880 年间，高达150余米，体量较大，但造型挺秀。教堂内外布满雕刻及小尖塔等装饰，垂直向上感很强。

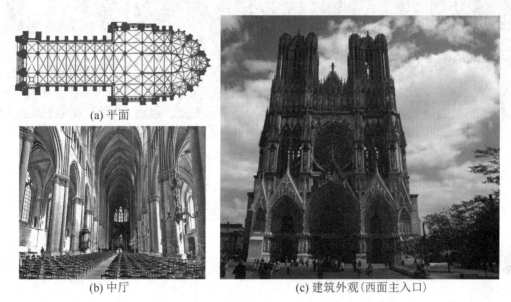

图8.19　兰斯主教堂

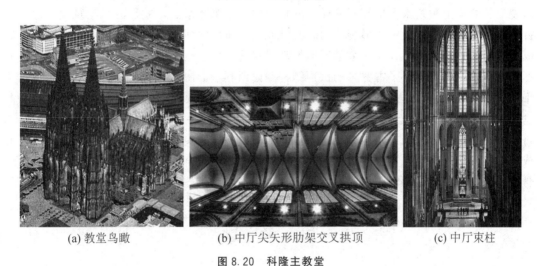

图8.20　科隆主教堂

4. 意大利米兰主教堂（Milan Cathedral，公元1385—1485年）

米兰市中心的一座哥特式大教堂，如图8.21所示，是世界最华丽的教堂之一，规模仅次于梵蒂冈的圣彼得大教堂，是米兰的象征，被马克·吐温称赞为"大理石的诗"。虽经多人之手，但始终保持了"装饰性哥特式"的风格。教堂内部空间宽阔，由4排大柱子隔开。中厅高约45m，侧廊高37.5m，由于中厅高出侧厅较少，因而侧高窗较小，内部比较幽暗。建筑外部全由光彩夺目的大理石筑成，高高的花窗、直立的扶壁及135座小尖塔，都表现出向上的动势。

(a) 建筑外观　　　　　　　　(b) 内部束柱　　　　　　(c) 外部满布的垂直装饰

图 8.21　米兰主教堂

本 章 小 结

本章主要讲述了欧洲中世纪建筑的发展概况，东、西欧建筑发展的特征及其代表性建筑实例。

西欧和东欧的中世纪历史很不一样。它们的代表性建筑物，天主教堂和东正教堂，在形制上、结构上和艺术上也都不一样，分别为两个建筑体系。东欧拜占庭建筑大力发展了古罗马的穹顶结构和集中式形制，同时又汲取了波斯、两河流域、叙利亚等东方文化，形成了自己的建筑风格，并对后来俄罗斯的教堂建筑、伊斯兰的清真寺建筑都产生了积极的影响。西欧则大力发展了古罗马的拱顶结构和巴西利卡形制，在教堂建筑中创造了"拉丁十字式"，以区别于东方拜占庭的"希腊十字式"。9—12世纪产生的罗马风建筑反映在教堂建筑上有了明显的成就。罗马风建筑的进一步发展，12—15世纪西欧以法国为中心的哥特式建筑，它是欧洲封建城市经济占主导地位时期的建筑，在技术与艺术上都有很高的成就。在建筑风格上，哥特式建筑完全脱离了古罗马的影响，以尖券（来自东方）、尖形肋骨拱顶、坡度很大的两坡屋面和教堂中的钟楼、扶壁、束柱、花空棂等为其特点。

思 考 题

1. 结合实例绘图比较拉丁十字式与希腊十字式。
2. 简述拜占庭建筑的主要特征与代表实例。
3. 简述罗马风建筑的主要特征与代表实例。
4. 简述哥特式建筑的主要特征与代表实例。

第 9 章
欧洲 15—18 世纪的建筑

【教学目标】

主要了解欧洲 15—18 世纪建筑的发展情况；掌握意大利文艺复兴时期建筑的发展历程与主要特征；掌握巴洛克建筑与城市广场的发展与特征；了解法国古典主义建筑产生的背景，掌握古典主义建筑的风格特征及洛可可风格的主要特征。

【教学要求】

知识要点	能力要求	相关知识
意大利文艺复兴时期的建筑	(1) 了解意大利文艺复兴建筑产生的社会历史背景与发展历程 (2) 掌握意大利文艺复兴建筑在各时期的主要特征 (3) 简要分析意大利文艺复兴建筑的代表作品	(1) 文艺复兴 (2) 坦比哀多 (3) 帕拉第奥母题 (4) 手法主义 (5) 圣彼得大教堂
巴洛克建筑与广场建筑群	(1) 了解巴洛克建筑产生的社会历史背景 (2) 掌握巴洛克建筑的主要特征 (3) 简要分析巴洛克城市广场建筑群的代表作品	(1) 巴洛克 (2) 巴洛克教堂 (3) 威尼斯圣马可广场
法国古典主义建筑	(1) 了解法国古典主义建筑产生的社会与历史背景 (2) 掌握法国古典主义建筑发展历程与各时期的主要特征 (3) 简要分析法国古典主义建筑代表作品	(1) 古典主义 (2) 卢浮宫东立面 (3)凡尔赛宫 (4) 洛可可

基本概念

文艺复兴建筑、巴洛克、手法主义、帕拉第奥母题、古典主义、洛可可。

引例

西欧资本主义因素的萌芽，14 世纪从意大利开始，15 世纪以后遍及各地。在法国、英国、西班牙等国家，国王联合资产阶级，挫败了大封建领主，建立了中央集权的民族国家；在德国发生了宗教改革运动,然后蔓延到全欧洲;农民和城市贫民的起义更是风起云涌。以意大利为中心,在思想文化领域里发生了一起借助于古典文化来反对封建文化和建立资产阶级自己文化的运动,称为文艺复兴运动。这个运动的文化基础是"人文主义",即从资产阶级的利益出发,反对中世纪的禁欲主义和教会统治一切的宗教观,提倡资产阶级的尊重人和以人为中心的世界观。

在这样的思想基础上,建筑活动出现了新的情况,宗教建筑不再是唯一的建设对象,大量的世俗性建筑成为创作的主要对象,并出现了文艺复兴建筑风格,在反封建、倡理性的人文主义思想指导下,提倡复兴古罗马的建筑风格,以之取代象征神权的哥特风格。古典柱式再度成为建筑造型的构图主题。在建筑轮廓上讲究整齐、统一和条理性。

文艺复兴(Renaissance)、巴洛克(Baroque)和古典主义(Classicism)是15—18世纪时流行于欧洲各国的建筑风格。其中文艺复兴与巴洛克起源于意大利,古典主义起源于法国。也有人广义地把三者统称为文艺复兴建筑。

9.1 意大利文艺复兴建筑

文艺复兴最早产生于14—15世纪的意大利,佛罗伦萨主教堂的穹顶成为早期文艺复兴建筑的代表作品。15世纪末—16世纪达到盛期,以罗马为中心传遍意大利,并传入欧洲其他国家。圣彼得大教堂是盛期文艺复兴建筑的杰出代表。从17世纪上半叶开始,因经济的衰退,开始了两种风格的并存:一种是泥古不化,教条主义地崇拜古代,以意大利北部威尼斯、维琴察等地为中心形成了文艺复兴余波;另一种是追求新颖尖巧、爱好新异,从而形成"手法主义",以后逐渐形成了巴洛克风格。

9.1.1 早期文艺复兴建筑

标志着意大利文艺复兴建筑史开始的,是佛罗伦萨主教堂的穹顶,如图9.1所示。它的设计和建造过程、技术成就和艺术特色都体现着新时代的进取精神。

图9.1 佛罗伦萨主教堂

佛罗伦萨主教堂是13世纪末行会从贵族手中夺取了政权后，作为共和政体的纪念碑而建造的。主教堂的形制虽然大体还是采用拉丁十字式，但突破了中世纪教会的禁制，将东部歌坛设计成近似集中式的。八角形的歌坛，对边宽度42.2m，在1420年以征求图案竞赛的结果，采用了伯鲁乃列斯基（Filippo Brunelleschi，1937—1446年）的设计。伯鲁乃列斯基出身于行会工匠，精通机械、铸工，是杰出的雕刻家和工艺家，在透视学和数学方面都有过建树，是文艺复兴时代所特有的多才多艺的巨人。为了设计穹顶，他到罗马城逗留了几年，像人文主义者那样，精心向古罗马建筑遗迹学习，尤其是拱券和穹顶的做法。对于佛罗伦萨主教堂的穹顶，他自己做了一个设计十分周全的模型，制定了详细的结构和施工方案，不仅考虑了穹顶排除雨水、采光和设计小楼梯等问题，还考虑了风力、暴风雨和地震等，并提出了相应的措施，终于实现了这一开拓新时代特征的杰作。

伯鲁乃列斯基亲自指导了穹顶的施工。他采用了伊斯兰建筑中叠涩的砌法，因而在施工中没有模架，这在当时是非常惊人的技术成就。为了使这个穹顶能控制全城，在穹顶下先砌了一个12m高的八角形鼓座。穹顶的结构采用了哥特式骨架券，它可以分为内、外两层，中间为空，可以供人上下。在八角形的8个边角升起8个主券，8个边上又各有2个次券。每2个主券之间由下至上水平地砌9道水平券，将主券、次券拉结为一个整体。在顶上由一个八边形的环收束，环上压采光亭，由此形成了一个非常稳定的骨架结构。采光亭本身既是一个结构构件，也是一个造型要素。这个八角形的亭子，结合了哥特式手法与古典的形式，是一个新创造。穹顶轮廓采用矢形，大致为双圆心。内径44m，本身高30余m，连同采光亭在内总高60m，亭子顶距地面则达到了115m，成为整个城市轮廓线的中心，如图9.2所示。

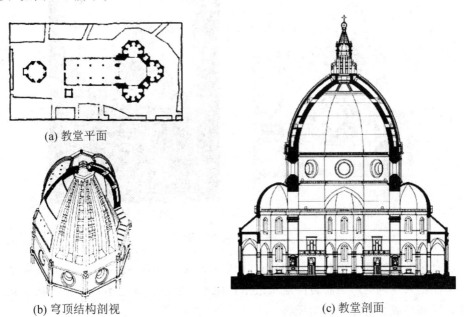

(a) 教堂平面

(b) 穹顶结构剖视

(c) 教堂剖面

图9.2　佛罗伦萨主教堂穹顶结构

在中世纪天主教教堂建筑中，从来不允许用穹顶作为建筑构图的主题，因为教会认为这是罗马异教徒庙宇的手法，而伯鲁乃列斯基不顾教会的禁忌将这个穹顶抬得高高的，成为整个建筑物最突出的部分,因此这个穹顶被认为是意大利文艺复兴建筑的第一朵报春花,标志着意大利文艺复兴建筑史的开始。

9.1.2 盛期文艺复兴建筑

16世纪上半叶,由于新大陆的开拓和新航路的开辟,罗马城成为新的文化中心,文艺复兴运动进入盛期。盛期文艺复兴与早期文艺复兴的重要区别之一是:盛期的艺术家主要是在教皇的庇护下,而早期的艺术家则和市民保持着直接的联系。盛期文艺复兴的建筑创作不得不依附于教廷与教会贵族,主要作品多为教堂、枢密院、贵族府邸等。建筑追求雄伟、纪念碑式的风格,轴线构图、集中式构图经常被用来塑造庄严肃穆的建筑形象,同时,罗马柱式被更广泛、更严格地应用。

1. 坦比哀多(Tempietto,1502—1510年)

位于罗马的坦比哀多是文艺复兴盛期建筑纪念性风格的代表,在当时及以后都有重大的影响,它作为一个完美的建筑艺术典范曾被多次运用在公共建筑物和行政建筑物上。

坦比哀多,如图9.3所示。它是一座集中式的圆形建筑物,神堂外墙面直径6.10m,周围环绕16根多立克式圆柱,形成环状柱廊。圆柱之上是环状额枋和低矮的栏杆,中央的鼓座上覆盖穹顶、采光塔和十字架,总高为14.7m,有地下墓室。集中式的形体、饱满的穹顶、圆柱形的神堂和鼓座,外加一圈柱廊,使它的体积感很强。

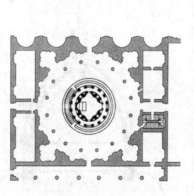 

(a) 坦比哀多平面　　　　(b) 坦比哀多外观

图9.3　坦比哀多

坦比哀多的建筑师为伯拉孟特(Donato Bramante,1444—1514年),他早期是一个画家,后来受新兴建筑的影响而转向建筑艺术。他不仅推崇古典艺术,还善于接受新思想和新事物,因而形成了自己的艺术风格。

2. 圣彼得大教堂(S. Peter,Rome,1506—1626年)

罗马的圣彼得大教堂是意大利文艺复兴盛期的杰出代表,也是世界上最大的天主教堂。许多著名建筑师与艺术家参与设计施工,历时120年建成。在圣彼得的建设过程中,人文主义思想与天主教会的反动进行了尖锐的斗争，这场争夺的过程反映了意大利文艺复兴的曲折，反映了全欧洲重大的历史事件，也反映了文艺复兴运动的许多特点。

16世纪初，教皇尤利二世为了重振业已分裂的教会，决定重建这个教堂，并要求它超过最大的异教庙宇——罗马的万神庙。1505年，举行了教堂的设计竞赛，选中了伯拉孟特的设计方案，决定于1506年动工。伯拉孟特抱着为历史建筑纪念碑的宏愿进行这项工作，毅然放弃了传统的巴西利卡形制，从异教庙宇和拜占庭教堂中吸取了集中式的形制。他设计的教堂，如图9.4所示，平面是正方形的，在正方形中又做了希腊十字。希腊十字的正中，采用一个大穹顶覆盖，正方形4个角上又各有一个小穹顶。希腊十字的4个端点的墙向外成半圆，在立面上凸出来，4个立面都是一样的，不分主次。

1514年，伯拉孟特去世，教堂的建设出现了反复。新任的教皇任命拉斐尔（Raphael）接替建造大教堂，并提出了新的要求。拉斐尔在构图上抛弃了希腊十字，在西面增加了一段长120m的巴西利卡，使得平面演化成拉丁十字。这使得穹顶的统帅作用大为减弱。但是在德国爆发的宗教改革运动及1527年西班牙军队一度占领罗马等事件的影响下，前后经过30年，教堂的建筑工程停滞。

1547年，教皇任命文艺复兴时期最伟大的艺术家米开朗琪罗（Michelangelo Buonarroti）主持教堂工程。米开朗琪罗抱着"要使古代希腊和罗马建筑黯然失色"的雄心壮志工作，凭借自己巨大的声望，他与教皇约定，他有权决定方案，甚至有权拆除已经建成的部分。米开朗琪罗基本恢复了伯拉孟特的平面，简化了正方形平面中4角的布局，大大加强了承托中央穹顶的4个柱墩，在正立面设计了9开间的柱廊，如图9.5所示。他的设计追求雄伟壮观，体积构图超越了立面构图被强调出来。

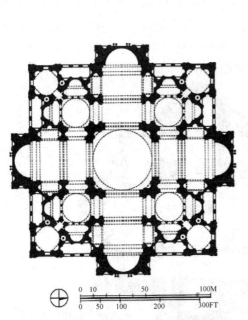

图9.4 圣彼得大教堂——伯拉孟特的方案

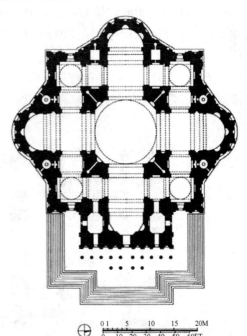

图9.5 圣彼得大教堂——米开朗琪罗的方案

1564年，米开朗琪罗去世，教堂已经建造到了鼓座，接替他工作的泡达（Porta, 1539—1602年）和封丹纳（Fontana, 1543—1607年）大体按照他遗留下的模型在1590年完成了穹顶。如图9.6所示，穹顶直径41.9m，非常接近万神庙，内部顶高123.4m，几乎是万神庙的3倍。穹顶外采光亭上十字架顶距地137.8m，成为全罗马的制高点。穹顶的肋采用石砌，其余部分用砖，分为内外两层。穹顶轮廓饱满而有张力，12根肋架加强了这个印象。鼓座上成对的壁柱和肋架相呼应，构图完整。建成之后，穹顶出现了几次裂缝，为使其更加可靠，后继建筑师在底部加上了8道铁链。

 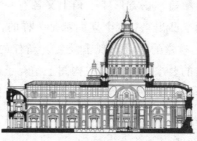 

(a) 穹顶外观　　　　　　　　(b) 穹顶剖面　　　　　　　　(c) 穹顶内部

图9.6　圣彼得大教堂的穹顶

　　圣彼得大教堂的穹顶比文艺复兴早期佛罗伦萨主教堂的穹顶有了很大进步，因为它是真正球面的，整体性比较强。佛罗伦萨主教堂的穹顶是8瓣的，为减少侧推力，穹顶轮廓采用尖矢形，比较长。而圣彼得大教堂的穹顶轮廓饱满，只略高于半球形，侧推力大，这显示了结构与施工的进步。

　　然而，16世纪中叶，伟大的文艺复兴运动开始走向尾声。特伦特宗教会议规定：天主教堂必须采用拉丁十字式。17世纪初，教皇保罗五世决定将圣彼得教堂的希腊十字改为拉丁十字平面，于是，建筑师马丹纳（Carlo Maderna）在前面加了一段3跨的巴西利卡大厅，圣彼得大教堂的内部空间和外部形体的完整性受到严重破坏。新的立面采用壁柱，构图较杂乱，穹顶的统帅作用减弱，如图9.7和图9.8所示。

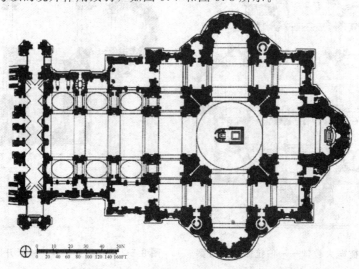

图9.7　圣彼得大教堂——马丹纳的方案

图 9.8　圣彼得大教堂正面外观

1655—1667 年，教廷总建筑师伯尼尼（Bernini）建造了杰出的教堂入口广场。如图 9.9 所示，广场以方尖碑为中心，由梯形和椭圆形平面组合而成。椭圆形广场的长轴为 195m，由 284 根塔司干柱子组成的柱廊环绕。柱子密密层层，光影变化剧烈。广场的地面略有坡度，地面向教堂逐渐升高，这使得当教皇在教堂前为信徒祝福时，全场都可以看见他。圣彼得大教堂全部工程至此完成。

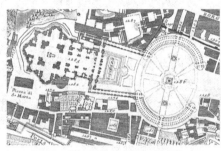

(a) 教堂与广场总平面图

(b) 广场塔司干柱廊

(c) 从教堂顶部鸟瞰广场

(d) 从广场看教堂

图 9.9　圣彼得大教堂前广场

9.1.3　晚期文艺复兴建筑

16 世纪中叶后，封建势力反对宗教改革，资产阶级进步思想受到严重打击，在建筑领域开始了两种分化。

（1）泥古不化、教条主义地崇拜古代。模仿古罗马维特鲁威所介绍的各种柱式规则，将之视为神圣的金科玉律。当时的主要建筑理论家维尼奥拉（Giacomo Vignola，1507—1573年）、帕拉第奥（Palladio，1508—1580年）都详细测绘了古罗马的建筑遗迹，为柱式制定了严格的数据规定。1554年，帕拉第奥出版了《建筑四书》，其中包括五种柱式的研究和他自己的建筑设计。维尼奥拉也在1562年发表了《五种柱式规范》。这些柱式规范经过反复推敲，虽然在比例尺度上处理周到，然而它们是僵化的、教条主义的，后来成为17世纪学院派古典主义的基础，成为欧洲建筑师的教科书。

帕拉第奥按照严格的柱式规范设计了圆厅别墅，这是晚期文艺复兴府邸建筑的代表作。如图9.10所示，圆厅别墅平面方整，外形简洁，主次分明。以第2层为主要使用空间，底层为杂物用房。主要的第2层划分为左、右、中三部分，中央部分前后划分为大厅和客厅，左右部分为卧室和其他起居空间，楼梯在3部分间隙里，大致对称安排。在立面上，底层处理成基座，顶层为女儿墙，正门设在第2层，中央用冠戴山花的列柱装饰，门前有大台阶。

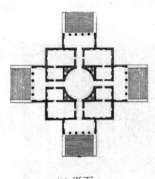 

(a) 平面　　　　　　　　　　　(b) 外观

图9.10　圆厅别墅

图9.11　维琴察的巴西利卡

在设计维琴察（Vicenza）的巴西利卡时，帕拉第奥还成功创造了被后人称之为"帕拉第奥母题"的建筑艺术，如图9.11所示。所谓"帕拉第奥母题"，实际上是一种券柱式，具体做法是：整体上以方开间为主，在每间中央按适当比例发一个券，而把券脚落在两棵独立的小柱子上。小柱距离大柱1m多，上面架着额枋。小额枋之上，券的两侧各开一个圆洞。这种构图是柱式构图的重要创造。

（2）艺术创作逐渐离开了现实主义道路，转而追求新异，形成"手法主义"。其主要特点是追求怪异和不寻常的效果，如以变形和不协调的方式表现空间，以夸张的细长比例表现人物等。手法主义在17世纪被反动的天主教会利用，发展成为巴洛克建筑。

9.2 巴洛克建筑与广场建筑群

"巴洛克"（Baroque）一词的原意是畸形的珍珠，古典主义者用它来称呼这种被认为是离经叛道的建筑风格。这种风格在反对僵化的古典形式，追求自由奔放的格调和表达世俗情趣等方面起了重要作用，对城市广场、园林艺术以至文学艺术等都产生了影响。

9.2.1 巴洛克建筑

17世纪以后，意大利文艺复兴建筑逐渐衰退。但由于海上运输的昌盛及工商业的发展，社会财富的集中需要在建筑上有新的表现，因此，首先在教堂与宫廷建筑中发展出了巴洛克建筑风格，并很快在全欧洲流行开来。巴洛克建筑风格的特征是大量应用自由曲线的形体，追求动态；喜好富丽的装饰和雕刻、强烈的色彩；常用穿插的曲面和椭圆形空间。

巴洛克建筑的历史渊源最早可追溯至16世纪末著名建筑师和建筑理论家维尼奥拉设计的罗马耶稣会教堂（1568—1584年），它是从手法主义走向巴洛克风格最明显的过渡作品，也有人称之为第一座巴洛克建筑。教堂平面为长方形，端部突出一个圣龛，由天主教堂惯用的拉丁十字演变而来。教堂外观处理手法十分新颖，如图9.12所示，为追求强烈的体积和光影变化，采用双柱等组柱、半圆倚柱和深深的壁龛；正门上面采用套叠山花、大涡卷等，有意制造反常出奇的新形式。这些处理手法后来被广泛效仿。

由于巴洛克风格打破了文艺复兴晚期所制定的种种教条规范，反映了向往自由的世俗思想；同时，巴洛克风格的教堂富丽堂皇，能造成相当强烈的神秘气氛，符合天主教会炫耀财富和追求神秘感的要求，因

图9.12 罗马耶稣会教堂

而巴洛克建筑从罗马发端后，不久即传遍欧洲，以至远达美洲。有些巴洛克建筑过分追求华贵气魄，甚至到了烦琐堆砌的地步。

从17世纪30年代起，意大利教会财富日益增加，各个教区先后建造了自己的巴洛克风格的教堂。由于规模小，不宜采用拉丁十字形平面，因此多改为圆形、椭圆形、梅花形、圆瓣十字形等单一空间的殿堂，在造型上大量使用曲面，典型实例有波洛米尼设计的罗马的圣卡罗教堂（1638—1667年）。如图9.13所示，教堂平面近似橄榄形，周围有一些不规则的祈祷室。教堂平面与天花装饰强调曲线动态。立面中央一间凸出，左右两面凹进，均用曲线，形成波浪形的曲面。顶部山花断开，檐部弯曲，装饰富丽，有强烈的光影效果。

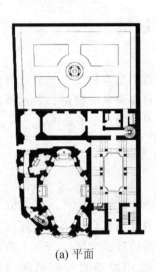  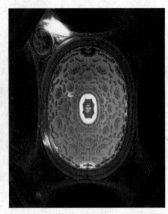

　　　　(a) 平面　　　　　　　　(b) 沿街外观　　　　　　　(c) 顶部天花

图 9.13　罗马的圣卡罗教堂

　　巴洛克建筑风格是巴洛克文化艺术风格的一个组成部分。从历史沿革来看，巴洛克建筑风格是对文艺复兴建筑风格的一种反拨；而从艺术发展来看，它的出现是对包括文艺复兴在内的欧洲传统建筑风格的一次革命，冲破并打碎了古典建筑建立的种种清规戒律，对理性、秩序、对称、均衡等古典建筑原则进行了反叛，开创了一代建筑新风。因此，从欧洲建筑艺术的发展历史来看，它是继中世纪哥特建筑之后，欧洲建筑风格的又一次飞跃，尽管在这种风格中存在着显而易见的"媚俗"倾向。而正是这种倾向，使得它得以摆脱神圣理性的制约，形成不同于以前时代的自己的建筑风格。

　　巴洛克建筑风格的基调是富丽堂皇又新奇欢畅，具有强烈的世俗享乐的味道，主要有4个方面的特征：第一，炫耀财富，大量采用贵重材料，充满装饰，色彩鲜艳；第二，追求新奇，标新立异、前所未见的建筑形象和手法层出不穷；第三，趋向自然，主要在郊外别墅、园林艺术中有所发展，装饰中增加了自然题材；第四，城市和建筑有一种庄严隆重、刚劲有力，又充满欢乐的气氛。

9.2.2　城市广场建筑群

　　意大利的城市里，从古罗马时代起，就多有广场。有纪念性的，也有政治性的、集中性的。中世纪，作为市民重要的公共活动场所，意大利城市里一般有3个广场：一个在市政厅前；一个在主教堂前；一个是市场。有的城市，3个广场之间有很美的建筑联系，但大多数城市里，3个广场之间没有整体的设计，相互关系很偶然。到了文艺复兴时期，建筑物逐渐摆脱了孤立的单个设计和相互间的偶然凑合，而逐渐注意到建筑群体的完整性。这也克服了中世纪的混乱，恢复了古典的传统，对后世具有开创性的意义。

　　1. 罗马市政广场（The Capitol，1546—1644 年）

　　文艺复兴时期较早地按照轴线对称布置的广场之一，由米开朗琪罗设计。位于古罗马和中世纪的传统市政广场地点卡比多山上，旧城区有较多古罗马遗迹。因此，广场选择面向西北，背向旧区，将城市的发展引向新区，如图9.14所示。

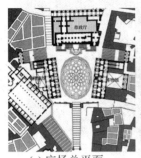

(a) 广场总平面　　　　　　(b) 广场鸟瞰　　　　　(c) 从广场看档案馆与市政厅

图9.14　罗马市政广场

原元老院建筑（后改为市政厅）的背面就成为广场轴线尽端的正面。广场深79m，前面宽40m，后部宽60m，尺度适宜。由于市政厅建筑与档案馆建筑形成锐角关系，米开朗琪罗在市政厅的右侧设计了博物馆，使得广场成对称梯形，短边敞开，通向下山的台阶。

广场周围建筑进行了立面改造，市政厅底层做成基座层，前面设一对大台阶，上两层用巨柱式，二、三层之间不做水平分划。而两侧建筑物，以巨柱式立在平地，一、二层之间用阳台作明显的水平分划，构图的对比，使市政厅显得更高。新建的博物馆，以巨柱式柱子和宽阔的檐口为构图的骨架，再以底层开间的小柱子和精致的窗框对比反衬。虽是一个横向的简单矩形立面，但体积感很强，富于光影变化。

广场地面铺砌整幅椭圆形的图案，正中立古罗马皇帝的骑马铜像，成为广场的艺术中心，与周围建筑有明确的构图关系。

2. 威尼斯圣马可广场（Piazza S. Marco，14—16世纪）

圣马可广场是威尼斯的中心广场，世界上最卓越的建筑群之一，基本上是在文艺复兴时期完成的。广场除举行节日庆会之外，只供游览和散步，完全和城市交通无关。如图9.15所示，圣马可广场是由大、小两个梯形广场组成封闭的复合式广场。大广场东西向，位置偏北，面积约1.28hm^2，东端是拜占庭式的圣马可主教堂；小广场在总督宫之前，南北向，连接大广场和海口。两个广场的过渡由转角处高达120m的钟塔完成。

广场的设计采用了对比、统一、呼应、过渡、建筑色彩等方法形成良好的视觉效果。例如，垂直向上的钟塔与广场周围建筑水平向发展的券廊形成了鲜明对比；钟塔与圣马可教堂的统领作用使不同形体和形式空间，以及建筑形体与环境统一；广场上的钟塔与隔海相望的钟塔形成呼应；广场周边建筑底层均为敞开的外廊式与海面空间形成过渡，很好地结合了自然环境。

在广场建筑群的艺术处理方面，从西面进入广场，券门框出一幅完整的广场建筑画面，四周的建筑使用了统一母题——券廊，建筑群的中心是圣马可教堂，高耸的钟塔起对比作用。建筑群之间的大小与高低的组合适度。威尼斯圣的马克广场实现了各个时期建筑风格的良好的协调统一性，被誉为欧洲最美丽的客厅。

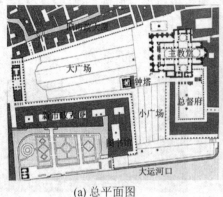

(a) 总平面图　　　　　　　　　　　(b) 广场鸟瞰

图 9.15　威尼斯圣马可广场

3. 波波罗广场(Piazza de Popolo)

文艺复兴后期，教皇当局为了向朝圣者炫耀教皇国的富有，在罗马城修筑了宽阔的大道和宏伟的广场，这为巴洛克自由奔放的风格开辟了新的途径。例如，波波罗广场设计为3条放射性大道的出发点，交点上安置方尖碑作为对景。这种以广场为交点的三叉式道路成为巴洛克城市的标志。

如图 9.16 所示，波波罗广场呈长圆形，两侧开敞，连着山坡，将绿地引进城市广场。3 条道路夹角处有一对集中式的巴洛克教堂。教堂外观弯曲而进退剧烈，有钟塔和穹顶，使立面展开，与广场有较好的配合。

(a) 总平面图　　　　　　　　　　　(b) 广场鸟瞰

(c) 广场中的广尖碑　　　　　　　　(d) 广场边的教堂

图 9.16　波波罗广场

9.3 法国古典主义建筑

与意大利巴洛克建筑大致同时而略晚，17世纪，法国的古典主义建筑成为欧洲建筑发展的又一个主流。17世纪中叶法国成为欧洲最强大的中央集权王国。国王为了巩固君主专制，提倡象征中央集权的有组织、有秩序的古典主义文化，因此，古典主义建筑成为法国绝对君权时期的宫廷建筑潮流，它是法国传统建筑和意大利文艺复兴建筑结合的产物，代表作是规模巨大、造型雄伟的宫廷建筑和纪念性的广场建筑群。此外，它在园林等方面取得了一定的成就。

9.3.1 早期古典主义建筑（16世纪）

15世纪中叶，英法百年战争结束，法国的城市重新发展，产生了新兴的资产阶级。15世纪末，在资产阶级的支持下，国王统一了全国，法国建成了中央集权的民族国家。随着王权的逐渐加强，被百年战争延误了的文艺复兴运动一开始就被王权利用。随着意大利与法国建筑师的交流越来越多，法国也引进了意大利文艺复兴的建筑理论，并使得意大利文艺复兴建筑对16世纪中叶的法国影响达到高潮。16世纪下半叶，法国产生了早期的古典主义。但随着法兰西民族迅速发展与壮大，不久法国就超过意大利而成为欧洲最先进的国家。法国建筑没有完全意大利化，而是产生了自己的古典建筑文化，反过来影响到意大利。

在法国古典主义的早期，它倾向于将意大利的古典柱式因素融合在法国的建筑传统中。在国王和贵族们的府邸上，开始使用了柱式的壁柱、小山花、线脚和涡卷等元素，使这时期罗亚尔河谷的府邸建筑大放异彩。这之后，随着王权的不断加强，宫殿建筑越来越突出，它迫切需要自己的纪念性艺术形象。探索新形式的结果是形成了古典主义。在建筑中，刻意追求柱式的严谨与意大利文艺复兴的学院派一拍即合，一种风格清明的柱式建筑决定性地战胜了法国市民建筑的传统。

1. 商堡（Chateau de Chambord，1526—1544年）

它是法国国王的猎庄，也是罗亚尔河谷最大的府邸。它是国王统一全法国之后第一座真正的宫廷建筑物，民族国家的第一座建筑纪念物。如图9.17所示，为寻求统一的民族国家的建筑形象，采用了完全对称的庄严形式。立面使用意大利柱式装饰墙面，强调水平分划，构图整齐。然而，它的平面布局和造型仍然带有法国中世纪传统建筑的特点，例如，四角装饰性的塔楼显然来自于中世纪封建寨堡碉楼。高高的四坡屋顶、圆锥形屋顶及大量的强调垂直线条的老虎窗、烟囱、楼梯亭等，使体形富有变化，轮廓线复杂，散发着浓郁的中世纪气息。

2. 麦松府邸（Chateau de Maisons，1642—1650年）

它的设计师是弗·孟莎（Francois Mansart）。如图9.18所示，建筑平面采用三合院落形式，院落四周不设柱廊，而设内走廊。建筑物立面构图由柱式全面控制，用叠柱式作水平划分。由于建筑层高小，开间不能保持柱式的规范化比例，上、下层窗之间墙面较窄，窗大，上缘往往突破檐壁直至檐口；保留了法国16世纪以来的5段式立面，左右对称，并有高高的坡屋顶。

图9.17　商堡

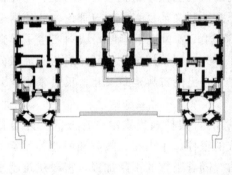

(a) 府邸平面

(b) 外观

图9.18　麦松府邸

9.3.2　盛期古典主义建筑(17世纪)

古典主义建筑的极盛时期在17世纪下半叶，此时，法国的绝对君权在路易十四统治下达到了最高峰。

1671年，法国在法兰西学院的基础上成立了建筑学院，学院的任务是给建筑学说建立一个规范，然后将这个规范教给学生。学生多出身于贵族家庭，瞧不起工匠和工匠的技术，形成了崇尚古典形式的学院派。他们的建筑观充满古典主义思想，追求可以用语言说得明白的建筑艺术规则。这种规则就是纯粹的几何结构和数学关系。古典主义者认为，古罗马的建筑中就包含这种绝对规则。维特鲁威和其他意大利理论家们从对古建筑的直接测绘中得到了美的金科玉律：建筑的美在于局部和整体间及局部相互间的简单的整数比例关系，以及它们有一个共同的度量单位。17世纪下半叶，法兰西学院在罗马设立了分院，许多建筑师可以实地学习,并将法国的建筑带到了古典主义的极盛时期。

在这一时期,宫廷的纪念性建筑物是古典主义建筑最主要的代表,集中在巴黎。卢浮宫东立面的设计竞赛,标志着法国古典主义建筑的成熟,被称为路易十四古典主义。凡尔赛宫则成为了法国绝对君权的纪念碑。

盛期古典主义建筑的特征主要体现在:第一,由于崇拜古罗马建筑,古典主义者对柱式推崇备至;柱式给予其他一切以度量和规则;第二,在总体布局、建筑平面与立面造型中强调轴线对称、主从关系、突出中心和规则的几何形体,并提倡富于统一性和稳定感的横三段与纵三段的构图手法;第三,古典主义强调外形的端庄与雄伟,内部则崇尚豪华与奢侈。

1. 巴黎卢浮宫(The Louvre)的东立面(1667年)

16世纪60年代初,法国巴黎市中心的卢浮宫基本完成,是一座文艺复兴式的四合院。然而,这时法国的建筑文化已全面转向古典主义,这样的建筑形式显然并不符合绝对君权统治的需要。尤其是卢浮宫的东立面,对着一座王室仪典性教堂,它们之间的广场,南端联系着塞纳河上的一座桥梁,不远处是巴黎圣母院。这个东立面十分重要,因此宫廷决定重建。勒伏、勒勃亨、克·彼洛3位建筑师赢得了设计竞赛。这是一个典型的古典主义建筑作品,完整地体现了古典主义的各项原则。

如图9.19所示,卢浮宫东立面全长172m,高28m。中央和两端各有凸出部分。左右分5段,以中央一段为主。中央3开间凸出,上设山花,统领全局。两端各凸出1间作为结束,比中央略低一级而不设山花。上下分为3段,按一个完整的柱式构图,底层为基座,9.9m高;中段为主段,立通高的巨柱式双柱,13.3m高;顶上是檐部与女儿墙。这种上下分3段,左右分5段,各以中央一段为主、等级层次分明的构图,是古典主义建筑的典型特征之一。

图9.19 卢浮宫的东立面

起源于古罗马的巨柱式,在意大利文艺复兴时期比较经常地使用,但只有到法国的古典主义建筑,才突出地当作构图的主要手段,而且形成了一整套程式。

17—18世纪,古典主义思潮在全欧洲占统治地位时,卢浮宫的东立面极受推崇,普遍地认为它恢复了古代"理性的美",成为18世纪和19世纪欧洲官场建筑的典范。

2. 绝对君权的纪念碑——凡尔赛宫(Palais de Versailles)

路易十四时期是法国专制王权最昌盛时期，为进一步体现绝对君权的威严气魄，建造了规模巨大的凡尔赛宫，它是欧洲最宏大、最庄严、最美丽的王宫，它主要包括宫殿、花园和放射形大道3部分，代表着当时法国建筑艺术与技术的最高成就。

凡尔赛原来是帝王的狩猎场，距巴黎西南18km。路易十三曾在这里建造过一个猎庄，平面为三合院式，开口向东，外形为早期古典主义形式。从1760年开始，由勒诺特负责在其西面兴建大花园，经过近30年的建设才告完成，面积达到6.7km^2，纵轴长3km。

如图9.20所示，王宫在原有建筑物的外周南、西、北三面扩建，形成南北总长约400m的巨大建筑群。正面朝东，形成一个前院，正中立路易十四的骑马铜像，成为整个建筑群的焦点。前院前面还有一个放射形的广场，三条放射形大道通向巴黎。

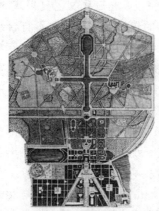
(a) 总平面图

(b) 总体鸟瞰

(c) 主体建筑外观

(d) 国王接待厅(镜厅)

图9.20 凡尔赛宫平面与建筑

宫殿的平面布置是非常复杂的。南翼为王子、亲王等居住的地方，北翼为法国中央政府办公处，还设有教堂、剧院等。中央部分是国王与王后起居与工作空间，内部布置有宽阔的连列厅和富丽堂皇的大楼梯。国王的接待厅，厅内侧墙上镶有17面大镜子，与对面的法国式落地窗及由窗户引入的花园景色相映成趣。

宫殿的西面是花园，它是世界上规模最大和最著名的皇家园林，如图9.21所示。花园有一条长达3km的中轴线，与宫殿的中轴线相重合。主轴之外，还有次轴、对景等，并点缀有各色雕像。园内道路、树木、水池、亭台、花圃、喷泉等均呈几何形，是法国古典园林的杰出代表。

图 9.21　凡尔赛宫花园

凡尔赛宫在设计上的成功之处在于，将功能复杂的各个部分有机地组合成一个整体，并使宫殿、园林、庭院、广场、道路紧密结合，形成一个统一的规划。采用长达 3km 的中轴线，统领全局，局部再形成次要的轴线式布局，这样一层层的主次等级关系明确，图解着中央集权的君主专制政体。

为了建造凡尔赛宫，当时曾集中了 3 万名劳力，组织了建筑师、园艺师、艺术家和各种技术匠师。除了建筑物本身复杂的技术问题之外，还有引水、喷泉、道路等各方面的问题。这些工程问题的解决，证明了 17 世纪后半叶法国财富的集中及技术的进步，集中体现了法国建筑的成就。

9.3.3　古典主义建筑晚期——君权衰退与洛可可

18 世纪初，法国的专制政体出现危机，经济也面临破产。国家性的、纪念性的大型建筑物的建设明显比 17 世纪减少，取而代之是大量舒适安乐的城市住宅和小巧精致的乡村别墅。这些建筑讲究装饰，在室内出现了洛可可装饰风格。

洛可可（Rococo）的含义是"贝壳形"，源于法语（Rocaille）。也称为"路易十五式"，指法国国王路易十五统治时期（1715—1774 年）所崇尚的艺术。作为艺术风格名称，洛可可则是指 18 世纪，首先在法国出现，后来遍及欧洲各国，内容以描绘贵族阶级的享乐生活为主，形式上追求华丽的色彩，以及精巧细致的装饰性艺术形式。洛可可风格的特征是：室内应用明快的色彩和纤巧的装饰，家具也非常精致而偏于细腻，不像巴洛克建筑风格那样色彩浓艳和装饰起伏强烈。洛可可风格在形成过程中，曾受中国清代工艺美术的影响，在庭园布置、室内装饰、丝织品、瓷器和漆器等方面，表现尤为显著。

洛可可装饰的手法是：追求柔媚细腻的情调，排斥一切建筑母题，常常采用不对称构图；装饰题材有自然主义的倾向，常为蚌壳、卷涡、水草及其他植物等曲线形花纹，局部点缀以人物等；爱用娇艳的颜色，如金、白、浅绿、粉红等；喜爱闪烁的光泽，利用镜子或烛台等使室内空间变得更为丰富。

洛可可反映着贵族们苍白无聊的生活和娇弱敏感的心情。建筑方面，以法国巴黎苏比斯府邸（Hotel de Soubise）的公主沙龙为代表，设计者是勃夫杭（Germain Boffrand，1667—1754 年）。如图 9.22 所示，沙龙的墙上大量镶嵌镜子，天花与墙壁之间以弧面相连，室内护壁板做成了精致的框格，框内四周有一圈花边，中间衬以东方织锦。晶莹的水晶枝形吊灯、纤巧的家具、轻淡娇艳的色彩、盘旋的曲线纹样装饰和落地大窗，各种因素综合在一起，创造出优雅迷人的总体效果。

图 9.22 苏比斯府邸室内

本 章 小 结

本章主要讲述了欧洲 15—18 世纪文艺复兴时期建筑的发展概况与特征。文艺复兴是新兴的资产阶级及其代表人物对腐朽的封建制度所做的一次广泛的批判。他们提倡人文主义,继承湮没已久的古典文化遗产,为近代的文化、艺术、科学、技术的发展开辟了广阔的道路。

文艺复兴最早产生于 14—15 世纪的意大利,佛罗伦萨主教堂的穹顶成为早期文艺复兴建筑的代表作品。15 世纪末—16 世纪达到盛期,以罗马为中心传遍意大利,并传入欧洲其他国家。圣彼得大教堂是盛期文艺复兴建筑的杰出代表。从 17 世纪上半叶开始,因经济的衰退,开始了两种风格的并存:一种是泥古不化,教条主义地崇拜古代,形成了文艺复兴余波;另一种是追求新颖尖巧从而形成"手法主义",以后逐渐形成了巴洛克风格。

巴洛克建筑从罗马发端后,不久即传遍欧洲,以至远达美洲。这种风格在反对僵化的古典形式,追求自由奔放的格调和表达世俗情趣等方面起了重要作用,对城市广场、园林艺术以至文学艺术部门都发生影响。

与意大利巴洛克建筑大致同时而略晚,17 世纪,法国的古典主义建筑成为欧洲建筑发展的又一个主流。古典主义建筑成为法国绝对君权时期的宫廷建筑潮流,它是法国传统建筑和意大利文艺复兴建筑结合的产物,代表作是规模巨大、造型雄伟的宫廷建筑和纪念性的广场建筑群。此外,它在园林等方面取得了一定的成就。18 世纪初,法国王室生活奢侈腐朽,建筑室内装饰中出现了洛可可风格。它是一种内容以描绘贵族阶级的享乐生活为主,形式上追求华丽的色彩,以及精巧细致的装饰性艺术形式。

思 考 题

1. 简述意大利文艺复兴运动的历史分期及各时期主要特征。
2. 简绘坦比哀多建筑立面，并分析其构图特点。
3. 结合实例简述巴洛克建筑的主要特征。
4. 简述法国古典主义建筑的发展历程与主要特征。

第 10 章
18—19 世纪下半叶欧洲与美国的建筑

【教学目标】

主要了解18—19世纪下半叶欧美建筑的发展概况；了解工业革命对城市与建筑的影响。掌握建筑创作中的三种复古思潮：古典复兴、浪漫主义和折中主义；了解当时不断涌现的新材料、新技术在建筑中的应用及新的建筑类型的出现。

【教学要求】

知识要点	能力要求	相关知识
建筑创作中的复古思潮	(1) 了解建筑创作中的三种复古思潮产生的社会历史背景 (2) 掌握古典复兴建筑在各国的主要表现 (3) 掌握浪漫主义的发展分期、主要特征与代表建筑 (4) 掌握折中主义的形式特征与代表建筑	(1) 古典复兴 (2) 浪漫主义 (3) 折中主义 (4) 帝国式风格 (5) 殖民式风格
建筑的新材料、新技术与新类型	(1) 了解工业革命对城市与建筑的影响 (2) 掌握新结构、新技术和新的建筑类型 (3) 掌握1851年建造的伦敦"水晶宫"的历史意义	(1) 初期生铁结构 (2) 钢铁框架结构 (3) 博览会与展览馆建筑

基本概念

古典复兴、浪漫主义、折中主义、帝国式风格、殖民式风格。

引例

1640年开始的英国资产阶级革命标志着世界历史进入了近代阶段。而到了18世纪末，首先在英国爆发了工业革命；继英国之后，美国、法国、德国也先后开始了工业革命。到19世纪，这些国家的工业化从轻工业扩展到重工业，并于19世纪末达到高潮。西方国家由此步入工业化社会。这个时期，城市与建筑发生了种种矛盾与变化：建筑创作中的复古主义思潮与工业革命带来的新的建筑材料与结构对建筑设计思想的冲击之间的矛盾，以及城市人口的恶性膨胀与大工业城市的飞速发展等。这是一个孕育建筑新风格的时期，也是一个新旧因素并存的时期。

10.1 工业革命对城市与建筑的影响

开始于18世纪中期的英国工业革命导致社会、思想和人类文明的巨大进步，对建筑产生了深远的影响。工业革命是社会生产从手工业向大机器工业的过渡，是生产技术的根本变革，同时又是一场剧烈的社会关系的变革。

工业革命的冲击，给城市与建筑带来了一系列新问题。首先是工业城市，因生产集中而引起的人口恶性膨胀，由于土地私有制和房屋建设的无政府状态而造成的交通堵塞、环境恶化，使城市陷入混乱之中。其次是住宅问题。虽然资产阶级不断地建造房屋，但他们的目的是牟利，或出于政治上的原因，或仅是谋求自己的解脱。广大的民众仍只能居住在简陋的贫民窟中，严重的房荒成为资本主义世界的一大威胁。最后是社会生活方式的变化和科学技术的进步促成了对新建筑类型的需要，并对建筑形式提出了新的要求。因此，在建筑创作方面出现了两种不同的倾向：一种是反映当时社会上层阶级观点的复古思潮；另一种是探求建筑中的新功能、新技术与新形式的可能性。

10.2 建筑创作中的复古思潮

建筑创作中的复古思潮是指从18世纪60年代—19世纪末在欧美流行的古典复兴（Classical Revival）、浪漫主义（Romanticism）和折中主义（Eclecticism）。由于当时的国际情况与各国的国内情况错综复杂，因而各有重点，各有表现。

古典复兴、浪漫主义与折中主义在欧美流行的时间大致，见表10-1。

表10-1 古典复兴、浪漫主义与折中主义流行时间

国　　家	古典复兴	浪漫主义	折中主义
法国	1760—1830年	1830—1860年	1820—1900年
英国	1760—1850年	1760—1870年	1830—1920年
美国	1780—1880年	1830—1880年	1850—1920年

10.2.1 古典复兴

古典复兴是资本主义初期最先出现在文化上的一种思潮，在建筑史上是指18世纪60年代—19世纪末在欧美盛行的仿古典的建筑形式。这种思潮曾经受到当时启蒙运动的影响。18世纪中叶，启蒙主义运动在法国日益发展，它主要有两个方面：一方面是以伏尔泰和狄德罗为代表，高倡理性、缔造和发扬科学精神；另一方面以卢梭和孟德斯鸠为代表，高倡人性、缔造和发扬民主精神。虽然他们的学说反映了资产阶级各阶层的不同观点，但他们都具有一个共同的核心，那就是"自由、平等、博爱"。正是由于对民主、共

和的向往，唤起了人们对古希腊、古罗马的礼赞，因此，法国资产阶级革命初期曾向罗马共和国"借用英雄的服装"自然不足为奇，这也是资本主义初期古典复兴建筑思潮的社会基础。

18世纪古典复兴建筑的流行原因：一方面是由于政治上的原因；另一方面是考古进展的影响。18世纪中叶，在实证主义的科学精神推动下，考古工作大大发达。古罗马与古希腊的遗址使建筑师意识到学院派的古典主义教条与真正的古典作品有很大的距离。于是，建筑师们趋向于直接从古希腊与古罗马的遗物学习，而批判学院派古典主义的教条。他们将真正科学的理性精神带进了建筑领域，这理性已不是古典主义者所标榜的先验的几何学的比例及清晰性、明确性等，而是功能真实与自然，建筑物的一切都要表明它存在的理由。古典主义与理性主义发生了联系，于是产生了各种新古典主义，即古典复兴建筑风格。

古典复兴建筑在各国的发展，虽然有共同之处，但多少也有些不同。大体上，在法国是以罗马式样为主，而在英国与德国则是以希腊式样较多。采用古典复兴建筑风格的主要是国会、法院、银行、交易所、博物馆和剧院等公共建筑和一些纪念性建筑。

巴黎的万神庙（Pantheon in Paris）直接采用古罗马万神庙正面的构图形式，西面柱廊有6根19m高的柱子，上面顶戴着山花，如图10.1所示。

拿破仑帝国时期，在巴黎曾经建造了许多大型的纪念性建筑物。在这类建筑中，追求外观上的雄伟、壮丽，内部则常常吸取东方及洛可可的装饰手法，形成所谓的"帝国式风格"（Empire Style）。代表作品有星形广场的凯旋门，如图10.2所示。它高49.4m，宽44.8m，厚22.3m，属于罗马复兴的建筑作品。它的尺度巨大，连墙上的浮雕人像也有5～6m高，显示了格外庄严、雄伟的艺术力量。

图10.1 巴黎万神庙

图10.2 星形广场上的凯旋门

英国的不列颠博物馆（1823—1829年），又名大英博物馆，是典型的希腊复兴作品，如图10.3所示。设计采用了严格的古希腊建筑的比例和细部。整个建筑由四翼组成，并围成一个长方形的庭院。其中两翼为展览大厅，北翼为公众图书馆和阅览室，东翼为皇家阅览室。当然，时代的进步也在建筑中得到了反映。斯密尔克在结构中采用了混凝土地基和大跨度的铸铁大梁，很好地满足了这座当时全世界最大的综合性博物馆在功能上的要求。

图 10.3　大英博物馆

柏林宫廷剧院(1818—1821 年)代表了德国古典复兴建筑的高峰,如图 10.4 所示。入口前宽大的柱廊由六根爱奥尼柱子和巨大的山花组成,突起的观众厅造型新颖、细部精致,两旁的侧翼使主体更加突出。剧院主入口前有一座白色大理石雕塑,是德国伟大的戏剧家、诗人席勒的雕像。剧院的南、北两侧各有一座穹顶教堂,三栋建筑把剧院东侧围出一片广场。夏季,这里可举行露天演出,别有风味。

美国在独立以前,建筑造型都采用的是欧洲式样,这些由不同国家的殖民者所建造的房屋风格统称为殖民时期风格(Colonial Style),其中主要是英国式。独立战争之后,美国资产阶级曾力图摆脱殖民时期风格,由于没有悠久的历史传统,故而试图采用希腊、罗马的古典建筑表现民主、自由、独立,所以古典复兴在美国盛极一时,尤其以罗马复兴为主。如美国国会大厦(1793—1867 年),如图 10.5 所示,它仿造了万神庙的外形,意欲表现雄伟的纪念性。

图 10.4　柏林宫廷剧院　　　　　　　图 10.5　美国国会大厦

10.2.2　浪漫主义

浪漫主义建筑是 18 世纪下半叶—19 世纪下半叶欧美一些国家在文学艺术中的浪漫主义思潮影响下流行的一种建筑风格。浪漫主义在艺术上强调个性,提倡自然主义,主张用中世纪的艺术风格与学院派的古典主义艺术相抗衡。这种思潮在建筑上表现为追求超尘脱俗的趣味和异国情调。

浪漫主义始源于18世纪下半叶的英国。18世纪60年代—19世纪30年代是浪漫主义建筑发展的第一阶段，又称先浪漫主义。在建筑上表现为模仿中世纪的寨堡或哥特风格的府邸，如威尔特郡的封蒂尔修道院的府邸（1796—1814年），如图10.6所示。先浪漫主义在建筑上还表现为追求非凡的趣味和异国情调，有时甚至在园林中出现东方建筑小品，如英国布莱顿的皇家别墅就是模仿伊斯兰教礼拜寺的形式，如图10.7所示。19世纪30—70年代是浪漫主义建筑的第二阶段，它已发展成为一种建筑创作潮流。由于追求中世纪的哥特式建筑风格，又称为哥特复兴（Gothic Revival）建筑。

图10.6　封蒂尔修道院的府邸

图10.7　布莱顿皇家别墅

浪漫主义建筑与古典复兴建筑一样，并未在所有的建筑类型中取得阵地，主要限于教堂、大学、市政厅等中世纪就有的建筑类型。同时，它在各个地区的发展也不尽相同，大体来说，以英国和德国流行较广。浪漫主义建筑最著名的作品是英国国会大厦（Houses of Parliamen，1836—1868年）。

英国国会大厦位于伦敦的泰晤士河西岸，又称为西敏寺新宫，如图10.8所示。它采用了英国亨利五世时期的哥特垂直式，强调一系列垂直线条组合成一条水平带，在这个水平带上再突出几座高塔，以北面96m高的大本钟和南面的维多利亚塔楼形成建筑的标志。这组建筑的特点有三：首先是建筑造型采用了地道的哥特式细部，反映了当时哥特复兴的倾向；其次是这组建筑非常严谨，但平面却不完全对称，它适应了建筑的功能要求；最后是采用了不规则、不对称的塔楼组合形成了丰富的天际线，使建筑物显得既庄严又富有变化，是英国最秀丽的建筑群之一。

图10.8　英国国会大厦

10.2.3 折中主义

折中主义是19世纪上半叶兴起的一种建筑思潮,至19世纪末20世纪初,在欧美盛行一时。折中主义为弥补古典主义与浪漫主义在建筑上的局限性,任意模仿历史上各种建筑风格,或自由组合各种建筑形式,他们不讲求固定的法式,只讲求比例均衡,注重纯形式美。又称为"集仿主义"。

19世纪中叶以后,随着资本主义社会的发展,需要有丰富多样的建筑来满足各种不同的要求。交通的便利、考古学的进展、出版事业的发达,加上摄影技术的发明,都有助于人们认识和掌握以往各个时代和各个地区的建筑遗产。于是出现了希腊、罗马、拜占庭、中世纪、文艺复兴和东方情调的建筑在许多城市中纷然杂陈的局面。折中主义在欧美的影响非常深刻,持续的时间也较长,在19世纪中叶以法国最为典型,巴黎高等艺术学院是当时传播折中主义艺术和建筑的中心;而在19世纪末和20世纪初期,则以美国最为突出。总的来说,折中主义建筑思潮依然是保守的,没有按照当时不断出现的新建筑材料和新建筑技术去创造与之相适应的新建筑形式。

巴黎歌剧院(the Paris Opera House,1861—1874)是折中主义的代表作,是法兰西第二帝国的重要纪念物。如图10.9所示,剧院立面仿意大利晚期巴洛克建筑风格,并融入了烦琐的洛可可雕饰。丰富生动的立面综合了各种古典风格要素,同时也反映出建筑的合理性。它对欧洲各国建筑有很大影响。

(a) 正面外观

(b) 大楼梯

(c) 大厅

图 10.9 巴黎歌剧院

10.3 建筑的新材料、新技术和新类型

开始于18世纪中期的英国工业革命导致社会、思想和人类文明的巨大进步,对建筑产

生了深远的影响。一方面是生产方式和建造工艺的发展；另一方面是不断涌现的新材料、新设备和新技术，为近代建筑的发展开辟了广阔的前途。正是应用了这些新的技术可能性，突破了传统建筑高度与跨度的局限，建筑在平面与空间的设计上有了较大的自由度，同时影响到建筑形式的变化。其中以钢铁、混凝土和玻璃在建筑上的广泛应用最为突出。

10.3.1　初期生铁结构（16世纪）

以金属作为建筑材料，早在古代建筑中就已开始，而大量的应用，特别是以钢铁作为建筑结构的主要材料则始于近代。随着铸铁业的兴起，1775—1779年第一座生铁桥（设计人：Abraham Darby）在英国塞文河上建造起来，桥的跨度30m，高12m。1793—1796年在伦敦又出现了更新式的生铁单跨拱桥——桑德兰桥，全长达72m，是这一时期构筑物中最早、最大胆的尝试。

在房屋建筑上，铁最初应用于屋顶。1786年巴黎法兰西剧院建造的铁结构屋顶就是一个明显的例子。后来铁构件在工业建筑中得到大量应用，因为它没有传统的束缚。如1801年建的英国曼彻斯特的萨尔福特棉纺厂的七层生产车间，采用了生铁梁柱与承重墙的混合结构。在民用建筑上，典型实例是英国布莱顿的印度式皇家别墅（1818—1821年），它重约50t的大洋葱顶就是支撑在细瘦的铁柱上。

另外，为了采光的需要，铁和玻璃两种建筑材料配合应用，在19世纪建筑中取得了巨大成就。如巴黎旧王宫的奥尔良廊（1829—1831年），第一座完全以铁架和玻璃构成的巨大建筑物——巴黎植物园的温室（1833年），如图10.10所示，这种建筑方式对后来的建筑启发很大。

图 10.10　巴黎植物园温室

10.3.2　钢铁框架结构

框架结构最初在美国得到发展，其主要特点是以生铁框架代替承重墙，外墙不再担负承重的使命，从而使外墙立面得到了解放。1858—1868年建造的巴黎圣日内维夫图书馆，是初期生铁框架形式的代表，如图10.11所示。在这座建筑中，铁结构、石结构和玻璃材料得到了有机配合。

(a) 建筑外观　　　　　　　　　　　(b) 阅览大厅内部

图 10.11　巴黎圣日内维夫图书馆

1850—1880 年间是美国所谓的"生铁时代",建造的大量商店、仓库和政府大厦多应用生铁构件门面或框架,如圣路易斯市的河岸上就聚集有 500 座以上这种生铁结构的建筑,在立面上以生铁梁柱纤细的比例代替了古典建筑沉重稳定的印象,但还未完全摆脱古典形式的羁绊。第一座依照现代钢框架结构原理建造起来的高层建筑是芝加哥家庭保险公司大厦(1883—1885 年),如图 10.12 所示,它的外形仍然保持着古典的比例。

10.3.3　升降机与电梯

随着近代工厂与高层建筑的出现,垂直运输成为建筑内部交通很重要的问题。靠传统的楼梯来解决垂直交通问题,已有很大的局限性,这促使了升

图 10.12　芝加哥家庭保险公司大厦

降机的发明。第一座真正安全的载客升降机是美国纽约奥迪斯发明的蒸汽动力升降机。1857 年这部升降机被装置于纽约的一个商店。1870 年贝德文在芝加哥应用了水力升降机。此后,至 1887 年才开始发明了电梯。欧洲升降机的出现较晚,到 1867 年才出现了水力升降机,这种技术以后在 1889 年应用于埃菲尔铁塔内。

10.3.4　博览会与展览馆

19 世纪后半叶,工业博览会给建筑的创造提供了最好的条件与机会。博览会的历史可分为两个阶段:第一阶段是在巴黎开始与终结的,时间为 1798—1849 年,范围只是全国性的;第二阶段已经具有国际性质,时间是 1851—1893 年。这时,博览会的展览馆成为新建筑方式的试验田。博览会的历史不仅表现在建筑中铁结构的发展,而且在审美上也有了重大转变。在国际博览会时代中有两次突出的建筑活动:一次是 1851 年在英国伦敦

举行的世界博览会的"水晶宫"展览馆；另一次是 1889 年在法国巴黎举行的世界博览会中的埃菲尔铁塔与机械馆。

1851 年建造的伦敦"水晶宫"，如图 10.13 所示，开辟了建筑形式的新纪元。首先，它第一次大规模采用了预制和构件标准化的方法，外墙与屋面均为玻璃，整座建筑通体透明，宽敞明亮，在新材料和新技术的运用上达到了一个新高度；其次，它摈弃了古典主义的装饰风格，向人们预示了一种新的建筑美学质量，其特点就是轻、光、透、薄，实现了形式与结构、形式与功能的统一；最后，它的建造过程非常快速，该建筑总共 7 万多平方米的建筑面积，工期仅 9 个月，而且建筑造价大为节省。

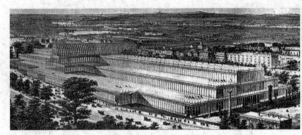 

图 10.13 伦敦"水晶宫"

图 10.14 巴黎埃菲尔铁塔

1889 年建造的巴黎埃菲尔铁塔，如图 10.14 所示，完全采用装配式工厂化生产方式建造。塔高 328m，内部设有 4 部水力升降机，而且采用了工业革命带来的一切可能的科技成果。在设计、构件制作和装配组合上，采用大工业系列化生产模式，充分显示了现代工业的进步性。

机械馆布置在埃菲尔铁塔后面，是一座当时前所未有的大跨度结构，如图 10.15 所示。这座建筑长度为 420m，跨度为 115m，主要结构由 20 个构架组成，四壁全为大片玻璃，结构方法初次应用了三铰拱的原理，拱的末端越接近地面越窄，每点集中压力有 120t，这种新结构试验的成功，有力促使了建筑艺术不得不探求的新形式。机械馆直到 1910 年被拆除。

图 10.15 巴黎博览会机械馆

本 章 小 结

本章主要讲述了18—19世纪下半叶欧美建筑的发展概况与特征。工业革命为城市和建筑带来巨大影响。这是一个孕育建筑新风格的时期，也是一个新旧因素并存的时期。在建筑创作方面出现了两种不同的倾向：一种是反映当时社会上层阶级观点的复古思潮；另一种是探求建筑中的新功能、新技术和新形式的可能性。

建筑创作中的复古思潮是指从18世纪60年代—90世纪末在欧美流行的古典复兴、浪漫主义与折中主义。由于当时的国际情况与各国的国内情况错综复杂，因而各有重点，各有表现。

而不断涌现的新材料、新设备和新技术，为近代建筑的发展开辟了广阔的前景。正是应用了这些新的技术可能性，突破了传统建筑高度与跨度的局限，建筑在平面与空间的设计上有了较大的自由度，同时影响到建筑形式的变化。19世纪后半叶，工业博览会给建筑的创造提供了最好的条件与机会，博览会的展览馆成为新建筑方式的试验田。1851年建造的伦敦"水晶宫"开辟了建筑形式的新纪元。1889年建造的巴黎埃菲尔铁塔在设计、构件制作、装配组合上，采用大工业系列化生产模式，充分显示了现代工业的进步性。

思 考 题

1. 结合实例简述18—19世纪下半叶出现在建筑创作中的3种复古思潮。
2. 简述伦敦"水晶宫"的历史意义。
3. 结合实例简要分析折中主义建筑的主要特征。

第11章
19世纪下半叶—20世纪初欧美探求新建筑运动

【教学目标】

主要了解欧美19世纪下半叶—20世纪初探求新建筑思潮的社会背景和活动概况；理解欧美各国在探求新建筑运动中产生的主要流派及其思想理论；掌握主要流派的代表人物及其代表性建筑作品。

【教学要求】

知识要点	能力要求	相关知识
欧洲探求新建筑的运动	(1) 了解欧洲近代探求新建筑思潮的社会历史背景与活动概况 (2) 理解各建筑流派的主要思想理论 (3) 简要分析各建筑流派的主要建筑作品	(1) 艺术与工艺运动 (2) 新艺术运动 (3) 维也纳分离派 (4) 德意志制造联盟 (5) 欧洲先锋学派
美国探求新建筑的运动	(1) 了解美国近代探求新建筑思潮的社会历史背景与活动概况 (2) 理解各建筑流派的主要思想理论 (3) 简要分析各建筑流派的主要建筑作品	(1) 芝加哥学派 (2) 草原建筑

基本概念

艺术与工艺运动、新艺术运动、维也纳分离派、德意志制造联盟、表现主义、未来主义、风格派、构成主义、芝加哥学派、草原建筑。

引例

19世纪下半叶，西欧各个国家和美国都进入资本主义经济高速发展阶段。面对排山倒海而来的工业化产品和工业建筑，以及随之而来的新都市生活，出现了巨大的社会问题。以往小城市中的缓慢、悠闲的生活方式一去不复返，取而代之是急迫、冷酷的新社会关系，缺乏人情味的新工业化设计风格。

在工业化单调的设计面貌前，欧美一些知识分子开始试图通过从其他地区的文明中找到设计的思路；或试图从自然形态找到设计的新选择；或从欧洲历史的某些不为人注意的风格中寻找出路。而所有这些努力的目的，都在于企图抗拒工业化风格，期望能通过手工艺的方式或形式，来改良工业化造成的设计上的刻板面貌。欧洲的艺术与工艺运动、新艺术运动、德意志制造联盟、维也纳"分离派"及美国的

"芝加哥学派"、赖特的"草原住宅"等，都在通过不同的渠道和方法，达到比较类似的目的，他们为现代建筑奠定了发展的形式基础。

11.1 欧洲探求新建筑的运动

新建筑运动作为一个探求新的建筑设计方法的运动，在欧洲表现较多，影响较大的有艺术与工业运动、新艺术运动、维也纳"分离派"、德意志制造联盟及第一次世界大战前后产生的欧洲"先锋学派"。

11.1.1 艺术与工艺运动（Arts and Crafts Movement）

19世纪50年代在英国出现的"艺术与工艺运动"是小资产阶级浪漫主义的社会与文艺思想在建筑与日用品设计上的反映。

英国是工业革命的发源地，也是世界上最先遭受由工业发展带来的各种城市痼疾及其危害的国家。面对城市交通的混乱、居住和卫生条件的恶劣及各种廉价而粗制滥造的工业制品的泛滥，一些社会活动家、艺术家与评论家等将矛头指向了机器，出现了一股相当强烈的反对与憎恨机器生产，鼓吹逃离工业城市，怀念手工业时代的哥特风格与向往自然乡村生活的浪漫主义情绪，促使了艺术与工艺运动的产生。

以拉斯金（John Ruskin）、莫里斯（William Morris）为代表的"艺术与工艺运动"赞扬手工艺的效果、制作者与成品的情感交流及自然材料之美，反对粗制滥造的机器制品。莫里斯主张"美术家与工匠结合才能设计制造出有美学质量的为群众享用的工艺品"。在建筑上，"艺术与工艺运动"主张在城郊建设简单、朴实无华、具有良好功能的"田园式"住宅来摆脱矫揉造作的维多利亚风格和其他各种古典、传统的复兴风格。

1859—1860年由建筑师韦布（Philip Webb）建造的"红屋"（Red House）就是这个运动的代表作。"红屋"是莫里斯的新婚住宅，如图11.1所示，平面根据功能需要布置成L形，使每个房间都能自然采光。采用本地红砖建造，不加粉刷，摈弃传统贴面装饰，表达材料本身质感。这种将功能、材料和艺术造型结合的尝试，对后来新建筑有一定启发，受到不求气派、着重生活质量的小资产阶级的认同。

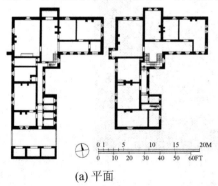
(a) 平面

(b) 建筑外观

图 11.1 莫里斯"红屋"

"艺术与工艺运动"的贡献在于它首先提出了"美术与技术结合"的原则，并且提倡一种"诚实的艺术"，反对当时设计上的哗众取宠、华而不实的趋向。然而，对于工业化的反对、对于机械的否定、对于大批量生产的否定，都使之无法成为领导潮流的主流风格。

11.1.2 新艺术运动（Art Nouveau）

在欧洲真正提出变革建筑形式信号的是19世纪80年代的新艺术运动。受到英国"艺术与工艺运动"的启示，19世纪最后10年和20世纪前10年，欧洲大陆出现了名为"新艺术派"的实用美术方面的新潮流，其思想主要表现在用新的装饰纹样取代旧的程序化的图案，逐渐形成"新艺术运动"。它是19世纪末—20世纪初在欧洲和美国产生和发展的一次影响面相当大的装饰艺术运动，也是一次内容很广泛的设计上的形式主义运动。

新艺术运动最初的中心在比利时首都布鲁塞尔，随后向法国、奥地利、德国、荷兰及意大利等地区扩展。新艺术运动的创始人之一菲尔德（Henry van de Velde）原是画家，19世纪80年代开始致力于建筑艺术的革新，主张在绘画、装饰和建筑上创造一种不同于以往的艺术风格。菲尔德曾组织建筑师讨论结构与形式之间的关系，肯定了产品的形式应有时代特征，并应与其生产手段一致。在建筑上，他们极力反对历史样式，意欲创造一种前所未有、能适应工业时代精神的装饰方法。他们积极探索与新兴的铸铁技术结合的可能性，逐渐形成了一种自己特有的富于动感的造型风格：在装饰主题上大量采用自由连续弯绕的曲线和曲面，建筑墙面、家具、栏杆及窗棂等都如此。

新艺术派的建筑特征主要表现在室内，外形保持了砖石建筑的格局，比较简洁，有时采用一些曲线或弧形墙面使之不致单调。建筑装饰中大量应用铁构件。典型实例是比利时建筑师霍塔（Victor Horta）在1893年设计的布鲁塞尔让松街住宅。如图11.2所示，建筑内外的金属构件有许多曲线，或繁或简，冷硬的金属材料看起来柔化了，结构显出韵律感。室内铸铁柱子裸露在室内，铁质的卷藤线条盘结其上。楼梯栏杆、灯具和铁制卷藤装饰。从天花板的角落、墙面到马赛克地面都装饰着卷藤图案。

(a) 建筑外观　　　　　　　　(b) 室内场景

图 11.2　布鲁塞尔让松街住宅

在英国，新艺术运动中最有影响力的代表人物是麦金托什（Charles Rennie Mackintosh）。他所设计的格拉斯哥艺术学校（Glasgow School of Art）如图11.3所示，建筑室内外都表现出新艺术的精致细部与朴素的苏格兰石砌体的对比。室内空间按照功能进行组合。梁柱、天花及灯饰等都使用了柔和的曲线，在朴素地运用新材料、新结构的同时，处处浸透着艺术的考虑。

(a) 建筑外观　　　　　(b) 入口外观　　　　(c) 室内灯具　　　　(d) 室内场景

图 11.3　格拉斯哥艺术学校

西班牙的高迪（Gaudi）的艺术风格也可识别为新艺术一派。他从自然界的各种形体结构中获得灵感，以浪漫主义的幻想极力使塑性的艺术形式渗透到三度的建筑空间中，并吸取了东方伊斯兰韵味和欧洲哥特式建筑结构特点，再结合自然的形式，精心独创了具有隐喻性的塑性造型。他的代表作品有米拉公寓（Casa Mila，1905—1910年）、巴特罗公寓（Casa Batllo，1906年）及巴塞罗那市居尔公园（Park Guell）等。

6层的米拉公寓，如图11.4所示，置于街道转角，墙面凹凸不平，屋檐与屋脊做成蛇形曲线。公寓房间没有一个是常见的矩形，屋面上也是大大小小的突起物林立。虽是房屋，却像是一个庞大的海边岩石，因长期受海水侵蚀而布满孔洞。

巴特罗公寓，如图11.5所示，入口与下部墙面有意模仿溶洞与熔岩。上面楼层的阳台栏杆如同假面舞会的面具，屋脊仿似带鳞片的怪兽脊背，上面贴着五颜六色的碎瓷片。

图 11.4　米拉公寓　　　　　　　　　图 11.5　巴特罗公寓

高迪的建筑使人赞叹，但由于过于独特而对当时建筑界的影响并不大。在他的作品中看不到功能与技术上的革新。过去他并未受到很多重视，但近20年来，却在西方被追封为伟大的天才建筑师，以其浪漫主义的想象力和建筑形式的奇特而备受赏识。因为这正符合当前社会中追求标新立异、追求非常规的创造精神。

总的来说，新艺术运动在建筑上的革新只限于艺术形式与装饰手法，终不过是以一种新的形式反对传统形式而已，并未能全部解决建筑形式与内容的关系，以及与新技术结合的问题。因此，新艺术运动流行短暂的20余年后就逐渐衰退。但它对20世纪前后欧美各国在新建筑探索方面的影响还是广泛且深远的。

11.1.3　奥地利的探索：维也纳学派与"分离派"

在新艺术运动的影响下，奥地利形成了以建筑师瓦格纳（Otto Wagner，1841—1918年）为代表的维也纳学派。

瓦格纳是维也纳学院的教授，原本倾向于古典建筑，后在工业时代的影响下，逐渐形成了新的建筑观。1895年，他发表了《现代建筑》（Moderne Architeketur）一书，指出，"建筑设计应该集中为现代生活服务，而不是模拟以往的方式和风格"，"新结构、新材料必然导致新形式的出现"。他提出对现有的建筑形式进行"净化"，使之回到最基本的原点，从而创造新的形式。瓦格纳认为"建筑是人类居住、工作和沟通的场所，而不仅仅是一个空洞的环绕空间。建筑应该具有为这种交流、沟通、交通为中心的设计考虑，以促进交流、提供方便的功能为目的，装饰也应该为此服务"。他的代表作品是维也纳邮政储蓄银行大楼（Post Office Savings Bank，1905年）。如图11.6所示，该建筑外形简洁，重点装饰。内部营业大厅采用纤细的铁构架与玻璃顶棚，空间白净、明亮。墙面与柱不施加任何装饰，充满现代感。

图11.6　维也纳邮政储蓄银行大楼

瓦格纳的观点对他的学生影响很大。1897年，他的学生奥别列兹（Joseph Maia Olbrich）、霍夫曼（J. C. Hoffman）等一批年轻的艺术家组成了"分离派"，意思是要与传统的和正统的艺术分手，提出了"为时代的艺术，为艺术的自由"的口号。在建筑上，他们主张造型简洁，常采用大片光墙面与简单立方体组合，在局部集中装饰，装饰的主题多为直线和简单的几何形体。

1898年奥别列兹设计的维也纳分离派展览馆是分离派的代表作品。如图11.7所示，简单的立方体、整洁光亮的墙面、水平线条、平屋顶构成了建筑主体。设计中运用了纵与横、明与暗、方与圆、石材与金属的对比形成变化。馆体本身庄重典雅，而安装在建筑顶部的金色镂空球，又使得建筑显得轻巧活泼。

在维也纳的另一位建筑师路斯（Adolf Loos，1870—1933年）是一位在建筑理论上有独到见解的人。1908年，他发表《装饰与罪恶》一文，宣称"装饰就是罪恶"，反映了当时在批判"为艺术而艺术"中的一种极端思想。他反对将建筑列入艺术范畴，主张建筑以实用与舒适为主，认为建筑"不是依靠装饰而是以形体自身之美为美"。路斯的代表作品是1910年在维也纳建造的斯坦纳住宅（Steiner House）。如图11.8所示，建筑外部完全没有装饰。他强调建筑物作为立方体的组合同墙面和窗子的比例关系，是一种完全不同于折中主义并预告了功能主义的建筑形式。

图11.7 维也纳分离派展览馆　　　　图11.8 斯坦纳住宅

总体而言，维也纳学派与"分离派"的设计活动开始摆脱单纯的装饰性，而向功能性第一的设计原则发展，被视为介于"新艺术"和现代主义设计之间的一个过渡性阶段的设计运动。

11.1.4 德意志制造联盟（DEUTSCHER WERKBUND）

为了使德国商品能够在国外市场上和英国抗衡，1907年出现了由企业家、艺术家、工程技术人员等联合组成的全国性的"德意志制造联盟"（DWB），其目的在于提高工业制品的质量以求达到国际水平，积极推进设计、艺术与现代工业生产的结合。它的成立对现代建筑的创立也曾起过重要作用。联盟中有许多著名的建筑师，他们认识到建筑必须与工业结合。其中最负盛名的是贝伦斯（Peter Behrens，1868—1940年），他是第一个把工业厂房升华到建筑艺术领域的人。贝伦斯提出的主要论点是：建筑必须和工业结合。他指出："建筑应当是真实的……现代结构应当在建筑中表现出来，这样会产生前所未有的新形式。"

1909年，贝伦斯为德国电气公司设计的透平机车间（AEG Turbine Factory），是建筑设计上的一次重大创新，被西方称为第一座真正的"现代建筑"。如图11.9所示，车间的屋顶由三铰拱钢结构组成，形成了宽敞的生产空间。柱间及两端山墙中部镶有大片玻璃窗，满足了车间对光线的要求。山墙上端呈多边形与内部钢屋架轮廓一致。这座造型简洁、摈弃了附加装饰的工业建筑，为探求新建筑起到了一定的示范作用。

贝伦斯对下一代建筑师的影响很大。今天西方所称道的第一代建筑大师格罗皮乌斯（Walter Gropius，1883—1969年）、勒·柯布西耶（Le Corbusier，1887—1965年）和密斯·凡·德罗（Ludwig Mies van der Rohe，1886—1969年）都曾在贝伦斯的事务所工作过。他们在那里接受了许多新的建筑观点。格罗皮乌斯体会了工业化在建筑中的深远意义，为他后来教学与开业奠定了基础。柯布西耶懂得了新艺术的科技根源，而密斯则继承了贝伦斯严谨简洁的设计规范。

(a) 建筑外观

(b) 室内场景

图 11.9　德国电气公司透平机车间

1914 年，德意志制造联盟在科隆举行展览会，展览会建筑也作为新工业产品来展出。其中，最引人注意的是格罗皮乌斯设计的展览会办公楼，如图 11.10 所示。建筑在构造上采用平屋顶，经过技术处理后可以防水及上人，这在当时是一种新的尝试。在造型上，除了底层入口附近采用了砖墙外，其余部分采用大片玻璃，两侧楼梯间也做成圆柱形的玻璃体。这种结构构件的暴露、材料质感的对比及内外空间流通等设计手法，都为后来的现代建筑所借鉴。

图 11.10　德意志制造联盟科隆展览会办公楼

11.1.5　欧洲的先锋学派

除上述探求新建筑的运动外，欧洲许多国家还在 20 世纪初期掀起了一系列的艺术创新运动，比较重要的有表现主义、未来主义、风格派和构成主义等，统称为"先锋学派"。

1. 表现主义（Expressionism）

表现主义是 20 世纪初出现在德国和奥地利先锋派画坛与建筑界的流派。表现主义者认为艺术的任务在于表现个人的主观感受和体验，因此画面与建筑作品多表现为色彩强烈、形体流动及装饰繁多。第一次世界大战后出现了表现主义的建筑，其常采用夸张、奇特的建筑体形来表现或象征某些思想情绪或时代精神。

最具代表性的建筑是德国建筑师门德尔松（Erich Mendelsohn）设计的波茨坦爱因斯坦天文台（Einstein Tower，Potsdam，1919—1920 年）。如图 11.11 所示，建筑师用混凝土与砖塑造了一座混混沌沌、稍带流线型的建筑形体，墙面上有一些形状奇特的窗洞和莫名其妙的突起，给人一种神秘莫测的感觉，正吻合了一般人对爱因斯坦相对论的印象。

图 11.11　爱因斯坦天文台

总的来说，表现主义建筑师主张革新、反对复古，但他们只是用一种新的表面处理手法去取代旧的建筑形式，同建筑技术与功能的发展没有直接的关系。它在第一次世界大战后初期兴起过一阵，不久就消退了。

2. 未来主义（Futurism）

未来主义是在第一次世界大战前出现于意大利的一种艺术流派。作为锐意创新的艺术流派，未来主义对传统的美学观念基本上持否定态度，以强调机械和速度的美为艺术理念。这种艺术思潮也影响到建筑领域，以建筑师圣·泰利亚（Sant Elia，1888—1917 年）为主要代表人物。

圣·泰利亚曾设想了许多大都市的构架，完成了许多未来城市与建筑的设计图纸。1914 年 5 月，他发表了《未来主义建筑宣言》，写道："我们必须创造的未来主义城市是以规模巨大、喧闹奔忙的、每一部分都是灵活机动而精悍的船坞为榜样，未来主义的住宅要变成巨大的机器……在混凝土、钢和玻璃组成的建筑物上，没有图画与雕塑，只有它们天生的轮廓和体形给人以美。这样的建筑物将是粗犷的，像机器那样简单……大街深入地下许多层，并且将城市交通用许多交叉枢纽与金属的步行道和快速输送带有机地联系起来。"

如图 11.12 所示，在他的未来主义设计图样中，建筑物全部为采用简单几何体的高层建筑，建筑物的下面是分层车道和地下铁道，全部设计围绕着"运动感"作为现代城市的特征。

未来主义者没有实际的建筑作品，但其建筑思想却对一些建筑师产生了很大的影响。直到 20 世纪后期，还能在一些著名建筑作品中看到未来主义的思想火花。

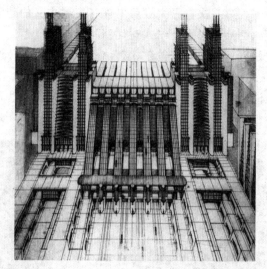

图 11.12　未来主义设计图样

3. 风格派（De Stijl）

风格派是产生于荷兰的一个设计流派，以 1917 年所发行的"De Stijl"杂志而得名，主要成员有画家蒙德里安（Piet Mondrian）、雕刻家及建筑师奥德（J. J. P. Oud）和里特弗尔德（G. T. Rietveld）等。风格派的绘画一反传统表现方式，主要利用抽象构图拼成各式色彩的几何图案，也称之为"新造型主义"或"要素主义"。

蒙德里安的绘画中没有任何自然界的物体形象，画面上只剩下横七竖八的线条和方格中涂着的红、黄、蓝色块，如图 11.13 所示。这样的绘画不直接反映现实生活，但发挥了几何形体组合的审美价值，很容易被建筑师吸纳，转化到建筑造型中。用明确的几何形体形成空间或造型，成为风格派的主要设计手法。

荷兰建筑师设计的施罗德住宅（Casa Schroder，1924 年），明显是一个立体的"蒙德里安式构图"。如图 11.14 所示，施罗德住宅大体上是一个立方体，一些墙板、平的屋顶板和楼板向外伸出少许。从外部看去，横竖相间，板片与块体纵横穿插，其间有实墙面与透明玻璃的虚实对比、色彩明暗的对比，给人一种生动活泼、耳目一新之感觉。

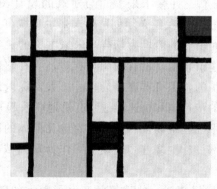

图 11.13　蒙德里安的绘画

图 11.14　施罗德住宅

4. 构成主义(Constructivism)

构成主义是第一次世界大战后出现在苏联的新派艺术运动，涉及绘画、雕塑、建筑、设计等广泛领域。在建筑上，构成主义者将结构视为建筑设计的起点，宣布集中利用新的材料与新的技术来探讨"理性主义"，研究建筑空间，采用理性的结构表达方式，使结构成为建筑表现的中心，这个立场成为世界现代主义建筑的基本原则。

图 11.15　"第三国际"纪念塔方案

构成主义早期的建筑设计之一是由弗拉基米尔·塔特林(F. Tatlin，1885—1953 年)在 1920 年设计的"第三国际"纪念塔方案。如图 11.15 所示，这个塔比法国的埃菲尔铁塔要高出一半，内部包括国际会议中心、无线电台、通信中心等。这个构成主义的建筑，其实是一个无产阶级和共产主义的雕塑，它的象征性比实用性更加重要。

总体而言，初期的构成主义力求在苏联革命胜利的环境下，在设计上满足工业生产和日常生活的要求，但后来其抽象的造型理念逐渐与苏联的意识形态产生矛盾，最终受到官方的取缔性批判。虽然在其发祥地未成气候，但在西方却受到了广泛而持久地关注，对现代艺术及设计(包括德国包豪斯、荷兰风格派等)有重大和持续的影响。

11.2　美国探求新建筑的运动

美国是新兴的资本主义工业国家。作为一个没有传统包袱、奉行实用主义、具有强大经济实力的国家，美国的建筑技术和建筑材料技术在 19 世纪中期以后得到非常迅速的发展。尤其是南北战争之后，全国掀起建设热潮，建筑业在这个时期得到巨大的发展，城市面貌、建筑面貌相应发生了本质变化。

11.2.1　芝加哥学派(Chicago School)

南北战争之后，北部的芝加哥取代了南部的圣路易城的位置，成为开发西部的前哨和东南航运与铁路的枢纽。随着城市人口的增加，办公楼和大型公寓的需求旺盛。1871 年 10 月 8 日发生在芝加哥市中心的一场毁掉全城近 1/3 建筑的大火灾，更加剧了对新建房屋的需求。政府及各种私人企业团体都急于重建这个在经济上举足轻重的城市。在当时的这种形势下，芝加哥出现了一个主要从事高层商业建筑的建筑师和建筑工程师的群体，后来被称作"芝加哥学派"。他们的设计方式、风格和思想对于促进高层建筑的发展起了重要的作用。

芝加哥学派最兴盛的时期是在 1883—1893 年之间。它在工程技术上创造了高层框架结构和箱形基础。他们使用铁的全框架结构，使楼房层数超过 10 层甚至更高。由于争速度、重时效、尽量扩大利润是当时压倒一切的宗旨，传统的学院派建筑观念被暂时搁置和淡化了。这使得楼房的立面大为净化和简化。在建筑造型上创造了简洁、明快和实用的独特风格。为了增加室内的光线和通风，出现了宽度大于高度的横向窗子，被称为"芝加哥窗"。高层、铁框架、横向大窗、简单的立面成为"芝加哥学派"的建筑特点。

芝加哥学派中最有影响力的建筑师之一是路易·沙利文（Louis Sullivan，1856—1924 年），他是美国现代建筑（特别是摩天楼设计美学）的奠基人、建筑革新的代言人、历史折中主义的反对者。他早年在麻省理工学院学过建筑，1973 年到芝加哥，在芝加哥学派创始人詹尼的建筑师事务所工作，后自己开业。沙利文是一位非常重实际的人，在当时时代精神的影响下，他最先提出了"形式追随功能（Form follows function）"的口号，为功能主义的建筑设计思想开辟了道路。

他的代表作品是芝加哥的 C.P.S 百货公司大楼（Schlesinger and Meyer Department Store，1899—1904 年）。如图 11.16 所示，大楼高 12 层，外立面采用了典型的"芝加哥窗"形式的网格式处理手法。但是，在底层和入口处使用了铁质装饰，图案相当复杂，窗子周边也有细巧的花饰。由此可见，沙利文在"形式追随功能"之外，也是很注重建筑艺术，并不完全排斥装饰的。只是他不追随历史样式，而是广泛吸取各种手法并积极与新材料配合。

(a) 建筑外观　　(b) 芝加哥窗　　(c) 底层入口

图 11.16　芝加哥 C.P.S 百货公司大楼

芝加哥学派在 19 世纪探求新建筑运动中起着一定的进步作用。首先，它突出了功能在建筑设计中的主要地位，明确了结构应利于功能的发展和功能与形式的主从关系；其次,它探讨了新技术在高层建筑中的应用,并取得了一定的成就,使得芝加哥成为高层建筑的故乡;最后,建筑艺术反映了新技术的特点,简洁的立面符合新时代工业化的精神。

11.2.2 赖特对新建筑的探求

赖特(Frank Lioyd Wrignt,1869—1959年)是美国现代建筑史中最具有代表意义的先驱人物。作为芝加哥学派路易·沙利文的学生,早年曾在沙利文的事务所工作过。1894年后,赖特自己从事建筑设计。他在美国中部地区地方农舍的自由布局基础上,融合了浪漫主义的想象力,创造了富于田园诗意的"草原住宅"(Prairie House),设计发展了具有地域特色的现代建筑。

赖特设计的住宅既有美国民间建筑的传统,又突破了封闭性。它适合于美国中西部草原地带的气候和地广人稀的特点,被称为"草原住宅",虽然他们并不一定建造在大草原上。这些住宅大都属于中产阶级,坐落在郊外,用地宽阔,环境优美,材料是传统的砖、木和石头,有出檐很大的坡屋顶。在这类建筑中,赖特逐渐形成了一些独具特色的建筑处理手法,包括以下几方面:

(1) 在总体布局上与大自然结合,使建筑与周围环境融为一体。

(2) 平面常为十字形,以壁炉为中心,起居室、书房、餐室等围绕壁炉布置,卧室常放在楼上。室内空间尽量做到既分隔又连成一片,并根据不同的需要有不同的层高;起居室的窗户一般比较宽敞,以保持与自然界的密切联系。

(3) 建筑物外形充分反映内部空间关系,体形构图的基本形式是高低不同的墙垣、坡度平缓的屋面、深远的挑檐与层层水平的阳台等所组成的水平线条被垂直面的烟囱统一。

(4) 外部材料表现砖石本色,与自然协调,内部也以表现材料的自然本色与结构为特征。在他的设计中,住宅外墙多用白色或米黄色粉刷,间或局部暴露砖石质感,它和深色的木门木窗形成强烈的对比。由于采用砖木结构,所用的木屋架有时就被用作一种室内装饰暴露在外。

"草原住宅"中典型实例有1902年赖特在芝加哥郊区设计的威力兹住宅(Willitts House),如图11.17所示;1907年在伊利诺伊州河谷森林区设计的罗伯茨住宅(Isabel Roberts House),如图11.18所示;1908年在芝加哥设计的罗比住宅(Robie House),如图11.19所示。

(a) 建筑立面

图 11.17 威力兹住宅

(b) 建筑外观

图 11.17　威力兹住宅(续)

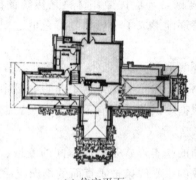

(a) 住宅平面

(b) 建筑外观

图 11.18　罗伯茨住宅

图 11.19　罗比住宅

本 章 小 结

　　本章主要讲述了欧美各国在19世纪下半叶—20世纪初探求新建筑时期产生的主要建筑流派及其思想理论和代表作品。19世纪下半叶，西欧各个国家和美国都进入资本主义经济高速发展阶段，生产与生活发生了极大改变。在工业化单调的设计面貌前，欧美一些知识分子开始通过不同的渠道和方法，达到改良工业化造成的设计上的刻板面貌的目的，他们为现代建筑奠定了发展的形式基础。

新建筑运动作为一个探求新的建筑设计方法的运动，在欧洲表现较多，影响较大的有艺术与工艺运动、新艺术运动、维也纳"分离派"、德意志制造联盟及一次大战前后产生的欧洲"先锋学派"。19 世纪 50 年代在英国出现的"艺术与工艺运动"是小资产阶级浪漫主义的社会和文艺思想在建筑与日用品设计上的反映。它的贡献在于首先提出了"美术与技术结合"的原则，并且提倡一种"诚实的艺术"。然而，对于工业化的反对、对于机械的否定、对于大批量生产的否定，都使之无法成为领导潮流的主流风格。"新艺术运动"是 19 世纪末与 20 世纪初产生和发展的一次影响面相当大、内容很广泛的装饰艺术运动，它在建筑上的革新只限于艺术形式和装饰手法，终不过是以一种新的形式反对传统形式而已，并未能全部解决建筑形式与内容的关系，以及与新技术结合的问题。在新艺术运动的影响下，奥地利形成了以建筑师瓦格纳为代表的维也纳学派与"分离派"。他们设计活动开始摆脱单纯的装饰性，而向功能性第一的设计原则发展，被视为介于"新艺术运动"和现代主义设计之间的一个过渡性阶段的设计运动。1907 年，德国出现了由企业家、艺术家、工程技术人员等联合组成的"德意志制造联盟"，联盟中有许多著名的建筑师，他们认识到建筑必须与工业结合。此外，欧洲许多国家还在 20 世纪初期掀起了一系列的艺术创新运动，成立了各种前卫的艺术与建筑流派，比较重要的有表现主义、未来主义、风格派和构成主义等，统称为"先锋学派"。其中，风格派与构成主义对现代艺术及设计有着重大和持续的影响。

美国作为一个没有传统包袱、奉行实用主义、具有强大经济实力的国家，其建筑材料和建筑技术在 19 世纪中期以后得到非常迅速的发展，使得城市与建筑面貌相应发生了本质变化，在建筑探新运动中，产生了两个重要的探索：一方面是围绕芝加哥城市重建而产生的芝加哥学派，主要由从事高层商业建筑的建筑师和建筑工程师组成，探讨了新技术在高层建筑中的应用，并取得了一定的成就，使得芝加哥成为高层建筑的故乡。另一方面是美国现代建筑史中最具有代表意义的先驱人物赖特对新建筑的探求。他在美国中部地区地方农舍的自由布局基础上，融合了浪漫主义的想象力，创造了富于田园诗意的"草原住宅"，设计发展了具有地域特色的现代建筑。后来，他提倡的"有机建筑"便是这一探索的发展。

思 考 题

1. 简述艺术与工艺运动的艺术风格与主要代表建筑。
2. 结合实例简述西班牙高迪的建筑特征。
3. 结合实例简述维也纳学派和"分离派"建筑的主要特征。
4. 简要分析芝加哥学派在建筑探新运动中的主要成就。
5. 结合实例分析赖特"草原住宅"的设计特点。

第12章
20世纪初新建筑运动的高潮——现代主义建筑与代表人物

【教学目标】

主要了解现代主义建筑形成的社会背景和活动概况;理解现代建筑学派的基本观点;通过评析现代主义建筑大师格罗皮乌斯、密斯·凡·德罗、勒·柯布西耶、赖特和阿尔瓦·阿尔托的代表性建筑作品,理解并掌握其建筑思想与艺术风格。

【教学要求】

知识要点	能力要求	相关知识
现代主义建筑的形成	(1) 了解现代主义建筑形成的社会历史背景与活动概况 (2) 了解功能主义与有机建筑的异同	(1) 现代主义建筑 (2) 功能主义 (3) 有机建筑 (4) CIAM
格罗皮乌斯与包豪斯	(1) 理解格罗皮乌斯的建筑思想理论 (2) 评析格罗皮乌斯各时期的代表作品 (3) 了解包豪斯的教育思想与方式	(1) 包豪斯 (2) 法古斯工厂 (3) 包豪斯新校舍
勒·柯布西耶	(1) 理解勒·柯布西耶的建筑思想理论 (2) 评析勒·柯布西耶的代表作品	(1) 走向新建筑 (2) 新建筑五点 (3) 粗野主义
密斯·凡·德罗	(1) 理解密斯·凡·德罗的建筑思想理论 (2) 评析密斯·凡·德罗的代表作品	(1) 少就是多 (2) 全面空间 (3) 巴塞罗那博览会德国馆 (4) 玻璃摩天楼
赖特与有机建筑	(1) 理解赖特的有机建筑思想理论 (2) 评析赖特的代表作品	(1) 流水别墅 (2) 有机建筑
阿尔瓦·阿尔托	(1) 理解阿尔托的建筑思想理论 (2) 评析阿尔托的代表作品	(1) 人情化与地域性 (2) 帕米欧结核病疗养院 (3) 维堡图书馆;

 基本概念

现代建筑派、CIAM、新建筑五点、粗野主义、少就是多、全面空间、有机建筑、包豪斯。

第12章 20世纪初新建筑运动的高潮——现代主义建筑与代表人物

 引例

20世纪初，经历了漫长而曲折的探索之路，新建筑运动逐步走向高潮。20世纪影响最普遍、最深远的现代主义建筑终于登上了历史的舞台。什么是现代主义建筑？它与以往的建筑又有着怎样的区别？哪些建筑师以怎样的建筑活动引领着现代主义建筑成为世界建筑的主流呢？

12.1 现代主义建筑的形成

从19世纪后期到第一次世界大战结束，是新建筑运动的酝酿与准备阶段。至20世纪20年代，战争留下的创伤既暴露了社会中的各种矛盾，也暴露了建筑中久已存在的矛盾。一批思想敏锐、对社会事务敏感并具有一定经验的年轻建筑师面对战后千疮百孔的现实，决心将建筑变革作为己任，提出了比较系统和彻底的建筑改革主张，将新建筑运动推向了前所未有的高潮——现代建筑运动(Modern Movement)，从而形成了后来统治建筑学术界数十年的现代主义建筑派(Modern Architecture)。

现代主义建筑派包含两方面的内容：一方面是以德国的格罗皮乌斯、密斯·凡·德罗和法国的勒·柯布西耶为代表的欧洲现代主义派(Modernism)，又被称为功能主义派(Functionalism)、理性主义派(Rationalism)、国际现代建筑派(International Modern)。他们是现代建筑运动的主力军。另一方面是以美国赖特为代表的有机建筑派(Organic Architecture)。此外，还有一些派别人数不多但十分重要，如芬兰的阿尔氏·阿尔托(Alvar Aalto，1898—1976年)。他们在建筑观点上，特别是在建筑与社会和与时代的关系上，赞成欧洲的现代建筑派，但在设计手法上倾向于有机性。

欧洲现代主义派的形成过程。格罗皮乌斯、密斯·凡·德罗和勒·柯布西耶三个人在第一次世界大战前已经有过设计房屋的实践经验。1910年前后，三人都在德国建筑师贝伦斯的设计事务所工作过，对于现代工业对建筑的要求与条件有比较直接的了解。他们在大战前夕已经脱离了古典学院派建筑的影响，选择了建筑革新的道路。一战结束后，他们三人立即站到了建筑革新运动的最前列，不仅要彻底改革建筑，而且要使建筑帮助解决当时西欧社会公众住房极度紧张的困境。具体的方法就是重视建筑的功能、经济和动用新的工业技术来解决问题。

1919年，格罗皮乌斯出任德国魏玛艺术与工艺学校的校长，推行一套新的教学制度与教学方法。由他领导的这所成为"包豪斯"的学校随即成为西欧最激进的一个设计和建筑的中心。

1920年，勒·柯布西耶在巴黎与一些年轻的艺术家与文学家创办了《新精神》杂志，鼓吹创造新建筑。1923年出版《走向新建筑》一书，强烈批判保守派的建筑观点，为现代建筑运动提供了一系列理论根据。这本书像一声春雷，表明新建筑运动高潮——现代建筑运动的诞生。

密斯·凡·德罗在第一次世界大战后初期热心于绘制新建筑的蓝图。1919—1924年期间，他提出了玻璃和钢的高层建筑示意图、钢筋混凝土结构的建筑示意图等。他通过精心推敲的采用新技术的建筑形象向人们证明：摆脱旧的建筑观念的束缚后，建筑师完全能够创造出优美动人的新的建筑形象。

随着西欧经济形势的逐渐好转，格罗皮乌斯等人有了较多的实际建造任务。他们陆续设计出一些反映他们主张的成功作品。其中包括1926年格罗皮乌斯设计的包豪斯校舍；1928年勒·柯布西耶设计的萨伏伊别墅；1929年密斯·凡·德罗设计的巴塞罗那展览会德国馆等，这些建筑都成为了建筑历史的经典作品。

有了比较完整的理论观点，有了一批有影响的建筑实例，又有了包豪斯的教育实践，到20世纪20年代中期，现代派的队伍迅速扩大，声势日益壮大。1927年，德意志制造联盟在斯图加特举办的住宅建筑展览会上展出了5个国家16位建筑师设计的住宅建筑。其中有小住宅、联立式、公寓式等，设计者突破传统建筑的框框，发挥钢和钢筋混凝土结构及各种新材料的性能，在较小的空间内认真解决实用功能问题。如图12.1所示，在建筑形式上，大都采用没有装饰的平屋顶、白色抹灰墙、灵活的门窗布置和较大的玻璃面积。由于建筑风格比较统一，成为了现代建筑派一次有力的用实物做出的宣言。

图12.1　德意志制造联盟住宅建筑展览会上的住宅建筑

1928年，格罗皮乌斯、勒·柯布西耶和建筑评论家S.基甸（Sigfried Giedion）等在瑞士建立了由8个国家24位建筑师组成的国际现代建筑协会（International Congresses of Modern Architecture，CIAM），主要交流建筑工业化、低收入家庭住宅、有效使用土地与生活区的规划和城市建设等问题。这个组织一直到1959年解散，前后共召开过11次会议，各次会议均有不同的议题，进一步加强了对现代建筑思想的传播。特别是在1933年第四届大会上制定了《雅典宪章》，指出现代城市应解决好居住、工作、游憩、交通4大功能，曾对现代城市规划理论有过重要影响。

在设计方法上，现代建筑派有一些突出的特点：①重视建筑的使用功能并以此作为建筑设计的出发点；②积极采用新材料和新结构，促进建筑技术革新；③将经济问题作为设计中的重要因素考虑，从而达到实用、经济的目的；④主张摆脱历史上过时的建筑样式的束缚，放手创造新形式的建筑；⑤强调建筑艺术处理的重点应该从平面和立面构图转到空间和体量的总体构图方面；⑥废弃表面外加的建筑装饰，认为建筑美的基础在于建筑处理的合理性与逻辑性。

由于欧洲的现代派对于战后艰难时期的经济复兴特别适应，因而自20世纪20年代末普遍为当时的新型生产性建筑、大量性住宅及讲求实用并具有新功能的公共建筑，如学校、体育馆、图书馆、百货公司与电影院等所接受,并产生了不少富有创造性的实例。因此,现代建筑派成为当时欧洲占主导地位的建筑潮流。

任何建筑思潮都是既定环境下的产物并为这个环境的某一方面服务。第一次世界大战后,美国的现实不同于欧洲。欧洲当时是无论是战胜国还是战败国均陷于政治、经济、哲学的困境之中,而美国却因在战争中得益而经济上升、信心十足。战后美国的创作基本沿着战前的方向前进:大量的建筑仍以简化的复古主义为主,在高层建筑中则流行一种在简单的几何形体的墙面上饰以垂直、水平向或几何形图等装饰的装饰艺术派(Art Deco)风格。只有少数人致力于探索具有时代特征的现代风格。后者以赖特为代表的有机建筑派最为突出。赖特早在19世纪末便倡导了接近自然和富于生活气息的草原住宅;两次世界大战之间,利用新的工业材料与新技术来为他的现代生活与生活美学服务,并称之为有机建筑。赖特的有机建筑无疑是现代派的,它和欧洲的现代派有不少共同的地方:如反对复古、重视建筑功能,并采用新技术、认为建筑空间是建筑的主角等,从这些方面,也可将赖特定位为美国的现代建筑派。

从20世纪30年代起,现代主义建筑普遍受到欧美等国家年轻建筑师的欢迎,成为20世纪中叶在西方建筑界居主导地位的一种建筑,这种建筑的代表人物主张建筑师摆脱传统建筑形式的束缚,大胆创造适应于工业化社会的条件和要求的崭新的建筑,具有鲜明的理性主义和激进主义的色彩。

12.2 格罗皮乌斯与"包豪斯"

格罗皮乌斯原籍德国,现代建筑师和建筑教育家,现代主义建筑学派的倡导人之一,包豪斯的创办人。

格罗皮乌斯1883年出生于德国柏林一个建筑师的家庭。1903—1907年就读于慕尼黑工学院和柏林夏洛滕堡工学院。1907年,他得到一个机会在德国当时最重要的现代建筑师彼得·贝伦斯的建筑事务所工作,为他的建筑生涯奠定了非常重要的基础。他后来说:"贝伦斯第一个引导我系统地合乎逻辑地处理建筑问题。我变得坚信这样一种看法:在建筑表现中不能抹杀现代建筑技术,建筑表现要应用前所未有的形象。"

1910年格罗皮乌斯离开贝伦斯事务所自己开业,从事建筑设计。1915年开始在德国魏玛艺术与工艺学校任教。1919年任该校校长,并将其与魏玛美术学院合并成为公立包豪斯学校。1928年同勒·柯布西耶等组织国际现代建筑协会(CIAM)。

12.2.1 建筑思想与理论

1911—1914年间,格罗皮乌斯已经比较明确地提出要突破旧传统、创造新建筑的主张。他是建筑师中最早主张走建筑工业化道路的人之一。1913年,他在《论现代工业建筑的发展》中指出:现代建筑面临的课题是从内部解决问题,不要做表面文章。建筑不仅仅是一个外壳,而应该有经过艺术考虑的内在结构……建筑师脑力劳动的贡献表现在井然有序的平面布置和具有良好比例的体量……建筑师一定能创造出自己的美学章法。通过精确的不含糊的形式，清新的对比，各种部件之间的秩序，形体和色彩的匀称与统一来创造自己的美学章法。这是社会的力量与经济所需要的。格罗皮乌斯的这种建筑观点反映了工业化以后社会对建筑提出的现实要求。

1923 年，格罗皮乌斯发表了题为《艺术与技术的新统一》的演讲，第一次公开提到了艺术与技术的结合。1925—1926 年，他在《艺术家与技术家在何处相会》一文中写道："一件东西必须在各方面都与它的目的性相配合，就是说，在实际能完成它的功能，是可用的，可信赖的，并且是便宜的。"很明显，这一时期，格罗皮乌斯在建筑设计原则和方法上较明显地将功能因素和经济因素放在最重要的位置上。

1928 年，格罗皮乌斯离开了包豪斯，在柏林从事建筑设计和研究工作。特别注意面向公众的居住建筑、城市建设和建筑工业化问题。1928—1934 年间，他设计的一些公寓建筑得到实现。这一时期，格罗皮乌斯还研究了在大城市中建造高层住宅的问题。他认为，"高层住宅的空气阳光最好，建筑物之间距离拉大，可以有大块绿地供孩子们嬉戏"；"应该利用我们拥有的技术手段，使城市和乡村这对立的两极互相接近起来"。

除此之外，格罗皮乌斯还热心于试验用工业化方法建造预制装配式住宅，提出了一整套关于房屋设计标准化和预制装配的理论和方法。他在《工业化社会中的建筑师》一文中写道："在一个逐渐发展的过程中，旧的手工建造房屋的过程正在转变为把工厂制造的工业化建筑部件运到工地上加以装配的过程。"

12.2.2 包豪斯

1919 年，第一次世界大战刚刚结束，格罗皮乌斯出任魏玛艺术与工艺学校校长，他将该校和魏玛美术学院合并成为一所专门培养建筑和工业日用品设计人才的高等学院，称为"公立包豪斯学校"（Staatliches Bauhaus），简称"包豪斯"。包豪斯是德语 Bauhaus 的译音，由德语 Hausbau（房屋建筑）一词倒置而成。

格罗皮乌斯在包豪斯按照自己的观点实行了一套新的教学计划与方法。教学计划分为 3 部分：第一，预科教学，为期 6 个月。学生主要在实习工厂中了解和掌握不同材料的物理性能和形式特征；同时还上一些设计原理和表现方法的基础课；第二，技术教学，为期 3 年。学生以学徒身份学习设计，试制新的工业日用品，改进旧产品使之符合机器大生产的要求。期满及格者可获得"匠师"证书；第三，结构教学。有培养前途的学生，可留校接受房屋结构和设计理论的训练，结业后授予"建筑师"称号。

在教学方法上，主要有 5 个特点：第一，在设计中强调自由创造，反对模仿因袭、墨守成规；第二，将手工艺与机器生产结合；第三，强调各门艺术之间的交流融合，提倡工艺美术和建筑设计向当时已经兴起的抽象派绘画和雕刻艺术学习；第四，培养学生既有动手能力又有理论素养，为此，学院教育把车间操作同设计理论教学结合起来；第五，将学校教育与社会生产挂钩。包豪斯师生所做的工艺设计常常交给厂商投入实际生产。

由于这些做法，包豪斯打破了学院式教育的条框，使设计教学与生产发展取得了紧密的联系。1923 年，包豪斯举行了第一次展览会，展出了设计模型、学生作业及绘画与雕塑等，取得了很大成功，受到欧洲许多国家设计界和工业界的重视与好评。在建筑方面，包豪斯的师生协作设计了多处讲求功能、采用新技术和形式简洁的建筑。如德绍的包豪斯校舍、学校教师住宅等。他们还试建了预制板材的装配式住宅；研究了住宅区布局中的日照及建筑工业化、构件标准化和家具通用化的设计和制造工艺等问题，对建筑的现代化影响很大。

12.2.3 代表作品

1. 法古斯工厂

法古斯工厂是一个制造鞋楦的工厂。它的平面布置和体型主要依据生产上的需要，打破了对称的格式。建筑采用平屋顶，没有挑檐。在长约40m的墙面上，除了支柱外，全是玻璃窗和金属板做的窗下墙。这些由工业制造的轻而薄的建筑材料组成的外墙，完全改变了砖石承重墙建筑的沉重形象。如图12.2所示，在法古斯工厂我们看到了：①非对称的构图；②简洁整齐的墙面；③没有挑檐的平屋顶；④大面积的玻璃墙；⑤取消柱子的建筑转角处理。这些手法与钢筋混凝土结构的性能一致，符合玻璃和金属的特性，既满足了建筑的功能需要，又产生了一种新的建筑形式美。

图12.2 法古斯工厂

2. 包豪斯学校新校舍

1925年，包豪斯学校从德国魏玛迁到德绍，格罗皮乌斯为这所学校设计了新校舍。如图12.3所示，新校舍大体分为3部分：第1部分是包豪斯的教学用房。采用4层的钢筋混凝土框架结构，面临主要街道；第2部分是包豪斯的生活用房，包括学生宿舍、饭厅和礼堂等。学生宿舍是一个6层小楼，位于教学楼之后，两者之间安排了单层饭厅和礼堂；第3部分是职业学校，它是一个4层小楼，与包豪斯教学楼中间隔一条道路，两者之间以过街楼相连。

包豪斯校舍的建筑设计有3个特点。

（1）以建筑物的实用功能作为出发点。按照各部分的功能需求和相互关系来安排它们的位置并决定其体型。生产车间和教室需要充足的光线，就设计成框架结构和大片玻璃墙面，位于临街处。饭厅与礼堂布置在教学楼与宿舍之间，方便联系。职业学校则布置在单独的一翼，它与包豪斯学校的入口相对而立，且正好在进入小区通路的两边，内外交通便利。

（2）采用了不对称、不规整与灵活的布局和构图手法。包豪斯校舍是一座不对称的建筑，平面体形基本呈风车形，各部分大小、高低、形式和方向不同的建筑体形有机地组合成一个整体，有多条轴线和不同的立面特色。

（3）充分利用现代建筑材料与结构的特点，使建筑艺术表现出现代技术的特点。整座建筑造型异常简洁，它既表达了工业化的技术要求，也反映了抽象艺术的理论已在建筑艺术中得到了实践。包豪斯校舍几乎摈弃了任何附加的装饰，而是利用房屋的各种要素本身形成造型美。窗格、雨罩、挑台栏杆、大片玻璃墙及实墙面等恰当地组织起来，取得了简洁、富有动态的构图效果。

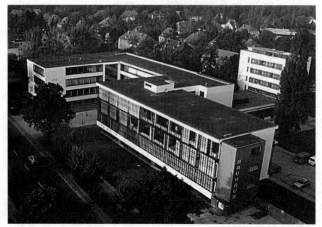

(a) 校舍鸟瞰　　　　　　　　　　　　　(b) 建筑细部

(c) 学生宿舍与过街楼　　　　　　　　　(d) 工艺车间外观

图 12.3　包豪斯学校新校舍

12.3　勒·柯布西耶

现代建筑大师，20 世纪最重要的建筑师之一，现代建筑运动的积极分子和主将，机器美学的重要奠基人。

1887 年 10 月 6 日，勒·柯布西耶出生于瑞士一个钟表制造者家庭。他早年学习雕刻工艺，1907—1911 年，开始自学建筑学，不但参与各种建筑项目，还云游欧洲各国，观察、研究和学习欧洲历代建筑结构和风格特点。第一次世界大战前，他曾在巴黎 A·佩雷和柏林 P·贝伦斯处工作。1917 年移居巴黎。在这里，他认识了一大批具有前卫思想的艺术家。1920 年，他们一起合编了《新精神》杂志，他的设计思想也在这一阶段开始成熟。1928 年他与格罗皮乌斯、密斯·凡·德罗组织了国际现代建筑协会。

12.3.1 建筑思想与理论

1923年,勒·柯布西耶出版了自己的第一部论文集《走向新建筑》。这是一本宣言式的小册子,其中心思想是激烈否定19世纪以来因循守旧的建筑观点、复古主义和折中主义建筑风格,主张创造新时代的新建筑。在文中,他提出了自己的机械美学观点,强调"建筑应该是生活的机器"。他说:"如果从我们头脑中清除所有关于房屋的固有概念,而用批判的、客观的观点观察问题,我们就会得到:房屋机器——大规模生产房屋的概念。"在书中,他赞赏现代工业的成就,对于钢筋混凝土结构的潜力非常重视。他还特别举出轮船、汽车与飞机是表现新时代精神的工业产品,而只有结构工程师才能够将这两者的精神通过工厂技术引入到建筑中去。在这种指导思想下,他极力鼓吹用工业化方法大规模建造房屋,"住宅问题是时代的问题……在这更新的时代,建筑的首要任务是促进降低造价,减少房屋的组成构件",让房屋进入工业制造的领域。

1926年,勒·柯布西耶提出了"新建筑五个特点":①房屋底层采用独立支柱;②屋顶花园;③自由的平面;④横向长窗;⑤自由的立面。这些都是由于采用框架结构,墙体不再承重以后产生的建筑特点。柯布西耶充分发挥这些特点,在20世纪20年代设计了一些同传统建筑迥异的住宅,萨伏伊别墅是其中的著名代表作。

他在建筑艺术上追求机器美学,认为房屋的外部是内部的结果,平面必须自内而外进行设计。同时,他也强调一个建筑师不是一个工程师而是一个艺术家。他说建筑的轮廓不受任何约束,轮廓线是纯粹精神的创造,它需要有造型艺术家。建筑师用形式的排列组合,实现了一个纯粹是他精神创造的程式。这些观点表明他既是理性主义者,又是浪漫主义者。

12.3.2 代表作品

1. 萨伏伊别墅(Villa Savoye,1928—1930年)

如图12.4所示,建筑位于巴黎附近,平面约为22.50m×20m的方块,采用了钢筋混凝土结构。底层3面均用独立支柱围绕,中心部分有门厅、车库、楼梯和坡道等。二层为客厅、餐厅、厨房、卧室和小院子。三层为主人卧室与屋顶花园。柯布西耶在这里充分表现了机器美学观念和抽象艺术构图手法。长方形的上部墙体支撑在下面细瘦的立柱上,虚实对比非常强烈。他提倡的"新建筑五个特点"在这里也得到了充分展示。虽然住宅的外部相当简洁,但内部空间却相当复杂。它如同一个简单的机器外壳中包含有复杂的机器内核。

2. 巴黎瑞士学生宿舍(1930—1932年)

柯布西耶早期倡导工业化和纯净主义,轻视手工艺。但我们看到,他后来的建筑作品渐渐不那么单纯和纯净,渐渐加入了自然材料、手工技艺和乡土建筑的某些特征。巴黎大学城中的瑞士学生宿舍就是较早体现他的理念有所改变的一个实例。

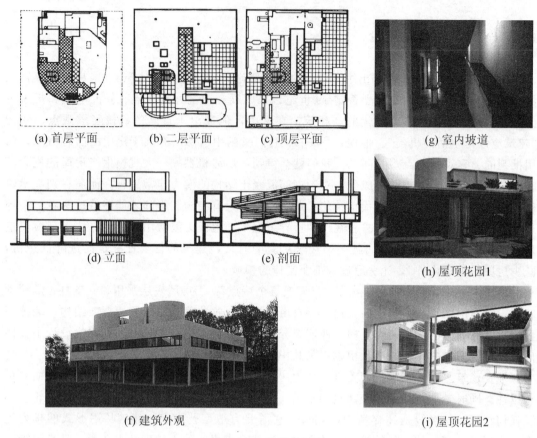

图 12.4 萨伏伊别墅

如图 12.5 所示，瑞士学生宿舍主体为一座长条形 5 层楼房，建筑底层开敞，除了 6 对钢筋混凝土柱墩，其余地方用作雨廊、存车和休闲。2~5 层采用钢结构及轻质墙体，单面走道。宿舍入口、门厅和公共活动室等为单层房屋，采用不规整设计，有斜墙与曲墙。曲墙采用乱石堆筑，颇有自然质感。整个建筑体量不大却充满形式上的对比效果，有高低体量的对比、轻薄的幕墙与沉重的柱墩的对比、平直墙面与弯曲墙面的对比、光滑表面与粗糙表面的对比、机械感与雕塑感的对比、开敞通透与封闭严实的对比、机器加工效果与手工痕迹的对比等。瑞士学生宿舍设计上的这些对比手法在以后的现代建筑中常有运用。

(a) 建筑外观1

(b) 建筑外观2

图 12.5 巴黎瑞士学生宿舍

(c) 底层架空　　　　　　　　　(d) 入口外观

图 12.5　巴黎瑞士学生宿舍（续）

12.4　密斯·凡·德罗

　　密斯·凡·德罗，1886 年 3 月 27 日生于德国亚琛。未受过正规的建筑训练，幼时跟随父亲学习石工，对材料的性质和施工技艺有所认识，又通过绘制装饰大样掌握了绘图技巧。1908 年进入贝伦斯事务所任职，在那里学习到许多重要的建筑技巧和现代建筑思想。1919 年开始在柏林从事建筑设计，1926—1932 年任德意志制造联盟第一副主任，1930—1933 年任德国公立包豪斯学校校长。1937 年移居美国。

　　密斯·凡·德罗的贡献在于通过对钢框架结构和玻璃在建筑中应用的探索，发展了一种具有古典式的均衡和极端简洁的风格。其作品特点是整洁和骨架几乎露明的外观，灵活多变的流动空间及简练而制作精致的细部。1928 年提出的"少就是多"集中反映了他的建筑观点和艺术特色。

12.4.1　建筑思想与理论

　　一战之后，密斯非常活跃地参与了一系列现代建筑展览。这一时期他的建筑项目非常少，但建筑思想却很活跃。他最重要的建筑设计大部分仅仅保留在纸上，都是一些具有非常独特想法的设计草图，表达了他对于未来建筑的构想：标准化的、能够批量生产建造的、没有装饰的。这些设计是他日后大量建筑的精神基础、理论根源和形式模式。

　　1921—1922 年年间，密斯·凡·德罗提出了 2 个玻璃摩天楼(The "Glass Skyscraper")的示意方案。1921 年提出的"蜂巢"方案，如图 12.6 所示，平面设计成锐角，外观是长而尖的大块体量，整个建筑立面采用玻璃幕墙结构，完全通透。1922 年，密斯又设想了一个新的玻璃摩天楼方案，如图 12.7 所示，是一座完全用玻璃外墙做成的自由平面塔楼。在这个方案中，柱子和几何形布置系统已由变形似的平面所取代，本身所有合理的规则都消失了。因此不难看出密斯在这里并没有对实际的结构感兴趣，他首先想到的只是形式。

这两个设计都具有简单到极点的形式特色，这就是他"少就是多"（Less is More）原则的最早的集中体现。

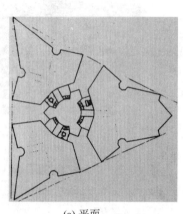 

(a) 平面　　　　　　　　　　　(b) 透视图

图 12.6　密斯 1921 年提出的"蜂巢"方案

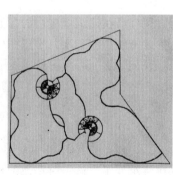 

(a) 平面　　　　　　　　　　　(b) 外观模型

图 12.7　密斯 1922 年提出的玻璃摩天楼方案

对于"少就是多"，其具体内容主要寓意于两个方面：一方面是简化结构体系，精简结构构件，主张以结构不变适应功能万变，追求流动空间与全面空间。这个空间，不仅可以按多种不同功能需要而自由划分为各种不同的部分，同时也可以按空间艺术的要求，创造内容丰富与步移景异的流动空间。另一方面是净化建筑形式，使之成为不具有任何多余东西，只是由直线、直角、长方形与长方体组成的几何形构图。

密斯在 30 年代最令人瞩目的工作是担任包豪斯的第 3 任校长。他对学院进行了结构的改革，将包豪斯从一个以工业产品设计为中心的教学中心，改变成为一个以建筑教育为中心的新型设计学院,为第二次世界大战后不少设计学院奠定了新的体系模式。这是密斯现代设计思想的另一个重要体现。

12.4.2 代表作品

1. 巴塞罗那博览会德国馆(Barcelona Pavilion,1929年)

这是一座无明确用途的纯标志性建筑。如图12.8所示,整个德国馆立在一片不高的基座上。主厅部分由8根十字形断面的钢柱和一块轻薄、简单的屋顶板组成,长25m,宽14m。平面非常简单,空间处理却较复杂。隔墙有玻璃和大理石的两种,墙的位置灵活,

(a) 平面图　　　　　　　　　　(b) 室内分隔

(c) 建筑外表面　　　　　　　　(d) 建筑外表面石墙

(e) 建筑入口景观　　　　　　　(f) 室内场景

(g) 建筑外观　　　　　　　　　(h) 室内场景

图 12.8　巴塞罗那博览会德国馆

纵横交错,有的延伸出去成为院墙,由此形成了一些既分隔又连通的半封闭半开敞的空间。室内各部分之间,室内和室外之间相互穿插,没有明确的分界。在这里,"流动空间"(Flowing Space)的概念得到了充分的体现。

这座建筑的另一个特点是形体处理非常简洁。不同构件与不同材料之间不做过渡性的处理,一切都是非常简单明确。仅有的装饰因素就是两个长方形的水池与一个少女雕像。

这座建筑的美学效果除了在空间与形体上得到反映外,还着重依靠建筑材料本身的质感与颜色所造成的强烈对比来体现。不同色彩的大理石、玻璃配以挺拔光亮的钢柱,显得高贵雅致,具有新时代的特色。

2. 图根德哈特住宅(Tugendhat House,1930年)

如图12.9所示,住宅坐落于花园中,面积十分宽阔。它的起居室、餐厅和书房部分之间只有一些钢柱子和两三片孤立的隔断,有一片外墙是活动的大玻璃,形成了和巴塞罗那博览会德国馆类似的流动空间。

(a) 建筑外观

(b) 室内外场景

(c) 室内家具

(d) 室内场景

图12.9 图根德哈特住宅

12.5 赖特与有机建筑

赖特于1869年出生在美国威斯康星州,他在大学中原来学习土木工程,后来转而从事建筑。1888年进入当时芝加哥学派建筑师沙利文等人的建筑事务所工作。1894年,他在芝加哥独立开业,并独立地发展着美国土生土长的现代建筑。20世纪初,他创造了富于田园诗意的"草原住宅",后来在这一基础上,又提出了"有机建筑"(Organic Architecture)学说,为建筑学开辟了新的境界。他的建筑思想和欧洲新建运动的代表人物有明显的差别,他走的是一条独特的道路。

12.5.1 建筑思想与理论

赖特称自己的建筑为"有机的建筑",他有很多文章与讲演阐述他的理论。首先,他说:"有机建筑是一种由内而外的建筑,它的目标是整体性。"在这里,局部要服从于总体,总体也要照顾局部。他认为建筑之所以成为建筑,其实质在于它的内部空间。他倡导着眼于内部空间效果来进行设计,"有生于无",屋顶、墙和门窗等实体都处于从属的地位,应服从所设想的空间效果。这就打破了过去着眼于屋顶、墙和门窗等实体进行设计的观念。其次,赖特还认为有机建筑就是"自然的建筑",建筑必须和自然环境有机结合。他说:"每一种生物所具有的特殊外貌,是它能够生存于世的内在因素决定的。同样地每一建筑都有其特定地点、特定目的和特定的自然和物质条件,以及特定的文化产物……建筑应该是有机的。"有机建筑,能够反映出人的需要、场地的自然特色及使用可利用的自然材料。

总结其理论,有机建筑的思想主要表现在:①对待环境,主张建筑应与大自然和谐,就像从大自然里生长出来似的。②对待材料,主张既要从工程角度,又要从艺术角度理解各种材料不同的天性。③对待装饰,认为装饰不应该作为外加于建筑的东西,而应该是建筑上生长出来的,要像花从树上生长出来一样自然。它主张力求简洁,但不像某些流派那样,认为装饰是罪恶。④对待传统建筑形式,认为应当了解在过去时代条件下所以能形成传统的原因,从中明白在当前条件下应该如何去做,才是对待传统的正确态度,而不是照搬现成的形式。

赖特对建筑的看法同勒·柯布西耶、密斯·凡·德罗等人有明显的区别,有的地方还是完全对立的。勒·柯布西耶宣称"住宅是居住的机器",而赖特最厌恶将建筑物弄成机器般的东西,他认为"建筑应该是自然的,要成为自然的一部分"。比较柯布西耶的萨伏伊别墅与赖特的流水别墅,很容易看出两者的分别。萨伏伊别墅虽有大片的土地可用,却将房子架设在支柱上。周围虽有很好的景色,却在屋顶上另设屋顶花园,还用高墙包绕。萨伏伊别墅以生硬的姿态与自然环境相对立,而赖特的流水别墅却同周边自然环境密切结合。萨伏伊别墅可以放在别的地方,流水别墅则是那个特定地点的特定建筑。这两座建筑是两种不同的建筑思想的产物,从两者的比较中,可以看出赖特有机建筑论的大致意向。

作为一个杰出的浪漫主义建筑诗人,赖特并不喜欢发生在20世纪20年代的欧洲新建筑运动。他认为那些人将他开了头的新建筑引入了歧途。他挖苦说"有机建筑抽掉灵魂就成了'现代建筑'",他对当代建筑一般采取否定的对立态度,因而,他后来虽然有了很大的名声,却是个落落寡合的孤独者。他实际涉及的建筑领域其实很狭窄,主要是有钱人的小住宅和别墅,以及带特殊性的宗教与文化建筑。大量性的建筑类型和有关国计民生的建筑问题较少涉及,可以说,他是一个为少数有特殊爱好的业主服务的建筑艺术家。

但在建筑艺术范围内,赖特确有其独到的地方,始终给人以诗一般的享受。他比别人更早地冲破了盒子式的建筑。他的建筑空间灵活多样。他既运用新材料与新结构,又始终重视和发挥传统建筑材料的优点,并善于将两者结合起来。同自然环境紧密结合则是他的建筑最大的特色。

12.5.2 代表作品

1. *流水别墅*(Fallingwater House，1936 年)

流水别墅是赖特"有机建筑"的代表性实例，它是匹茨堡市百货公司老板考夫曼的产业。考夫曼买下了一片很大的风景优美的地产，聘请赖特设计别墅。赖特向来强调"建筑要与自然紧密结合，紧密到建筑与那个地点不能分离……最好做到建筑物好像是从那个地点生长出来的"，因此在认真细致研究现场环境的条件与特点的基础之上，他选择了一处地形起伏、林木繁盛的风景点，在那里一条溪水从巉岩上跌落形成一个瀑布。赖特就将别墅设计在瀑布的上方，山溪在它的底下潺潺流淌。

如图 12.10 所示，别墅造型高低错落，最高处有 3 层。采用钢筋混凝土结构，各层均设计有悬挑的大平台。由于利用了现代钢筋混凝土悬臂梁的悬挑能力，挑台出挑宽度较大，在外观上形成了一层层深远的水平线条。整个建筑用垂直方向发展的长条形石砌烟囱将建筑物的各部分水平线条统一起来，形成纵横相交的构图。石墙粗糙深沉的色调和光洁明亮的钢筋混凝土水平挑台形成强烈对比。外墙有实有虚，一部分是粗犷的石墙；另一部分是大片玻璃落地窗，使空间内外穿插，融为一体。

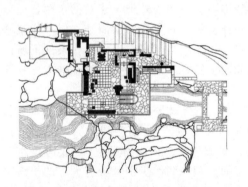

(a) 入口层平面

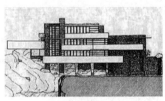

(b) 建筑南立面

(c) 建筑西立面

(d) 别墅外景观

(e) 室内场景1

(f) 室内场景2

图 12.10 流水别墅

流水别墅最成功的地方还是与周围自然环境的有机结合。建筑物轻盈地凌立于流水之上，层层交错的挑台争先恐后地深入周围空间，反映了地形、山石、流水、林木的自然结合。在这里，人工的建筑艺术与自然的景色相互映衬，相得益彰。

2. 西塔里埃森(Taliesin West, 1938年)

西塔里埃森，如图 12.11 所示，是赖特为自己设计的工作室，坐落在荒砂中，是一片单层的建筑群，其中包括工作室、作坊、赖特和学生们的住宅、起居室、文娱室等空间。那里气候炎热，雨水稀少，西塔里埃森的建筑方式反映了这些特点。它用当地的石块和水泥筑成厚重的矮墙与墩子，上面用木料与帆布板覆盖，是一组不拘形式的、充满野趣的建筑群。在内部，有些角落如洞天府地，有的地方开阔明亮，与沙漠荒野连通一气。它同当地的自然景物很匹配，给人的印象是建筑物本身好像是从那块土地中长出来的。

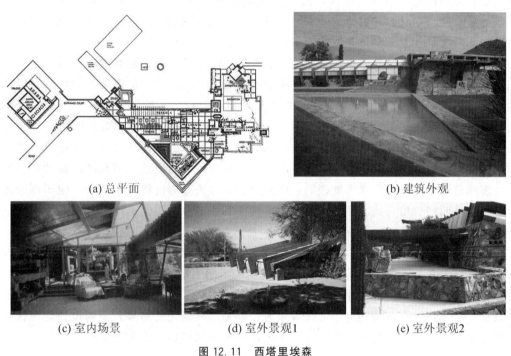

(a) 总平面　　　　　　　　　　(b) 建筑外观

(c) 室内场景　　　(d) 室外景观1　　　(e) 室外景观2

图 12.11　西塔里埃森

12.6　阿尔瓦·阿尔托

阿尔托出生于芬兰的库尔坦纳，从小喜欢绘画。1921 年毕业于赫尔辛基工业大学建筑学专业，成为一位正式的建筑师。1928 年参加了国际现代建筑协会。1929 年，按照新兴的功能主义建筑思想同他人合作设计了为纪念土尔库建城 700 周年而举办的展览会的建筑。他抛弃传统风格的一切装饰，使现代主义建筑首次出现在芬兰，推动了芬兰现代建筑的发展。阿尔托的创作范围广泛，从区域规划、城市规划到民用建筑、工业建筑；从室内装修到家具、灯具及日用工艺品的设计等。

阿尔托在建筑上的国际知名度与格罗皮乌斯、密斯·凡·德罗、勒·柯布西耶、赖特等人一样高，而他在建筑与环境的关系、建筑形式与人的心理感受的关系这些方面都取得了其他人没有的突破，是现代建筑史上举足轻重的重要建筑大师。

12.6.1 建筑思想与理论

阿尔托在他的早期设计生涯中非常注意欧洲的现代建筑发展情况，对于采用没有装饰的形式、采用包括钢筋混凝土和玻璃为主的现代建筑材料非常感兴趣，他针对寒冷的芬兰地区发展出自己独特的现代建筑思想。

阿尔托的设计具有轻松流畅感，与高度理性的勒·柯布西耶形成鲜明的对照。他一生都在寻求与现代世界的协调特征，而不是简单地创造一个非人格化、非人情味的人造环境。他喜欢使用木材，因为他认为木材本身具有与人相同的地方——自然、温情。复杂的木结构、高度统一的风格是典型的阿尔托设计特征。

他还非常重视建筑的形象设计。他说："为了达到实用与卓越的美的造型结合，人不能总是以理性和技术为出发点，也许根本不能以它们为出发点。应该给人的想象力以自由驰骋的空间。"他认为一旦有一个明确的形象，整个设计的系统将围绕这个形象而发展开来。在他的设计中，个体与整体是互相联系的，椅子与墙面、墙面与建筑结构，都是不可分开的有机组成部分。而建筑是自然的一部分，从关系来讲，建筑必须服从环境，墙面必须服从建筑，椅子必须服从墙面，具有内在的主从关系。而建筑设计和产品设计的自然关系，应该是以下意识的方式来处理的。他的设计常常关心如何将使用者引入他所创造的形象之中，从而使自然与他的建筑设计成为一种下意识的存在。这是他与其他几位欧洲现代建筑大师的不同之处。

他的真正最大贡献在于他的人文主义原则。他强调建筑应该具有真正的人情味，而这种人情风格不是标准化、庸俗化的，而是真实的、感人的。为了使他的设计具有人情味，他早在20世纪30年代的设计中已经努力探索了。大量采用自然材料、有机形态，改变照明设计——利用大天窗达到自然光线效果等，都是这种探索的结果。他的设计是现代主义基础之上的人文表达，与非人情化、非个人化的密斯风格形成了鲜明对照。

12.6.2 代表作品

1. 芬兰帕米欧结核病疗养院（Tuberculosis Sanatorium at Paimio，1929—1933年）

疗养院位于离城不远的一个小乡村，环境优美，周围全是绿化。如图12.12所示，建筑顺应地形地势展开，与周围的环境完美结合。阿尔托将病人的休养置于首位，最重要的部分是7层的病房大楼，大楼背后为垂直交通部分，连接一幢4层小楼，安置治疗用房、病人文娱室及办公室等。这样布局使休养、治疗、交通、管理、后勤等部分有比较方便的联系，同时减少相互间的干扰。病房面对着原野与树林，使得每个房间有充足的阳光、空气和视野。

主楼（病房大楼）外部采用白色墙面衬托大片玻璃窗，在侧面的各层阳台上点缀色彩鲜艳的栏板，创造了清新明快的建筑形象。建筑采用了钢筋混凝土框架结构，外形如实地反映了它的结构逻辑性。

(a) 总平面图

(b) 建筑群鸟瞰

(c) 病房大楼外观

(d) 建筑细部1

(e) 建筑细部2

(f) 病房室内

图 12.12　帕米欧结核病疗养院

2. 维堡市立图书馆（Municipal Library，Viipuri，1935 年）

维堡市立图书馆作为小镇居民的文化生活中心，包括书库、阅览室、办公与研究及演讲厅等多种功能。阿尔托从分析各种房间的功能用途和相互关系出发，将各部分恰当地组织在紧凑的建筑体量中。如图 12.13 所示，整个图书馆由两个长方体组成，采用钢筋混凝土结构，外部处理简洁，体现了现代建筑的基本特征。但是，建筑不拘泥于简单刻板的几何形式，在局部采用了有机形态；在材料上也采用了相当数量的木材，而不仅仅是钢筋混凝土；在照明上采用了大型的顶部光源方式。在设计中，他还开创性使用了多层开敞的内部空间布局。

3. 玛丽亚别墅

1933 年后，阿尔托的建筑作品开始带有明显的地区特点。芬兰的自然环境特色，特别是繁密的森林与曲折的湖泊进入了他的设计，作品中出现了许多曲线和曲面。1938 年他设计的玛丽亚别墅，既有现代建筑的便利和形象，又有芬兰乡土建筑的情韵。他没有照搬已有的现代建筑的模式，而是吸取了传统要素，而又超越了传统建筑。

如图 12.14 所示，玛丽亚别墅地处茂密树丛之中，平面呈两个曲尺形重叠而成"门"形，三面较封闭，中间为花园。建筑形体由几个规则的几何形块体组成，但在重点部位点缀了自由曲线形的形体，既顺应了人的活动安排功能，又创造了柔顺的空间形式。同时，阿尔托运用不同材料肌理的并列（白粉墙、木板条、打磨光滑的石头、毛石墙、天然粗树干、束柱、钢筋混凝土支柱等），以及精致的细部探索了丰富的建筑形式。

(a) 建筑鸟瞰

(b) 建筑外观1

(c) 建筑外观

(d) 室内场景

(e) 阅览室内景

(f) 阅览室天窗

图 12.13 维堡市立图书馆

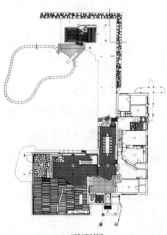

(b) 建筑外观1　(c) 室内场景1

(a) 平面图

(d) 建筑外观2

(e) 室内场景2

(f) 建筑细部

图 12.14 玛丽亚别墅

本 章 小 结

本章主要讲述了 20 世纪 20 年代后现代建筑学派的形成与发展，现代建筑大师格罗皮乌斯、密斯·凡·德罗、勒·柯布西耶、赖特和阿尔瓦·阿尔托的建筑思想理论、风格特色和代表作品。

总的来说，现代建筑学派的指导思想是要使当代建筑表现工业化时代的精神，其基本观点大致是：第一，强调功能，提倡"形式服从功能"。设计房屋应自内而外，建筑造型自由且不对称，形式应取决于使用功能的需要。第二，注意应用新技术的成就，使建筑形式体现新材料、新结构、新设备和工业化施工的特点。建筑外貌应成为新技术的反映。第三，体现新的建筑审美观，建筑艺术趋向净化，摈弃折中主义的复古思潮与烦琐装饰，建筑造型成为几何形体的抽象组合，简洁、明亮、轻快成为它的外部特征。第四，注意空间组合与结合周围环境。流动空间、全面空间、有机建筑论等都是具体表现。

现代建筑学派在历史上起了相当的进步作用。首先是在 1919 年第一次世界大战后，以简朴、经济、实惠为特点的现代建筑较快地满足了大规模房屋建设的需要。其次，现代建筑能够适应于工业化的生产，符合新时代的精神。再次，现代建筑的艺术造型体现了新的艺术观，简洁抽象的构图给人以新颖的艺术感受。最后是现代建筑注重使用功能，比只追求形式的设计方法显然是前进了一大步。

当然，由于历史与认识的局限，现代建筑派不可避免地存在片面性。过分强调纯净、强调功能，限制了建筑艺术的创造性，使现代建筑走向了千篇一律的"国际式"，同时，一味屈从于工业生产的羁绊，致使建筑成为冷冰冰的机器，缺乏生活气息。

思 考 题

1. 结合实例评述格罗皮乌斯的建筑思想理论与艺术风格。
2. 结合实例评述密斯·凡·德罗的建筑思想理论与艺术风格。
3. 结合实例评述勒·柯布西耶的建筑思想理论与艺术风格。
4. 结合实例评述赖特的有机建筑理论与艺术风格。
5. 结合实例评述阿尔托的建筑思想理论与艺术风格。

第13章
1945年—20世纪70年代初期的建筑——国际主义建筑的普及与发展

【教学目标】

主要了解国际主义建筑的全面普及和活动概况；掌握国际主义运动的主要分支流派及其建筑表现；通过评析现代建筑大师格罗皮乌斯、密斯·凡·德罗、勒·柯布西耶、赖特和阿尔瓦·阿尔托的代表性建筑作品，理解并掌握其在国际主义运动时期的建筑思想与艺术风格。

【教学要求】

知识要点	能力要求	相关知识
国际主义建筑的全面普及	(1) 了解国际主义建筑的起源及全面普及的社会历史背景 (2) 掌握国际主义运动在欧美及日本的风格表现	(1) 国际主义风格 (2) 粗野主义 (3) 柯布西耶派
国际主义运动的分支流派	(1) 理解国际主义运动各分支流派的建筑思想理论 (2) 评析国际主义运动各分支流派的代表作品	(1) 机器美学 (2) 典雅主义 (3) 有机功能主义
国际主义运动中的大师和他们的建筑	(1) 掌握格罗皮乌斯的建筑思想及其代表作品 (2) 掌握密斯·凡·德罗的建筑思想及其代表作品 (3) 掌握勒·柯布西耶的建筑思想及其代表作品 (4) 掌握赖特的建筑思想及其代表作品 (5) 掌握阿尔托的建筑思想及其代表作品	(1) 对理性主义、功能主义的充实与提高 (2) 全面空间 (3) 讲求技术精美 (4) 有机建筑 (5) 美国风格 (6) 人情化与地域性

基本概念

国际主义风格、粗野主义、典雅主义、有机功能主义、美国风格、有机建筑。

引例

第二次世界大战以后到20世纪70年代后现代主义建筑运动开始前夕，西方建筑的发展基本可以分

第13章 1945年—20世纪70年代初期的建筑——国际主义建筑的普及与发展

为两个阶段：第一阶段，1945年至50年代初期的恢复重建阶段。主要发展解决住房问题的现代功能性住宅，采用的方式是20—30年代在欧洲发展起来的现代主义建筑模式，预制件工业生产住宅，主要关心的问题是建造时间短和造价低廉，建筑本身简单，没有任何装饰；第二阶段，50—70年代的国际主义建筑运动阶段。以密斯的国际主义风格作为主要的建筑形式，采用"少就是多"的减少主义（Minimalism）原则，突出建筑结构，强调简单、明确的特征，强调工业化特点。以纽约的西格拉姆大厦为里程碑，在全世界发达国家掀起的国际主义风格运动，影响巨大，改变了众多城市面貌。

在国际主义的主流之下，出现了几个基于国际主义风格的分支流派，它们是：粗野主义、典雅主义、有机功能主义。这些流派从建筑思想、建筑结构、建筑材料等方面都属于国际主义风格，但在具体形式上却各有不同特点，丰富了相对比较单调的国际主义风格。

13.1 国际主义建筑的全面普及

国际主义风格源于现代主义建筑。早在1927年，美国建筑师菲利普·约翰逊就注意到德国举办的魏森霍夫住宅建筑展的一种单纯、理性、冷静、机械式的风格，他认为这种风格会成为一种国际流行的建筑风格，因此称之为国际主义风格（International Style）。

20世纪30年代末，受到战争的影响，欧洲现代建筑运动的主要人物纷纷移民美国，使得源于欧洲的现代建筑运动迁移到美国继续发展。美国的巨大社会需求、庞大的经济实力和美国人民对于外来思想和设计的毫无保守的欢迎与接受，使得欧洲现代主义建筑与设计在美国全面普及。对此，菲利普·约翰逊曾说："德国人讨论现代主义，美国人并不讨论，但是他们却把整个国家按照现代主义的模式建造起来了。"

战后的美国，建筑的发展达到兴盛的高潮，源于欧洲的现代主义被广泛采用：格罗皮乌斯在包豪斯校舍中运用钢筋混凝土预制构件的设计风格被广泛应用于政府的各项建设项目上；而格罗皮乌斯和密斯创立的玻璃幕墙大楼结构，则更为企业中意，立即成为美国企业的标准建筑风格。经过十多年的发展，钢筋混凝土预制件结构和玻璃幕墙结构得到非常协调的混合，成为国际主义建筑的标准面貌。

1959年以后，西方许多国家的大企业纷纷兴建总部大楼，以密斯的西格拉姆大厦为典范，形成了企业大楼的基本形象，这股兴建风潮促进了国际主义风格的广泛流行。因为大企业资金雄厚，建筑庞大而地点突出，往往在大城市的中心地带，因此成为很有说服力的标志性建筑，使公众对于国际主义风格有进一步认识与习惯。密斯的公共和商业建筑确立了这种形象的标准，其他的建筑师与事务所也纷纷跟进，形成一股潮流。其中，SOM建筑师事务所设计的约翰·汉考克大楼（图13.1）、芝加哥西尔斯大楼（图13.2）和贝聿铭设计的波士顿汉考克大楼（图13.3）等都是重要的国际主义风格标志性建筑物。

图13.1 约翰·汉考克大楼

图 13.2　芝加哥西尔斯大楼

图 13.3　贝聿铭设计的波士顿汉考克大楼

战后交通运输日益发达，国际交往也日益增多，因此造成了机场、运动中心、国际会议中心等类型建筑的大量产生。围绕着这些建筑，国际主义风格得到更多的发挥，出现了不少杰出的作品，包括丹下健三设计的 1964 年日本东京奥林匹克运动中心（图 13.4）、沙里宁设计的杜勒斯国际机场、奈尔维 1960 年设计的罗马体育宫、墨非事务所 1971 年设计的芝加哥展览中心与麦克米克大楼、富勒设计的 1967 年加拿大蒙特利尔博览会美国馆（图 13.5），这些建筑都具有崭新的功能特点和强烈的国际主义风格特色，是钢筋混凝土和玻璃结构的新一代杰作。

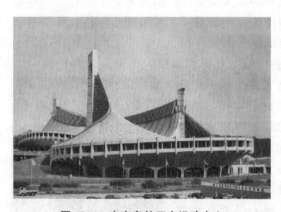
图 13.4　东京奥林匹克运动中心

图 13.5　蒙特利尔博览会美国馆

文化与公共设施的兴建也是第二次世界大战之后重要的建筑活动之一，而采用的风格基本都是国际主义风格。例如路易斯·康 1960 年设计的宾夕法尼亚大学理查德医疗研究中心（图 13.6）、保罗·鲁道夫 1963 年设计的美国耶鲁大学艺术和建筑系大楼（图 13.7）、本杰明·托马斯 1963 年设计的菲利普学院的科学与艺术系大楼等。这些学校建筑最为集中地体现了国际主义风格和粗野主义的结合,其数量和在世界范围的影响相当惊人。也有一些文化建筑体现了国际主义风格精致的一面,是密斯风格的延伸与发展,例如山崎实1964年设计的哈佛大学行为科学大楼、贝聿铭1964年设计的麻省理工学院地球科学大楼(图13.8)、SOM建筑师事务所1965年设计的科罗拉多的美国空军高等学院宿舍等。

图13.6 宾夕法尼亚大学理查德医疗研究中心

图13.7 耶鲁大学艺术和建筑系大楼

图13.8 麻省理工学院地球科学大楼

国际主义风格运动时期,日本的表现也很突出。日本受到勒·柯布西耶的影响很大,形成了所谓的"柯布西耶"派,代表人物有菊竹清训、桢文彦和丹下健三等。其中,丹下健三是日本国际主义运动的领袖人物,他设计的建筑除了具有强烈的国际主义风格特点之外,也注意日本民族动机的运用,代表作品有1964年日本东京奥林匹克运动中心、1949—1956年建造的广岛和平中心(图13.9)、1958年设计的日本香川县厅舍和1966年设计的日本山梨文化会馆(图13.10)等。

图 13.9　广岛和平中心

除了建筑作品,欧洲现代建筑运动的主要人物还通过建筑教育的方式推广与发展了国际主义风格。可以说,20世纪30年代末欧洲的现代主义大师移民美国后,通过改革美国的高等建筑教育体系,培养了整整两代忠于他们的现代主义原则的建筑师。例如第二代建筑师中的贝聿铭、山崎实都是包豪斯教员直接培养出来的。贝聿铭受到了格罗皮乌斯、密斯等直接的教育与影响,把他们的思想通过自己的理解发展出来,成为了新一代国际主义建筑大师。这种通过教育的影响是极其深刻的、影响范围也是非常大而广泛的。60年代以来,随着包豪斯移民到美国的一代大师在美国高等学院中培养出来的第一批学生进入建筑设计的行列,国际主义风格在美国和其他西方国家全面推广,达到高潮。

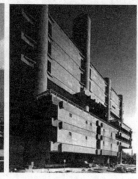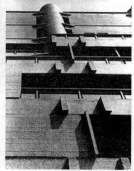

图 13.10　日本山梨文化会馆

13.2 国际主义运动的分支流派

20世纪50—60年代,国际主义风格已经蔚然成风,成为西方建筑风格的主流。从50年代起,有一些年轻的建筑师开始在国际主义风格的基础上进行形式的修正,企图达到更加完美的目的,由此出现了几个国际主义的分支流派,分别是:粗野主义、典雅主义和有机功能主义。

13.2.1　粗野主义

国际主义风格盛行时期,一些建筑师强调现代材料与结构的表现,采用简单、粗壮的几何形式表达工业化的技术美,逐渐形成流派,称为"粗野主义"。"粗野主义"的名称最初是由英国的建筑师史密森夫妇于1954年提出的,用来识别像柯布西耶的马赛公寓和印度昌迪加尔行政中心那样的建筑形式,或那些受他启发而做出的此类形式。其实,柯布西耶在战前的少数建筑已经具有暴露粗糙的水泥墙面、采用特意留下浇注水泥时的木模板痕迹的方法体现材料和建筑过程的痕迹,以及粗壮的结构处理,来体现新的美感,他称之为"机器美学"。受他的影响,二战后不少青年建筑师刻意模仿和发展了这种探索。如美国建筑师保罗·鲁道夫(Paul Rudolph)1962—1963年设计的耶鲁大学艺术与建筑系大楼就是这种类型的典范,采用了粗糙纵横的水泥预制件和浇注结构,形成了非常粗犷的形式。

美国建筑师路易·康(Louis Kahn)的设计也具有强烈的简单几何形式和象征性的粗野主义特征,其代表作品包括1962年设计的美国南加利福尼亚的萨克生物研究所大楼(图13.11);1964年在印度设计的印度管理学院大楼(图13.12);1964年设计的达卡政府大楼建筑(图13.13)等。

图 13.11 萨克生物研究所大楼

(a) 建筑外观　　　　　　　　　(b) 建筑内庭　　　　　　(c) 建筑内景

图 13.12 印度管理学院大楼

图 13.13 达卡政府大楼

除了在美国,"粗野主义"在20世纪50年代中期—60年代中期在欧洲和日本也相当活跃。詹姆斯·斯特林(James Stirling)在1959—1963年间设计的莱斯特大学工程馆就是粗野主义的代表作品。如图13.14所示为莱斯特大学工程馆,这是一座包括讲堂、工作室与试验车间的大楼。功能、结构、材料、设备与交通系统清楚暴露,形式直率,形体构图与虚实比例兼顾。

(b) 建筑底部

(c) 建筑细部
(a) 建筑外观

图 13.14　莱斯特大学工程馆

丹下健三1958年设计的日本香川县厅舍(图13.15)和1960年设计的日本仓敷市厅舍(图13.16)都具有非常粗壮的形式与强有力的特征,代表了粗野主义在日本的发展。尤其是香川县厅舍是成功地将粗野主义与日本传统构造结合起来的典范,确定了日本现代建筑在国际上的地位。

图 13.15　日本香川县厅舍

图 13.16　仓敷市厅舍

13.2.2　典雅主义

"典雅主义"是与"粗野主义"同时并进，但在审美取向上完全相反的一种流派。粗野主义在欧洲、美国及亚洲的日本等都有所表现；典雅主义则主要在美国。粗野主义的美学根源是战前现代建筑中功能、材料与结构在战后的夸张表现；典雅主义则致力于运用传统的美学法则来使现代的材料与结构产生规整、端庄与典雅的庄严感。

美国建筑师爱德华·斯通（Edward D. Stone）是典雅主义的代表人物之一。他的作品是"一种华丽、茂盛而又非常纯洁与新颖的建筑"，能使人联想到古典主义或古代建筑形式。

斯通1954年设计的美国驻印度大使馆建筑，具有非常明显的典雅主义特征。如图13.17所示，立面采用了精细的白色混凝土窗格结构，既作为遮阳板又具有精细的图案形式，非常突出。1958年设计的布鲁塞尔世界博览会美国馆，如图13.18所示，其中心建筑是一个直径为104m的巨大旋转型结构，采用外部连续、纤细的柱支撑顶部，形成环形外部柱廊，兼具典雅主义、高科技、工业化的特征。1971年设计的华盛顿肯尼迪表演艺术中心也采用了斯通一贯的处理手法，如图13.19所示，建筑敞开对外的柱廊、简单的现代主义大平顶、精细的古典比例，使之成为了国际主义风格与古典主义结合的代表作。

图 13.17　美国驻印度大使馆建筑

图 13.18　布鲁塞尔世界博览会美国馆

图 13.19　肯尼迪表演艺术中心

日裔美国建筑师山崎实(Yamasaki)也是典雅主义的代表人物。他主要从建筑结构的纤细、轻盈出发探索国际主义风格基础上比较典雅的形式。1955 年他设计了底特律魏恩州立大学的麦格拉格纪念会议中心，如图 13.20 所示，采用高台为建筑基部，南北入口设计在中轴线上，入口采用三个连续起伏的玻璃尖拱顶，具有一定的历史符号意义。屋面采用折板结构，外廊采用与折板结构相对应的尖券，形式典雅，尺度宜人。整个建筑具有浓厚的古典主义色彩，是现代建筑中较早尝试采用古典比例与符号的典例。

山崎实最负盛名的作品是 1962—1976 年间设计的纽约世界贸易中心。如图 13.21 所示，

(a) 建筑外观

(b) 建筑内庭

(c) 建筑细部

图 13.20　麦格拉格纪念会议中心

(a) 建筑外观

(b) 建筑细部

图 13.21　纽约世界贸易中心

这座建筑群最主要的是两座110层的高楼，其结构和形式完全一样，外部朴素无华，全部装饰性因素是高耸的柱。这些密集的钢柱从下至上延伸，在第9层处合成哥特式的尖拱，然后延伸至110层。修长的钢铁线条，增加了建筑的整体视觉高度，也增加了典雅感。整个大楼外部采用银白色铝板覆盖，细长的玻璃窗深嵌在密集的金属柱的深处，有非常突出的凹凸感。这座建筑使人们了解到：虽然使用国际主义风格的全部基本原则，但是通过对于细节的处理和对形式的精心推敲，国际主义风格也可以具有非常丰富的面貌。

13.2.3 有机功能主义

在国际主义风格和粗野主义、典雅主义风行的同时，少数建筑师开始探索摆脱国际主义风格和派生出来的粗野主义、典雅主义简单几何形式的束缚，从有机形态来找寻可能的发展，称为"有机功能主义"。其中，最重要的代表人物是埃罗·沙里宁（Eero Saarinen）。

埃罗·沙里宁最早采用了混凝土薄壳结构来探索有机形态，1955年设计的麻省理工学院的克里斯格会堂就采用了蛋壳顶的有趣形式，引起了广泛关注。1956—1958年他设计了耶鲁大学冰球馆，屋顶采用了抛物线形有机形态。1956—1962年设计的肯尼迪国际机场候机大楼是沙里宁奠定有机功能主义的里程碑建筑。如图13.22所示，建筑的中央部分是总入口和中央大厅，形式是一只展翼腾飞的鸟的形状，在上扬的翼下面，又伸展出两个弯曲的、向两边延伸的翼，是候机大楼的购票与候机厅，而在这个大"鸟"的后面，又伸出两个弯曲的走廊形成登机终端。无论是建筑的外部还是内部，基本没有几何形态，完全以有机形式作为设计的构思，同时又保持了建筑的功能化、现代建筑材料和非装饰化的基本特点，是突破国际主义风格，展示有机形态、将现代建筑材料和建筑方法用到淋漓尽致的一个重要建筑。

(a) 建筑外观　　　　　　　　(b) 候机厅内部

图 13.22　肯尼迪国际机场候机大楼

1957—1963年设计的美国杜勒斯国际机场候机大楼是埃罗·沙里宁"有机功能主义"的进一步发展。如图13.23所示，在整个为简单长方形的大楼基础上，他采用了16个巨大的、有机形状的柱支撑着弧面抛物线形的巨大屋顶。从结构与形式上，这些巨柱都有拉结和支撑住倾斜的大屋顶的双重功能和视觉感，巨大的玻璃幕墙呈曲面状，向下倾斜，非常有趣。沙里宁之前的肯尼迪国际机场候机大楼由于采用完全的有机形式，存在比较难与周边建筑协调的问题,而杜勒斯国际机场候机大楼则改变了手法。整个建筑基本是长方形的,比较理性与工整,而在具体细节上则采用有机形式,从而使有机形态和理性考虑合一,达到了互相补充与协调的结果。

图 13.23 杜勒斯国际机场候机大楼

13.3 国际主义运动中的大师和他们的建筑思想发展

13.3.1 格罗皮乌斯在国际主义时期的建筑

格罗皮乌斯在 1937 年移民美国,1938 年任哈佛大学建筑系教授、主任,并参与创办该校的设计研究院。通过这个美国最高学府,格罗皮乌斯继续他的设计改革试验,在美国促进和推动现代建筑思想与理论,掀起了国际主义风格运动。并且,他以包豪斯的整套体系与方法改造了美国陈旧的、学院派式的建筑教学体系,使之达到当时世界最高、最新的水平,培养出了一大批杰出的现代主义建筑家。

第二次世界大战后,他的建筑理论和实践为各国建筑学界所推崇。在建筑设计原则和方法上,格罗皮乌斯在去美国前比较明显地将功能因素和经济因素放在最重要的位置上。他曾说过:"在 1912—1914 年年间,我设计了我最早的两座重要建筑:阿尔费尔德的法古斯工厂和科隆展览会的办公楼,两者都清楚地表明重点放在功能上面,这正是新建筑的特点。"然而,1937 年他到美国后,公开声明:"我的观点时常被说成是合理化和机械化的顶峰。这是对我的工作的错误的描绘。"格罗皮乌斯辩解说,他并不是只重视物质的需要;相反,他从来没有忽视建筑要满足人的精神要求。他说:"许多人把合理化的主张看成是新建筑的突出特点,其实它仅仅起到净化作用。事情的另一面,即人们灵魂上的满足,是和物质的满足同样重要。"一个人的观点总是反映着时代和环境的烙印。从根本上说,作为一个建筑师,格罗皮乌斯从不轻视建筑的艺术性。他之所以在 1910 年—20 世纪 20 年代末之间比较强调功能、技术和经济因素,主要是因为德国工业的发展和德国战后经济条件与实际的需要。而 1937 年到美国后,格罗皮乌斯就已经开始对这种理性主义、功能主义进行充实与提高了。他曾提出过:"新建筑正在从消极阶段过渡到积极阶段,正在寻求不仅通过摈弃什么、排除什么,而是更要通过孕育什么、发明什么来展开活动。要有独创的想象和幻想,要日益完善地运用新技术的手段、运用空间效果的协调性和运用功能上的合理性。以此为基础,或更恰当地说,以此作为骨骼来创造一种新的美,以便给众所期待的艺术复兴增添光彩。"

1937—1940年间格罗皮乌斯为自己设计了位于马萨诸塞州的住宅。如图13.24所示,这个建筑采用了他的现代主义基本方式,同时为了与环境适应,也应用了部分新英格兰地区传统建筑符号,包括白漆木墙、垒石基础等,是他将现代主义结合地方传统进行设计的最早实例。

图 13.24 格罗皮乌斯的住宅

1949年,格罗皮乌斯与TAC事务所设计的哈佛大学研究生中心(Harvard Graduate Center)是他后期一个重要的作品。如图13.25所示,哈佛大学研究生中心由7座宿舍用

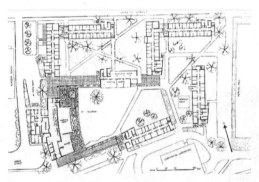 

(a) 总平面图　　　　　　　　　(b) 宿舍外观

(c) 建筑细部　　　　　　　　　(d) 公共活动楼外观

图 13.25 哈佛大学研究生中心

房和1座公共活动楼按功能分区、结合地形而布局。建筑用长廊和天桥联系，形成了几个既开放又分隔的院子，空间环境变化丰富。公共活动楼是建筑群的核心，外观呈弧形，底层架空，二层是大面积的玻璃窗，墙面采用石灰石板贴面。面向院子的弧形墙面既使它显得有些欢迎感，同时也与受地形限制的梯形院落在形式上更相宜。整个建筑群高低错落、虚实交映、尺度恰当，建筑造型简洁大方。

格罗皮乌斯对于现代建筑具有非常重要的影响，是现代建筑派的奠基者与领导者。对于建筑界与设计界而言，他主要是一个开拓者、思想家和教育家，然后才是建筑家。他通过自己的理想主义立场，从教育着手，奠定了现代建筑系统的基础，这是他对世界最大的贡献。

13.3.2 密斯·凡·德罗在国际主义时期的建筑

密斯·凡·德罗在1937年移民美国，1938年担任芝加哥阿莫学院建筑学院领导，这个学院在1940年与刘易斯大学合并成为著名的伊利诺理工学院。与格罗皮乌斯一样，他通过教育和建筑设计同时影响美国与世界建筑，在战后奠定了国际主义风格的基础，并使之发扬光大。

1947—1958年是密斯的影响达到顶峰的时期，他设计的国际主义风格建筑完整地体现了他的设计思想，并影响到世界建筑的发展。这个阶段首先以1948—1951年兴建的芝加哥湖滨公寓（Lake Shore Drive Apts）开始，这也是密斯第一次真正实现全玻璃外墙的高层建筑。如图13.26所示，在湖滨路的这块地段上，密斯布置了两座长方形平面的大楼，相互之间成曲尺状相连。大楼的结构由框架组成，其目的是尽可能明显地表现结构的特性。支柱与横梁组成了立面构图的基调，在窗棂和支柱的外面还焊接了工字形钢。这种做法，不仅有加固窗棂的作用，而且还取得了美学的效果，加强了建筑物的垂直形象。在以后的许多建筑中，他不断地应用这一手法，成为将技术手段升华为建筑艺术的重要象征。

(a) 建筑鸟瞰　　　　　　　(b) 底层入口　　　　　　　(c) 建筑细部

图13.26　芝加哥湖滨路公寓

湖滨公寓建成后，曾在美国产生了很大影响。从湖滨公寓上可看到建筑艺术创作与建筑工业化之间取得了平衡。建筑师不仅要解决使用功能问题，而且还要使建筑有相当的质量,这种质量就是人们通称的建筑艺术表现。

真正引起世界轰动、成为国际主义里程碑式的建筑是密斯在1956—1958年设计的纽约西格拉姆大厦。如图13.27所示,大厦的紫铜窗框、粉红灰色的玻璃幕墙及施工上的精细,使它在建成后10多年时间,一直被誉为纽约最考究的大楼。它的造型体现了密斯在1919年就曾预言的:"我发现玻璃建筑最重要的在于反射,不像普通建筑那样在于光与影。"密斯的形式规整和晶莹的玻璃幕墙摩天楼在此达到顶点。他以一种精密的建筑美学与工业技术的最佳利用的结合,创造了特有的建筑文化。随着战后美国资本与技术的渗透与传播,各种基于标准化体系建造的、框架与幕墙结合的、简洁与光亮的现代建筑在各个国家与地区传播,成为国际主义风格。

(a) 建筑外观　　　(b) 底层细部

图13.27　纽约西格拉姆大厦

密斯在这个时期最为突出的住宅设计是范斯沃斯住宅(Farnsworth House,1945—1951年),如图13.28所示,它是一个结构构件精简到极致的全玻璃的方盒子,除了地面平台、屋面、8根结构钢柱和室内当中一段服务性用房为实外,其余皆虚。在住宅里可以从各个角度坐视外部景观的变化。范斯沃斯住宅的纯净与精美是无可挑剔的,与其说是一座别墅,不如说更像一座亭阁。它获得了美学上的价值,却没有满足居住的私密性需求。但这并没有妨碍它被广泛地认为是现代建筑的典范之一。

1950—1956年,密斯设计了伊利诺理工学院克朗楼(Crown Hall)。如图13.29所示,建筑基底为一个面积为120m×220m的长方形,上层内部是一个没有柱子的大通间,四周除了几根钢结构支柱外,全是玻璃外墙。内部包括绘图室、图书室、展览与办公等空间,这些不同的部分都是采用活动木隔板进行划分的,表达了"全面空间"(Total Space)的新概念,是流动空间手法的发展。在这座建筑上,密斯还努力表现结构,使它升华为建筑艺术的新语言。他说,"结构体系是建筑的基本要素,它的工艺比个人天才,比房屋的功能更能决定建筑的形式","当技术实现了它的真正使命,这就升华为建筑艺术"。在这座建筑中,密斯为了获得空间的一体性,取消了顶棚上的横梁,改而在屋顶上架设4根大梁,用以悬吊屋面。在"少就是多"的思想指导下,克朗楼的造型表现出与密斯所有作品共有的逻辑明晰性及细部与比例的完美。黑色钢框架与透明玻璃组成的建筑外观显得清秀、纯净。

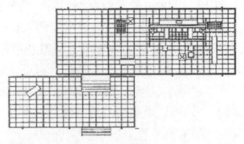

(a) 平面图

(b) 建筑外观

(c) 平台细部

图 13.28　范斯沃斯住宅

图 13.29　伊利诺理工学院克朗楼

20 世纪 60 年代以后，密斯将自己的设计形式提高到精益求精的高度，设计了一系列国际主义风格建筑。1968 年设计的西柏林国家美术馆新馆（图 13.30），更是将国际主义风格发展到极致：空旷、单一，仅仅是一个大屋顶下的巨大方空间而已，钢铁构架和巨大的玻璃幕墙，简单到无以复加的地步，是当时世界建筑界顶礼膜拜的"圣殿"。

图13.30　西柏林国家美术馆新馆

密斯是20世纪70年代"后现代主义"兴起时被猛烈攻击的主要对象。后现代主义者批判他改变了世界多元化的面貌，把全世界的城市变成单调、刻板、无个性的钢铁与玻璃森林。但是，必须明确的是，密斯的设计和国际主义风格是工业化时代的必然产物。他代表的是他的时代，集中表现了工业化的特征。任何拿后工业化的价值和审美标准来批判他的方式，与拿工业化的价值和审美标准来批判古罗马风格一样，都是毫无意义的。

13.3.3　勒·柯布西耶在战后的建筑

勒·柯布西耶是少数几个在第二次世界大战期间依然留在欧洲的现代主义建筑家之一。他留在了欧洲战区的法国，目睹了战争的残酷，无所逃避，又无法解释，过去的乐观信念被现实击碎。战前，他大力颂扬理性，战后他的思想倾向天命、神秘和原始宗教观，理性减退，非理性成分膨胀，这不可避免地表现在建筑作品中。

第二次世界大战后，他的建筑风格特征表现在对自由的有机形式的探索和对材料的表现，尤其喜欢表现脱模后不加装饰的清水混凝土，这种风格后来被命名为"粗野主义"。建于1946—1952年的法国马赛公寓大楼（United Habitation, Marseille）是这种风格的作品之一。它是为缓解第二次世界大战后欧洲房屋紧缺的状况而设计的新型密集型住宅，充分地体现了勒·柯布西耶战前要把住宅群和城市联合在一起的想法。

这座公寓大楼可容337户共1600人左右，采用钢筋混凝土结构。如图13.31所示，建筑长165m，宽24m，高56m。地面层开敞，其上共有17层，其中1～6层和9～17层是居住层，共有23种户型，大小不一。建筑内部平面布置采用复式布局，这是他最早的创造性尝试。建筑每3层设1条公共走道，交通面积较小。大楼的7～8层为商店与公共设施，17层及屋顶平台设幼儿园、托儿所等。屋顶平台上还有体育休闲设施及健身房、电影厅等，满足了住户日常生活的基本需要。大楼的外表采用粗糙的混凝土，在窗格的内侧面涂有不同的鲜艳色彩，整个建筑好像一个巨大而雄厚的雕塑品，造型夸张地表现着钢筋混凝土材料的构成、重量与可塑性，具有粗犷、原始、敦厚的艺术效果。

(a) 建筑外观　　　　　　　　　　　　(b) 室内场景

(c) 底层支柱　　　　(d) 建筑细部　　　　(e) 屋顶泳池

图 13.31　法国马赛公寓大楼

20世纪50年代初，柯布西耶的惊世之作——朗香教堂（Chapel of Notre-Dame-du-Haut，1950—1954年）问世，一举推翻了他在20—30年代时极力主张的理性主义原则和简单的几何形体，其带有表现主义的形体震动了当时整个建筑界。

如图13.32所示，朗香教堂的形体由粗粝敦实的体块组成，像山石般屹立在群山之中，不像近现代建筑，也不像中世纪的教堂，而像原始社会的某个巨石建筑，存留至今。教堂的平面很奇特，所有墙体都是弯曲的，有一面还是斜的，表面是粗糙的混凝土，墙面上开着大大小小的窗洞。教堂的屋顶相对比较突出，采用钢筋混凝土板构成，端部向上弯曲。在建筑的最端部有一个高起的塔状半圆柱体，既使体形增加变化，又象征着传统教堂的钟塔。教堂造型的怪异，根据柯布西耶自己的解释是有一定道理的，他认为这种造型象征着耳朵，以便让上帝可以倾听到信徒的祈祷。这表明柯布西耶在设计这座建筑时已应用了象征主义的手法，同时也表现了抽象雕塑的形式和粗野主义的风格。

朗香教堂不仅意味着柯布西耶本人创作思想的转变，而且也是20世纪50年代以后现代建筑走向多元化和强调精神表现的一种信号。

1951年，柯布西耶受印度总理尼赫鲁之邀担任印度旁遮普省新省会城市昌迪加尔的设计顾问，为昌迪加尔做了城市规划，并设计了昌迪加尔行政中心建筑群（Government Center，Changdigarh，1951—1957年），包括议会大厦、省长官邸、高等法院和行政大楼等，如图13.33所示。

第13章 1945年—20世纪70年代初期的建筑——国际主义建筑的普及与发展

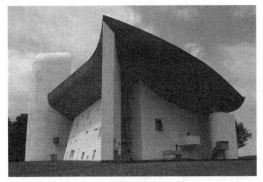
(a) 建筑外观1

(b) 建筑外观2

(c) 教堂内部1

(d) 教堂内部2

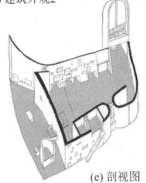
(e) 剖视图

图 13.32 朗香教堂

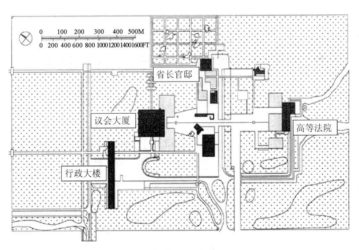

图 13.33 昌迪加尔政府建筑群平面图

建筑群中最引人注目的建筑是高等法院（Palace of Justice，1956 年）。如图 13.34 所示，整幢建筑外表是一个前后从底到顶为镂空格子形墙板的钢筋混凝土屋罩，由 11 个连续的拱壳组成，断面呈 V 形，前后略上翘。法院入口没门，只有 3 个直通到顶的高大柱墩，形成一个开敞的门廊，柱墩分别涂以红、黄、绿 3 种颜色，鲜明地突出了入口。主要立面上满布尺寸很大的遮阳板，法院外表是裸露着的混凝土，上面保留着模板的印痕和水迹。简单的立体几何形式组合与 20 世纪 20 年代荷兰"风格派"的作品形式接近，具有强烈的立体主义、构成主义色彩。

图 13.34　昌迪加尔高等法院

1965年，勒·柯布西耶去世之后，研究他的设计思想的著作越来越多。虽然对于他的近乎乌托邦式的理性主义建筑和城市规划思想，理论界众说纷纭，但是对于他奠定的机器美学的基本原则和思想脉络，以及对现代城市规划理性的处理方式，基本都是肯定的。他在钢筋混凝土的运用上达到淋漓尽致的水平，并且充分考虑低廉造价的问题，他的设计具有能够为第三世界国家使用的优点，这是密斯的建筑无法企及的。同时，柯布西耶在设计上讲究运用现代材料、现代技术手段表达具体建筑的精神内涵，现代主义建筑的基本语汇在他的手中具有功能和表现的双重作用，这是他与格罗皮乌斯最大的区别。他以丰富多变的建筑作品与充满激情的建筑哲学对现代建筑产生了广泛而深远的影响，始终走在了时代的前列。

13.3.4　赖特在战后的建筑

弗兰克·赖特在两次世界大战之间设计了不少重要建筑，包括流水别墅、约翰逊制蜡公司总部大楼等，这些作品使他成为美国最重要的建筑家之一。

战后，赖特提出了"美国风格"（Usonian）住宅建筑，并且设计和建造了样板房，是提供给美国中产阶级中等价格的、舒适的住房典范，也是赖特对于现代建筑最重要的贡献之一。这种住宅建筑的构思是采用现代主义的简单几何形式，内部空间流动，没有任何装饰细节，具有部分国际主义风格的特征。但是内部采用壁炉、讲究郊外环境的这些特点，又是赖特自己发展出来的，可以说，这种"美国风格"是国际主义风格和美国中产阶级需求的结合。战后美国各地兴建的大量中产阶级住宅建筑基本都采用了他的"美国风格"住宅建筑的原则。

赖特在战后最重要的建筑是纽约古根海姆美术馆（Guggenheim Museum，1942—1959年）。如图 13.35 所示，美术馆坐落在纽约第五大道上，地段面积约 50m×70m。主楼是一个很大的白色钢筋混凝土螺旋形建筑，内部是一个高约 30m 的圆筒形空间，周围有盘旋而上的螺旋形坡道，美术作品就沿坡道陈列。参观者进门后可以先乘电梯至顶层，然后沿着螺旋坡道逐渐向下，直至参观完毕，又可回到底层大厅。这一奇特的构思也曾对后来某些展览馆的设计有过一定影响。大厅的光线主要来自上部的玻璃穹隆，此外沿坡道的外墙上有条形高窗供室内采光。螺旋形与中央贯通空间的结合是赖特的得意之笔。他说："在这里，建筑第一次表现为塑性的。一层流入另一层，代替了通常那种呆板的楼层重叠……处处可以看到构思与目的性的统一。"虽然有些评论指出这种螺旋形的设计与美术展览的要求冲突,"建筑压过了美术",但这的确是赖特利用钢筋混凝土材料的可塑性进行的自由创作的最大胆的尝试,也成为赖特的纪念碑。

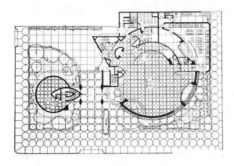
(a) 平面图

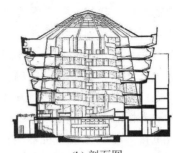
(b) 剖面图

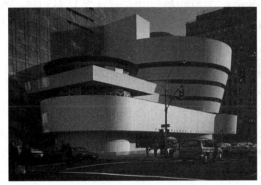
(c) 建筑外观

(d) 室内场景

图 13.35　纽约古根海姆美术馆

赖特的晚期作品具有一定的艺术表现特征,并不完全是国际主义的。他不喜欢重复自己的创作方法与手法,因而每个作品都有着十分强烈的个性与可识别性,充分表达了他的想象力和创作的诗意,成为国际主义运动时期一个非凡的特例。

赖特的设计思想庞杂,但是却具有内在的统一性。他毕生都坚持采用现代材料和现代结构,在这方面,他是一个现代建筑派。但是,他同时坚持采用各种具有装饰含义和形式的细节和结构,又使他与正统的现代建筑派不同。他对于现代工业材料和自然材料的配合运用很有经验,对于空间的自由运用、建筑与自然的和谐关系也有独到的地方,他的这些特征对于美国20世纪下半叶的住宅建筑具有相当的影响作用。他提出了"有机建筑"的原则,树立了崭新的建筑设计的切入点,而有异于现代主义的简单理性方式。他的建筑充满了个人特征,在反个人特征、求统一形象的国际主义风格时期是很有积极意义的。正因为如此,他在现代建筑中具有非常独特的地位。

13.3.5　阿尔瓦·阿尔托在战后的建筑

20世纪40年代初,阿尔托成为较早公开批判欧洲现代主义的人。他将现代主义建筑做了阶段的划分,认为第一阶段已经过去,新阶段的现代主义建筑应该克服早初期的片面性。他对初期的功能主义提出了补充与修正。他写道:"在过去十年中,现代主义主要是从技术的角度讲功能,重点放在建筑的经济方面。给人提供遮蔽物很费钱,讲经济是必需的,这是第一步。但是建筑涵盖人的生活的所有方面,真正功能好的建筑应该主要从人性的角度看其功能如何。我们深一步看人的生活过程,技术只是一种工具手段,不是独立自为的东西。技术万能主义创造不出真正的建筑……不是要反对理性,在现代建筑的新阶段中,要把理性方法从技术的范围扩展到人性的、心理的领域中去。新阶段的现代主义建筑。肯定要解决人性和心理领域的问题。"对于他来说,建筑是为人设计的,刻板的、机械的、过于理性的建筑和设计都不能满足和符合人的全部需求。

除了要注重人性需求外,阿尔托还强调两点:一是非常注意建筑物与自然环境的契合。他提倡敬重自然而不是敬重机器。这个自然包括建筑所在地的气候、地形、河流湖泊、山峦树木等。二是造型自由。他主张自由的建筑造型,反对任何限制、约束和现成的发式。他认为:"任何形式上的约束,不管是根深蒂固的传统建筑样式,还是由于对新建筑误解而引出的表面上的标准样式,都妨碍建筑与人的生存融合,从而降低建筑的意义与可能性……几乎所有的制度化都会破坏和扼杀生命的自主能力"。他在现代主义建筑奠定、发展的时期大胆从理性功能主义飞跃到非理性的有机形态,而同时还能够保持现代主义的民主主义、经济考量等基本原则,是非常难得的。

20世纪40年代以后,阿尔托的设计在强调有机形式,采用传统、自然材料——木材与红砖等方面,为有机功能主义的发展奠定了坚实的基础。他的作品在建筑材料上,多采用柔和化与多样化的新材料与新结构,有时也使用传统材料;在建筑造型上,不局限于直线与直角,喜用曲线与波浪形;在空间布局上,主张有层次、有变化,强调人在进入的过程中逐步发现;在建筑体量上,强调人体尺度,化整为零。

芬兰珊纳特塞罗镇中心主楼(Saynatsalo Town Hall,1950—1955年)是他在这一时期的代表作。如图13.36所示,主楼包含镇长办公室、各部门办公、会议室、图书馆与部分职工宿舍,全部采用非常简单的几何形式,具有现代主义的基本特点,但是使用了传统的坡屋顶和传统的材料:木头、红砖、黄铜等,既有现代主义的形式,又有传统文化的特色,是将现代功能与传统审美相结合的典例。

美国麻省理工学院学生宿舍"贝克大楼"也是阿尔托在战后的著名作品。如图13.37所示,整座建筑平面呈波浪形,目的是在有限的地段内使每个房间都能看到查尔斯河的景色。7层大楼的外表全部采用红砖砌筑,背面粗犷的折线轮廓和正面流畅的曲线形成强烈对比,在立面上打破了传统现代主义刻板的简单几何形式,波浪形外观形成的动态多少减轻了庞大建筑体积的沉重感,这对于后来的现代建筑产生了很大的影响。

从1953—1976年,是阿尔托创作的晚期。这时期,他的建筑作品空间变化丰富,外形构图具有强烈的视觉冲击力,别具一格,却绝非怪诞。1960—1964年建造的芬兰欧塔尼米技术学院的一组建筑,如图13.38所示,就是他在此时期的代表作品。其中,最高大的部分是大阶梯讲堂。平面呈扇形,两道边墙呈直角三角形,尖角直刺天空,形体独特而有冲击力,但这形体与内部的梯级座位、听众视线、音学效果等完全吻合,绝非耍怪之作。

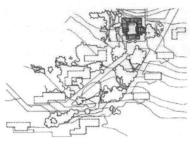

(a) 总平面图　　　　　　(b) 廊道景观　　　　　　(c) 建筑庭院

(d) 院落入口　　　　　　(e) 建筑外观　　　　　　(f) 室内场景

图 13.36　珊纳特塞罗镇中心主楼

图 13.37　麻省理工学院"贝克大楼"

图 13.38　芬兰欧塔尼米技术学院大礼堂

阿尔托是现代建筑的奠基人之一，但也是第一个突破现代主义的刻板模式，走出自己道路的大师。他的建筑作品简朴中有丰富，冷静中有温暖，运用技术时有感情，理性而富有诗意。特别是在战后时期，他能够在国际主义风格泛滥的时候，依然保持自我的立场，走有机功能主义道路，广泛地在形式和材料上体现地域与民族特色，这不仅是难能可贵的，而且在目前也具有非常积极和重要的启示作用。

本 章 小 结

本章主要讲述了1945—1970年代初期现代建筑的发展。第二次世界大战前的现代主义建筑运动到战后发展成为"国际主义风格"运动，是现代建筑发展的最重要阶段，影响深远。

国际主义建筑运动自20世纪50年代开始在美国形成体系，到60年代达到高潮，影响世界各国，成为名副其实的国际建筑的统一风格。随着现代主义大师们一些重要建筑采用了国际主义风格，越来越多的建筑家或建筑事务所转向明确的国际主义风格。他们在世界各地从事类似风格、结构的建筑设计，所涉及建筑大部分是巨型商业建筑，因此改变了城市天际线的面貌，奠定了国际主义风格建筑无可争议的垄断地位。

在国际主义的主流之下，出现了几个基于国际主义风格的分支流派，它们分别是：

（1）粗野主义。以勒·柯布西耶为代表的、强调粗糙和强壮的建筑立面处理的风格。

（2）典雅主义。以斯通和山崎实为代表的、强调基于国际主义风格基础上的典雅细节处理的风格。

（3）有机功能主义。以沙里宁为代表的、强调有机形态的风格。

这些流派从建筑思想、建筑结构、建筑材料等方面它们都属于国际主义风格运动，但在具体形式上却各有不同特点，丰富了相对比较单调的国际主义风格。

思 考 题

1. 结合实例评述格罗皮乌斯的建筑思想理论与艺术风格。
2. 结合实例评述密斯·凡·德罗的建筑思想理论与艺术风格。
3. 结合实例评述勒·柯布西耶的建筑思想理论与艺术风格。
4. 结合实例评述赖特的有机建筑理论与艺术风格。
5. 结合实例评述阿尔瓦·阿尔托的建筑思想理论与艺术风格。

第 14 章 现代主义之后的建筑发展

【教学目标】

主要了解现代主义之后建筑发展的概况；理解后现代主义建筑的主要思想与理论；掌握后现代主义代表建筑的解析；掌握晚期现代主义的多种表现形式；掌握晚期现代主义代表建筑的解析。

【教学要求】

知识要点	能力要求	相关知识
后现代主义	(1) 理解后现代主义建筑的主要思想与理论 (2) 简要解析后现代主义的代表建筑	(1) 后现代主义 (2) 建筑的复杂性与矛盾性 (3) 现代古典主义
晚期现代主义	(1) 理解晚期现代主义的多种表现 (2) 评析高科技风格的代表作品 (3) 评析新现代主义的代表作品 (4) 评析解构主义的代表作品	(1) 解构主义 (2) 高科技风格 (3) 新现代主义 (4) 晚期现代主义

 基本概念

后现代主义、晚期现代主义、解构主义、高科技风格、新现代主义。

 引例

20世纪60年代末和70年代，针对现代主义、国际主义风格的单一与垄断，在建筑中产生了后现代主义与晚期现代主义。从时间的更迭上看，40—60年代是现代主义建筑、国际主义风格垄断的时期，70年代后是后现代主义时期。这里的"后现代主义"包括了现代主义之后的各种各样的运动，包括后现代主义风格、解构主义风格、新现代主义风格、高科技风格等。学术界将它们统称为"现代主义之后的建筑"。这个时期的建筑从强调技术与理性转向对人文的关怀，总体上呈现出复杂性与多样性。

14.1 后现代主义(Post-Modernism)

第二次世界大战结束之后，特别是在20世纪50—70年代期间，在现代建筑运动基础上发展出来的国际主义风格，成为西方国家设计的主要风格，改变了世界建筑的基本形式。60年代末，国际主义风格垄断建筑设计已经有将近30年的历史，建筑与城市的面貌越来越单调刻板，往日具有人情与地域风格的建筑形式逐渐被非人情、非个性化的国际主义建筑取代。对于这种趋势，建筑界出现了反对的呼声。建筑界需要面临一场大革命，来改变建筑发展的方向，丰富现代建筑的面貌。这个背景，就是后现代主义产生和发展的条件。

14.1.1 后现代主义建筑的主要思想与理论

西方建筑界出现的"后现代主义"是指20世纪60年代后期开始，由部分建筑师和理论家以一系列批判现代建筑派的理论与实践而推动形成的建筑思潮，它既出现在西方世界开始对现代主义提出广泛质疑的时代背景中，又有其自身的发展特点。80年代后，后现代主义更多地被用来描述一种乐于吸收各种历史建筑元素、并运用讽喻手法的折中风格，因此又被称为后现代古典主义（Postmodern-classicism）或后现代形式主义（Postmodern-formalism）。美国是形成这股思潮的中心。

美国建筑师罗伯特·文丘里（Robert Venturi）在1966年发表的《建筑的复杂性与矛盾性》（*Complexity and Contradiction in Architecture*）是最早对现代建筑公开宣战的建筑理论著作，文丘里也因此成为后现代主义思潮的核心人物。在这本书中，文丘里针对密斯的"少就是多"提出了"少就是厌烦"（Less is Bore）。他提倡一种复杂而有活力的建筑，"喜欢基本要素混杂而不要纯粹，折中而不要干净，扭曲而不要直率，含糊而不要分明，宁可过多也不要简单，既要旧的也要创新"，赞成"杂乱而有活力胜过明显的统一"。凭借对历史建筑的丰富知识，他指出"建筑的不定型是普遍存在的"，由此，他赞成包含多个矛盾层次的设计，提出兼容并蓄（Both-And）、对立统一的设计策略和模棱两可的设计方法。文丘里在书中还直接提出了对传统的关注，认为"在建筑中运用传统既有实用价值，又有表现艺术的价值"。不仅如此，传统要素的吸收还对环境意义的形成产生影响，他甚至提出，民间艺术对城市规划的方法另有深刻含义。显然，相对于现代派建筑师，后现代的建筑师们对待历史与传统的态度发生了根本改变。

1972年，文丘里又和布朗（D. Scott Brown）、艾泽努尔（S. Izenour）合作了一本书《向拉斯维加斯学习》，意为要从这座城市中传统的和现存的建筑中吸取灵感以丰富建筑的构思，其主要思想也是赞成兼容而不排斥，重视建筑的复杂性；提倡向传统学习，从历史遗产中挑选；提倡建筑形式与内容分离，用装饰符号来丰富形式语言。文中还强调了后现代主义戏谑的成分和对于美国通俗文化的新态度。

美国建筑家罗伯特·斯坦因（Robert Stein）从理论上把后现代主义建筑思潮加以整理、分门别类，逐步形成了一个完整的理论体系。他在《现代古典主义》中完整地归纳了后现代主义建筑的理论依据、可能的发展方向，是后现代主义建筑的重要奠基理论著作。

美国作家与建筑家查尔斯·詹克斯（Charles Jencks）继续斯坦因的理论总结工作，在短短几年中出版了《现代建筑运动》、《今日建筑》、《后现代主义》等一系列著作，对后现代主义建筑的发展起到了促进作用。1977年，他在《后现代建筑的语言》一书中指出：后现代主义派只限于用在那些设计上是怀古的、空间含混的、受色彩影响强烈的、混杂的和不纯的建筑物上。根据詹克斯的标准，可以称为后现代主义派的人很多，影响较大的有：罗伯特·文丘里，代表作品美国宾州栗子山文丘里母亲住宅（Vanna Venturi House，1963年）等；查尔斯·穆尔（Charles Moore），代表作品美国新奥尔良意大利广场（Piazza d'Italia in New Orleans，1975—1978年）；迈克尔·格雷夫斯（Michael Graves），代表作品波特兰市政厅大楼（Portland Building，1980—1982年）等；菲利普·约翰逊（Philip Johnson），代表作品美国电话电报公司大厦（AT&T Building，1978—1983年）等。

14.1.2 后现代主义建筑的代表作品

1. 美国宾州栗子山文丘里母亲住宅

1963年建成的这座小住宅是文丘里的早期作品。如图14.1所示，建筑采用明显的坡屋顶，显示与正统现代主义建筑的区别。住宅入口在山墙面，正中是一道豁口，其下为大门门洞，门洞上有一道凸起的圆弧线，或许以此隐喻拱券。门洞之内有斜门，进门之后转身有楼梯。楼梯与壁炉、烟囱的关系独特，纠缠在一起，楼梯的踏步也有宽有窄。

图14.1 栗子山文丘里母亲住宅

在这个作品中，文丘里至少在两个方面脱离了以往现代主义建筑师的设计准则：一是他以强调建筑的不定型来对抗现代建筑的确定性和绝对的功能原则；二是他包容了现代建筑所排斥的传统建筑要素，并以诙谐的方式引用到设计之中。文丘里自己认为这个小住宅是"既复杂又简单，既开敞又封闭，既大又小，许多东西在某个层次上说是好的，在另一个层次上是坏的。住宅格局既包括一般住宅的共性，又包括环境的特殊性。在数量恰好的部件中，它取得了困难的统一，而不是很多部分或很少部分之间容易的统一"。

2. 美国电话电报公司大厦

建造在纽约麦迪逊大道上的美国电话电报公司大厦，彻底改变了人们所熟悉的摩天楼的形象，告别了玻璃与钢的模式。如图14.2所示，建筑外墙大面积覆盖花岗岩，立面按古典方式分为3段，顶部为一个开有圆形缺口的巴洛克式大山花。底部采用中央设一高大拱门的对称构图，使人联想到文艺复兴时期的巴齐礼拜堂。很显然，设计师菲利普·约翰逊是想以这种方式对20世纪初纽约城里尚未脱离传统形式的石头建筑做出某种回应。

(a) 建筑外观　　(b) 建筑底部　　(c) 室内场景

图 14.2　美国电话电报公司大厦

3. 美国新奥尔良意大利广场

这个位于新奥尔良市边缘的小广场主要为当地意大利后裔和移民规划设计，集商店、餐饮及居住等功能为一体。如图 14.3 所示，广场由公共场地、柱廊、喷泉、钟塔、凉亭和拱门组成，充满古典建筑的片断，却全无古典建筑的肃穆气氛。广场地面是黑白相间的同心圆弧铺地，喷泉穿插其间；五个柱廊片断围绕圆心，并赋以鲜亮色彩。柱廊上可以找到古典柱式的各种样式，但一部分材料采用不锈钢，从而带有一些调侃意味。整个场景将拼贴、重叠、回归历史、通俗文化、装饰外壳等付诸实践，并完全背离现代建筑形式忠实于功能的美学准则。

图 14.3　美国新奥尔良意大利广场

4. 波特兰市政厅大楼

格雷夫斯在 20 世纪 70 年代后成为后现代主义建筑的重要人物。他善于从传统建筑上撷取一些元素，作为符号加在现代建筑上，使之具有历史的象征或隐喻。他所设计的波特兰市政厅大楼曾使建筑界轰动，几乎成为后现代主义的标志。如图 14.4 所示，建筑形似一个笨重的方盒子，上下分为三段。立面以实体墙面为主，带有从古典建筑拱心石及古典建筑中演绎出来的构图，色彩艳丽丰富，似一幅通俗的招贴画。这座建筑将现代办公楼简洁冰冷的形式完全打破，带来了从新古典主义到装饰艺术风格的众多历史联想。从某种程度上，实现了既出自专业人员之手，又使大众简明易懂的后现代设计理想。

图 14.4　波特兰市政厅大楼

众多的后现代设计的实践呈现出一些基本的共同特征：第一，回归历史，喜用古典建筑元素；第二，追求隐喻的设计手法，以各种符号的广泛使用和装饰手段来强调建筑形式的含义及象征作用；第三，走向大众与通俗文化，诙谐地使用古典元素。

后现代主义重新确立了历史传统的价值，承认建筑形式有其技术与功能逻辑之外独立存在的联想及象征的含义，恢复了装饰在建筑中的合理地位，并树立起了兼容并蓄的多元文化价值观，从根本上弥补了现代建筑的一些不足。但是，众多现象也清楚表明：后现代主义在实践中基本停留在形式的层面上，而没有更为深刻的内容。20 世纪 80 年代后期，这种思潮就大大降温。

14.2　晚期现代主义 (Late Modernism)

20 世纪 60 年代，与后现代主义相反的一股新思潮也开始登上了西方建筑舞台。赞成这股新思潮的建筑师虽然也对单一刻板的国际主义风格感到厌恶，但却不愿走怀旧的道路，他们为了将正统现代派建筑提高到一个新的水平，大胆提出了极端技术论的观点。建筑评论界为了区分这一派有创造性的现代建筑师与后现代主义的不同，便称之为晚期现代主义，这是一种和后现代派反向的革新思潮。

对比后现代主义与晚期现代主义，我们可以发现，后现代主义倾向强调他们创新中的文脉和文化上的附加物，他们对传统历史符号进行选择和变形，大多数涉及象征的含义，而且这种象征往往隐含着古老的历史文化；他们对技术和材料不感兴趣，在探求更为丰富的象征主义和传统文脉的同时完全拒绝了那些纯粹抽象性的语言。相反，晚期现代主义强调解释技术问题，表现的也是后工业社会的技术形象。他们并不抛弃对前一时期现代建筑特有的工艺技术和抽象纯净的建筑信念，他们放弃采用传统的具有表现力的形式语言，而在新材料、新技术方面有创造性表现。因此，他们比后现代主义者更接近现代派建筑师，在超越现代建筑运动中确立了自身的历史地位和产生了巨大的影响。

晚期现代主义者在很大程度上将现代建筑先驱们的理论与观念推向极端，由此创立了一种精巧复杂的现代主义。其中，比较重要的有高科技风格、解构主义和新现代主义3个流派。

14.2.1 高科技风格(High Tech)

建筑中新技术的运用一直是众多西方现代建筑师的实践特征，而作为一种设计流派的高科技风格，则有其自身的独特性。它一方面表现为积极开创更为复杂的技术手段来解决建筑甚至城市的问题；另一方面，表现为建筑形式上新技术带来的新美学语言的热情表达。这种风格的起源很早，如1851年建造的伦敦水晶宫、1889年建造的巴黎埃菲尔铁塔等都是在建筑上表达新技术的先驱，但成为一个完整的设计潮流，则是20世纪70年代以来的事情。

理查德·罗杰斯(Richard Rogers)、诺曼·福斯特(Roman Foster)作为两个最重要的"高科技"建筑师，奠定了"高科技"派发展的模式，影响了整个世界。

真正使世界感到"高科技"成为流派的是理查德·罗杰斯和伦佐·皮阿诺(Renzo Piano)在1971—1977年间设计的巴黎蓬皮杜文化中心(Pompidou Culture Center，1971—1977年)。这幢房屋既是一个灵活的容器，又是一个动态的交流机器。它是由预制构件高质量地提供与制成的。它的目标是要直截了当地贯穿传统文化惯例的极限而尽可能地吸引更多的群众。整座建筑由现代艺术博物馆、公共情报图书馆、工业设计中心和声乐研究所4个部分组成，大楼长168m，宽60m，高6层，如图14.5所示。由标准件、金属接头和金属管构造的结构系统形成了内部48m完全没有支撑的自由空间。结构与设备全部暴露，沿街立面挂满了五颜六色的各种管道：红色代表交通，绿色代表供水，蓝色代表空调系统，黄色代表供电，电梯也完全由巨大的玻璃管道包裹外悬。这个庞大的公共建筑曾引起了法国公众很大的争议，但它最终成为巴黎新的标志性建筑之一。

1978年，理查德·罗杰斯又设计了伦敦的劳伊德大厦(Lioyd Maison，1978—1986年)，更加夸张地使用了高科技特征，如图14.6所示。大厦位于伦敦市中心商业区，四周是拥挤的街道与石头般的体块建筑。业主要求业务单元在原有条件下提高3倍；主要空间与服务空间既要联系又要减少干扰；空间必须灵活变化。罗杰斯将一系列办公空间围绕中庭布置，电梯、设备间、结构柱等布置在6个垂直塔中，结构的支撑柱布置在建筑外部，垂直风道、水平风管外露，这样的布局使得内部空间非常完整、连续，得到了最大效率的使用。6个垂直塔体充分利用地块不规则角隅，由不锈钢夹板饰面的闪亮塔身不仅形成与周围建筑平实体量的对比，又丰富了城市轮廓。建筑外观由两层钢化玻璃幕墙与不锈钢等合金材料构架组成，表面参差地布满管线与结构件，比蓬皮杜文化中心更加夸张与突出。

诺曼·福斯特所作的香港汇丰银行新楼(New Headquarters for Hong Kong and Shanghai Bank，1979—1986年)也是一座典型的高科技风格作品，如图14.7所示。建筑位于香港中环，背山面海，高41层，高180m。全部楼层结构悬挂在钢铁桁架上，前后3跨，建筑沿高度分为5段，每段由2层高的桁架连接，成为楼层的悬挂支撑点。这座建筑极力追求表现技术美的时代特征,而非首先从空间的使用功能出发。它的底层架空的开敞空间和两座互成角度的自动扶梯与勒·柯布西耶曾提出的"新建筑五点"不谋而合,所不同的是它的空间更为巨大、开放,并且在斜坡道上设置了自动扶梯而表现了当代风格。外观上,巨大的"井"字构架连以外露的空腹钢梁,形似结构的外露;建筑内部巨大的中庭和楼层的开敞空间把密斯的"流动空间"从水平方向改为水平和垂直两个方向。建筑大部分构件采用了飞机和船舶的制造工艺技术,是有目的地在世界不同地方运用最新科技建造的,这种"多国籍"的高技术设计手法正是格罗皮乌斯的"工业化和协同生产"思想在后工业化时代的具体实践。这座建筑可说是晚期现代主义高科技风格最重要的建筑物之一,它强有力地表现了结构桁架和轻质技术的最新成就。它对建筑技术语言的富有想象力和表里如一的应用,充分表达了技术的美。

(a) 建筑外部

(b) 建筑细部

(c) 室内场景

图 14.5 巴黎蓬皮杜文化中心

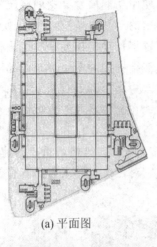
(a) 平面图

(b) 建筑细部

(c) 建筑外观

图 14.6　伦敦劳伊德大厦

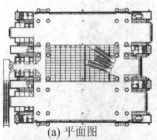
(a) 平面图

(b) 建筑中庭内景

(c) 建筑外观

图 14.7　香港汇丰银行新楼

法国建筑师让·努维尔（Jean Nouvel）设计的巴黎阿拉伯世界研究中心（Arab World Institute，1981—1987年）为高技术在建筑中的创造性使用揭开了一幅崭新的图景。如图14.8所示，建筑分为两个部分：半月形的部分沿着塞纳河岸线弯曲；平直的部分则呼应着城市规则的道路网络。两者中间设置露天中庭。建筑最有表现力的是南立面处理，由上百个完全一样的金属方格窗组成，平整光亮，它们的孔洞如同照相机的快门，孔径会随着外界光线的强弱而变化，室内采光得到了调节，立面也似屏幕般变得活跃，象征着神秘变幻的阿拉伯世界。

(a) 建筑外观　　　　　　(c) 室内场景

图14.8　巴黎阿拉伯世界研究中心

从以上典型作品中可以看出，高科技风格的建筑有这样一些主要特征：第一，结构外露；第二，建筑看似复杂的外形，其实都包含着内部空间的高度完整性与灵活性；第三，注重部件的高度工业化、工艺化特征与设计的开发。建筑师常常使建筑构件看来像批量生产的产品，以显示其中的工业技术含量。

14.2.2　解构主义（Deconstruction in Architecture）

解构主义（Deconstruction）这个词是从"结构主义"（Constructionism）中演化而来，它的形式实质是对于结构主义的破坏和分解。从哲学上讲，解构主义早在1967年前后就被法国哲学家德里达（Jacques Derrida）提出。作为一种设计风格，则是在20世纪80年代后期出现。以艾森曼（Peter Eisenman）和屈米（Bernard Tschumi）为代表的建筑师将德里达的解构主义哲学应用于建筑创作，提出了所谓的解构主义派。他们大胆向古典主义、现代主义和后现代主义提出质疑，认为以往任何建筑理论都有某种脱离时代要求的局限性，不能满足发展变化了的要求。他们试图建立关于建筑存在方式的全新思考，重视"机会"和"偶然性"对建筑的影响，对原有传统的建筑观念进行消解、淡化，把建筑艺术提升为一种能表达更深层次的纯艺术，把功能、技术变为表达意图的手段。

在建筑手法上，解构主义打破了原有结构的整体性、转换性与自调性，强调结构的不稳定性和不断变化的特性，并提出了消解方法：颠倒和改变。颠倒主要是指颠倒事物的原有主从关系；改变则是建立新观念。解构主义反对整体性，重视异质性的并存，把事物的非同一性和差异的不停作用看做是存在的高级状态。因此，解构主义建筑的形式特征包括：第一，散乱：在形状、色彩、比例、尺度、方向的处理上极度自由，没有轴线，没有团块组合；第二，残缺：不求齐全，力避完整；第三，突变：各部分和各种要素的连接突然、没有预示、没有过渡；第四，动势：大量采用弯曲、扭转、倾倒、波浪形等具有动态的形体，造成失稳或轻盈的形态。

屈米的巴黎拉维莱特公园（Parc De La Villete，1982—1989年）被认为是解构主义的代表。他的设计手法是按"重叠"和"分离"的观念来进行的。如图14.9所示，在125英亩的基地上，屈米设计了一个不和谐的点、线、面几何叠加系统。首先，他为基地建立了一个120m长度单位的方格网。在每个网络节点上放置一个被称作"疯狂"红色立方体的小品建筑，满足公园所需的一些基本功能，称为"点"系统。穿插和围绕着这些立方体，组织了一个道路系统，有的按几何形式布置，有的十分自由，共同组成公园的"线"系统。在"点"、"线"系统之下，是"面"系统，包含了科学城、广场、巨大环形体和三角形的围合体，分别布置了餐厅、影视厅、体育馆、商店等功能。在这里，每个系统自身完整有序，但叠置起来就相互作用。可以看出，屈米的策略是先建立一些相对独立的、纯净几何方式的系统，再以随机的方式叠合，迫使它们互相干扰，以形成某种"杂交"的畸变。

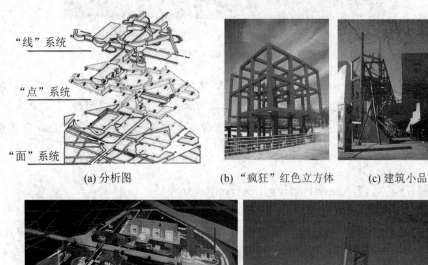

(a) 分析图　　　　　(b) "疯狂"红色立方体　　　　(c) 建筑小品

(d) 鸟瞰模型　　　　　　　　(e) 建筑小品

图14.9　巴黎拉维莱特公园

艾森曼设计的俄亥俄州立大学维克斯纳视觉艺术中心（Wexner Center for the Visual Arts，1985—1989 年）也是解构主义建筑的著名代表作品，如图 14.10 所示。艺术中心是若干套不同系统的相遇与叠置，即一组砖砌体、一组白色金属方格构架、一组重叠断裂的混凝土块及东北角上的植物平台，它们之间看似冲突，但实际上是在两套互成角度的平面网格中各自定位的。一套是大学所在的城市网格，一套是校园网格。"中心"的布局就是在这两套网格的相互作用中形成的，这在建筑的柱网及铺地中最明显地体现出来。白色金属构架成为"中心"最引人注目的部分，它覆盖中心中央的步行道，南低北高，呈现不稳定和移动感，笔直通贯地斜插入校园，甚至像直接插入已有的两座会堂建筑，却又与城市网络吻合。

(a) 总体鸟瞰　　(b) 白色金属方格构架　　(c) 室内场景　　(d) 建筑入口

图 14.10　维克斯纳视觉艺术中心

20 世纪 80 年代后期，建筑师弗兰克·盖里（Frank Gehry）开始探索整体性的设计语言，注重建筑的雕塑感，更多地运用曲线，创造形体、空间复杂的建筑，在形式的把握与功能的完善之间达到精致的平衡，确立了新时代的建筑美学，有人称之为"现代巴洛克"，是当今世界最为活跃的解构主义建筑师之一。他的代表作品是布拉格的尼德兰大厦（Nationale-Nederlanden Building，1994—1996 年，图 14.11）和西班牙毕尔巴鄂的古根汉姆博物馆（Guggenheim Museum，Bilbao，1993—1997 年，图 14.12）。尤其是古根汉姆博物馆建筑在形式上，对过去的传统美学法则采取了完全对抗的态度，集中表现了盖里后期的解构主义的思想。博物馆立于河边，采用了弯曲、扭曲、变形、有机状、各种材料拼接等手法，体积庞大、形体古怪。他采用了金属材料钛作为中央大厅的外墙包裹材料，在阳光照射下，建筑形成诗一般的动感，改变了整个城市的意象，也改变了以往建筑艺术语言的固有表达。可以看出，盖里的设计基本是采用了解构的方式，即把完整的现代主义、结构主义建筑整体打碎处理，然后重新组合，形成破碎的空间与形态，然而这种破碎本身却是一种新的形式，是解析了以后的结构。盖里的作品展现了一种全新定义的、复杂的、富于冒险性的建筑美学，他创作的作品常常引起争议，但超凡的形态创造也恰恰反映了他用建筑语言表达社会价值的永不厌倦的探索精神。

图 14.11　布拉格尼德兰大厦

图 14.12　西班牙毕尔巴鄂古根汉姆博物馆

14.2.3　新现代主义（Neo-Modernism）

20世纪70年代，虽然有不少建筑师认为现代主义已经穷途末路，但也有许多建筑师依然坚持现代主义的传统，完全依照现代主义的基本语汇进行设计，他们根据新的需要给现代主义加入了新的简单形式的象征意义。他们的设计不是简单的现代主义重复，而是在现代主义基础上的发展，因此被称为"新现代主义"，以显示它与战前传统的现代主义、战后的国际主义风格的区别。这批建筑师实力强劲，能够一直保持自己的设计立场，使得现代主义能够越过后现代主义在20世纪70—80年代形成的热潮，而在后现代主义基本完结的90年代继续发展，在21世纪初依然成为当代建筑的一个重要主流方向。

20世纪80年代初，纽约的一些建筑评论家开始使用"新现代主义"这个名称，认为一种新的建筑正在从现代建筑的历史中复活，以表达与后现代主义相抗衡的姿态。"新现代主义"的代表人物包括理查德·迈耶（Richard Meier）、贝聿铭、西萨·佩里等。另外，新现代主义在日本也有相当的发展。

以建筑师理查德·迈耶(Richard Meier)为代表的,具有"优雅新几何"风格的作品被认为是新现代主义的典型。迈耶认为现代主义具有非常完善的理论内核,不是后现代主义能够轻易推翻的。他喜欢现代主义的建筑思想,特别是高度强调机械美学的柯布西耶的建筑。他认为20世纪20年代的早期现代主义建筑是整个现代主义建筑的精华部分,是白色和结构主义的结晶。因此,他很早就采用白色作为自己的建筑风格特征。1965—1967年他设计的史密斯住宅(图14.13)、1969年设计的魏因斯坦住宅及1971—1973年设计的道格拉斯住宅(图14.14),都具有白色的构成主义特征,在当时的后现代主义浪潮中带来一股清新的气息。它们都具有现代主义的基本结构特征,但是加强了现代主义的美学部分,突出表现在色彩单一——全部白色,简单的立方形结构组合,因此具有"新现代主义"的符号性。

图14.13　史密斯住宅

图14.14　道格拉斯住宅

1998年,迈耶完成了位于洛杉矶的世界最昂贵的博物馆项目——保罗·盖蒂中心(Getty Center,1985—1998年)。这是一个庞大的建筑组群,包括艺术博物馆、文物和考古研究中心、图书馆、讲演厅、文化活动中心和收藏馆等,由6组建筑综合体组成(图14.15)。迈耶使用了现代主义的方式设计,全部建筑保持无装饰、功能主义、白色(使用了部分来自意大利的白色大理石作为墙面材料,其他部分采用了白色混凝土)。通过对空间、格局及光线等方面的控制,迈耶创造出全新的现代化模式的建筑。他说:"我会熟练地运用光线、尺度和景物的变化及运动与静止之间的关系……虽然我所关心的一直是空间结构,但是我所指的不是抽象的空间概念,而是直接与光、空间尺度及建筑学文化等方面都有关系的空间结构。"

2003年,迈耶完成了罗马千禧教堂的设计,再一次将白色与光的艺术发挥到极致(图14.16)。建筑包括教堂和社区中心两部分,两者之间用4层高的中庭连接,玻璃屋顶和天窗让自然光线倾泻而下。建筑材料包括混凝土、石灰石和玻璃。建筑造型中最突出的部分是3座大型的混凝土薄壳,看上去像白色的风帆,赋予建筑明显的雕塑感,也渲染了教堂的纯净与崇高的氛围。

(a) 建筑群鸟瞰　　　　　　　　　　　　(b) 建筑外观

图 14.15　保罗·盖蒂中心

(a) 建筑外观　　　　　　　　　　　　(b) 教堂内景

图 14.16　罗马千禧教堂

　　新现代主义在日本也有相当的影响。第二次世界大战后成长的新一代日本建筑师，如桢文彦、黑川纪章、矶崎新和安藤忠雄等，自觉地将现代建筑的设计原则及设计语言与日本城市文脉、传统精神联系在一起，创建了日本新现代主义建筑。其中，最为突出的是安藤忠雄(Tadao Ando)。

　　安藤忠雄在继承现代建筑传统的前提下，又发展了自己独特而富有诗意的建筑语言。他的设计理念和对材料的运用把国际上的现代主义和日本美学传统结合在一起。通过使用最基本的几何形态，用变幻摇曳的光线为人们创造了一个世界。对安藤来说，材料、几何和自然是构成建筑的必备 3 要素。他强调材料的真实性，喜欢用清水混凝土；他的作品中以圆形、正方形和长方形等纯几何形来塑造建筑空间与形体的特征十分突出；他强调自然的作用，但是他指的自然并非原始的自然，而是人安排过的一种无序的自然或从自然中概括而来的有序的自然，即抽象了的光、天与水。他说："当自然以这种姿态被引用到具有可靠的材料和正宗的几何形的建筑中时，建筑本身被自然赋予了抽象的意义。"

　　安藤开始引起反响的作品是 1976 年的住吉的长屋，如图 14.17 所示。由于是旧房改建，所面临的地段条件极为苛刻，新建筑几乎贴着其他的建筑而建。在创造这个有极度限制的空间的过程中，安藤领悟到了极端条件下存在的一种丰富性，以及和日常生活有关的一种限制性尺度。建筑采用了一个简洁的混凝土体块，在平面上分成3个部分，两端为房间，中间是一个室外的庭院。光线从天空洒落在光洁的混凝土墙壁上，留下了随时间而变化的阴影，成为建筑中一种生动的元素。建筑的庭院为业主提供了一种在日常生活中和自然接触的途径，从而成为了住宅生活的中心。它同时也表现出自然界丰富多彩的各个方面，成为一种重新体验在现代城市中早已失去的风、光、雨、露的装置。

 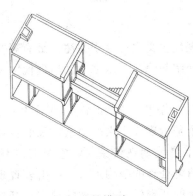 

(a) 建筑外观　　　　　　(b) 建筑模型　　　　　　(c) 室内场景

图14.17　住吉的长屋

安藤最杰出的作品是1988—1989年间设计的宗教建筑：水的教堂（图14.18）和光的教堂。在水的教堂设计中，安藤大量使用裸露的混凝土材料，简单的几何形体，墙面光滑干净，不加装饰，从一条小溪引水形成一方水面，由此构成的内部空间却变化丰富。整个平面由两个上下相叠的正方形组成，面对一个人工湖，一堵L形的墙将建筑与水池围合。祈祷室三面为实墙，一面完全敞开，面临水池，水池中立着十字架，以远处优美的山坡树木为背景。整个作品简约平正，冷凝深远，含有诗意哲理，在现代建筑的物质手段中传达出日本古典美学的情趣与底蕴。

(a) 教堂外观　　　　　　　　　　　(b) 教堂内景

图14.18　水的教堂

总体而言，"新现代主义"其实包含了极为丰富与多样的表现，并不是对现代主义的简单复制或延续，在经历了又一次的社会、经济、文化和技术的变迁之后，它已经具有了新的内涵。在经历了对现代主义的反思和对国际主义的批判之后，根据对建筑的各种更深刻的理解去充实与扩展现代建筑的内涵，丰富现代建筑的形式表现，是在继承现代派建筑师设计语言的基础上，将这种语言发展得更加丰富，更有人情，也更精致化。在设计中，现代主义建筑师作品中的几何造型、混凝土体块、构架、坡道、建筑漫游空间及对光的空间表达，依然都是新现代主义建筑实践中的共同的形式语言，但同时，他们也更加关注建筑形式的自主性，并还将使这些自主的建筑更自觉地去适应各种文脉、环境和美学的需要。

本 章 小 结

  本章试图以大致的时间线索对现代主义之后最受关注、最有影响的建筑思潮、建筑观念与建筑设计及其产生的原因进行介绍与论述，以之勾勒出现代主义之后的主要的建筑状况与建筑思考。

  从西方当代的建筑发展来看，自文丘里在20世纪60年代开始向现代主义挑战以来，设计上有两个发展的主要脉络：一个是后现代主义的探索，采取古典主义和各种历史风格从装饰化角度丰富现代建筑；另一个是晚期现代主义，它是对现代主义的重新研究与发展，包括对于现代建筑的结构进行消解处理的解构主义、突出表现现代科学技术特征的高技派、对现代主义进行纯粹化和净化的新现代主义。这两种方式基本上是并行发展的。新现代主义是使现代主义能够保持发展，而不至于被后现代主义取代的重要设计运动。

  总体而言，在20世纪60年代后期出现的对现代建筑学派的思想与实践进行反思与批判的转变中，西方建筑界的发展呈现出理论探索异常活跃、人文学对建筑领域的渗透尤为显著的特点。后现代时期的建筑状况从强调技术与理性转向对人文的关怀，总体上呈现出复杂性和特征性。

思 考 题

1. 简述现代主义之后的主要的建筑思潮。
2. 结合实例评述后现代主义的建筑思想理论与艺术风格。
3. 结合实例评述高科技风格的艺术特色。
4. 结合实例评述解构主义建筑思想与艺术风格。
5. 结合实例评述新现代主义建筑理论与艺术风格。

参 考 文 献

[1] 潘谷西．中国建筑史[M]．6版．北京：中国建筑工业出版社，2009．
[2] 刘敦桢．中国古代建筑史[M]．2版．北京：中国建筑工业出版社，1984．
[3] 侯幼彬，李婉贞．中国古代建筑历史图说[M]．北京：中国建筑工业出版社，2002．
[4] 梁思成．中国建筑史[M]．天津：百花文艺出版社，2007．
[5] 杨宽．中国古代陵寝制度研究[M]．上海：上海人民出版社，2008．
[6] 傅熹年．中国古代建筑史第二卷：三国、两晋、南北朝、隋唐、五代建筑[M]．北京：中国建筑工业出版社，2001．
[7] 杨鸿勋．杨鸿勋．建筑考古学论文集[M]．北京：文物出版社，2008．
[8] 中国科学院自然科学史研究所．中国古代建筑技术史[M]．北京：科学出版社，1985．
[9] 董鉴泓．中国城市建设史[M]．3版．北京：中国建筑工业出版社，2004．
[10] 萧默．中国建筑艺术史[M]．北京：文物出版社，1999．
[11] 刘致平．中国居住建筑简史：城市、住宅、园林[M]．2版．北京：中国建筑工业出版社，2000．
[12] 周维权．中国古典园林史[M]．3版．北京：清华大学出版社，2008．
[13] 王世仁．理性与浪漫的交织[M]．北京：百花文艺出版社，2005．
[14] 陈明达．营造法式辞解[M]．北京：天津大学出版社，2010．
[15] 刘敦桢．苏州古典园林[M]．北京：中国建筑工业出版社，2005．
[16] 汪之力，张祖刚．中国传统民居建筑[M]．济南：山东科学技术出版社，1994．
[17] 王其亨．古建筑测绘[M]．北京：中国建筑工业出版社，2006．
[18] 刘春迎．北宋东京城研究[M]．北京：科学出版社，2004．
[19] 王其钧．中国民居[M]．上海：上海人民美术出版社，1991．
[20] 卜德清，唐子颖．中国古代建筑与近现代建筑[M]．天津：天津大学出版社，2000．
[21] 陈志华．外国建筑史（19世纪末叶以前）[M]．3版．北京：中国建筑工业出版社，2004．
[22] 罗小未．外国近现代建筑史[M]．2版．北京：中国建筑工业出版社，2004．
[23] 罗小未，蔡琬英．外国建筑历史图说[M]．上海：同济大学出版社，2005．
[24] 陈志华．外国古建筑二十讲[M]．北京：生活·读书·新知三联书店，2002．
[25] 吴焕加．20世纪西方建筑名作[M]．郑州：河南科学技术出版社，1996．
[26] 吴焕加．现代西方建筑的故事[M]．天津：百花文艺出版社，2005．
[27] 刘先觉．建筑艺术世界[M]．南京：江苏科学技术出版社，2000．
[28] [英]比尔·里斯贝罗．现代建筑与设计：简明现代建筑发展史[M]．芜苑，译．北京：中国建筑工业出版社，1999．
[29] 傅朝卿．西洋建筑发展史话[M]．北京：中国建筑工业出版社，2005．
[30] [美]爱德华·T·怀特．建筑语汇[M]．林敏哲，林明毅，译．大连：大连理工大学出版社，2001．
[31] 刘先觉．密斯·凡·德·罗[M]．北京：中国建筑工业出版社，1992．
[32] 刘先觉．阿尔瓦·阿尔托[M]．北京：中国建筑工业出版社，1998．
[33] 刘先觉，汪晓茜．外国建筑简史[M]．北京：中国建筑工业出版社，2010．
[34] [英]弗兰克·惠特福德．包豪斯[M]．林鹏，译．北京：生活·读书·新知三联书店，2001．
[35] 詹旭军，吴珏．材料与构造（下）[M]．北京：中国建筑工业出版社，2006．

[36] [美]约翰·派尔. 世界室内设计史[M]. 2版. 刘先觉，陈宇琳，译. 北京：中国建筑工业出版社，2008.
[37] 宗国栋，陆涛. 世界建筑艺术图集[M]. 北京：中国建筑工业出版社，1992.
[38]《大师》编辑部. 沃尔特·格罗皮乌斯[M]. 武汉：华中科技大学出版社，2007.
[39]《大师》编辑部. 勒·柯布西耶[M]. 武汉：华中科技大学出版社，2007.
[40]《大师》编辑部. 赖特[M]. 武汉：华中科技大学出版社，2007.
[41]《大师》编辑部. 密斯·凡·德·罗[M]. 武汉：华中科技大学出版社，2007.

北京大学出版社土木建筑系列教材(已出版)

序号	书名	主编	定价	序号	书名	主编	定价
1	*房屋建筑学(第3版)	聂洪达	56.00	53	特殊土地基处理	刘起霞	50.00
2	房屋建筑学	宿晓萍 隋艳娥	43.00	54	地基处理	刘起霞	45.00
3	房屋建筑学(上:民用建筑)(第2版)	钱 坤	40.00	55	*工程地质(第3版)	倪宏革 周建波	40.00
4	房屋建筑学(下:工业建筑)(第2版)	钱 坤	36.00	56	工程地质(第2版)	何培玲 张 婷	26.00
5	土木工程制图(第2版)	张会平	45.00	57	土木工程地质	陈文昭	32.00
6	土木工程制图习题集(第2版)	张会平	28.00	58	*土力学(第2版)	高向阳	45.00
7	土建工程制图(第2版)	张黎骅	38.00	59	土力学(第2版)	肖仁成 俞 晓	25.00
8	土建工程制图习题集(第2版)	张黎骅	34.00	60	土力学	曹卫平	34.00
9	*建筑材料	胡新萍	49.00	61	土力学	杨雪强	40.00
10	土木工程材料	赵志曼	38.00	62	土力学教程(第2版)	孟祥波	34.00
11	土木工程材料(第2版)	王春阳	50.00	63	土力学	贾彩虹	38.00
12	土木工程材料(第2版)	柯国军	45.00	64	土力学(中英双语)	郎煜华	38.00
13	*建筑设备(第3版)	刘源全 张国军	52.00	65	土质学与土力学	刘红军	36.00
14	土木工程测量(第2版)	陈久强 刘文生	40.00	66	土力学试验	孟云梅	32.00
15	土木工程专业英语	霍俊芳 姜丽云	35.00	67	土工试验原理与操作	高向阳	25.00
16	土木工程专业英语	宿晓萍 赵庆明	40.00	68	砌体结构(第2版)	何培玲 尹维新	26.00
17	土木工程基础英语教程	陈 平 王凤池	32.00	69	混凝土结构设计原理(第2版)	邵永健	52.00
18	工程管理专业英语	王竹芳	24.00	70	混凝土结构设计原理习题集	邵永健	32.00
19	建筑工程管理专业英语	杨云会	36.00	71	结构抗震设计(第2版)	祝英杰	37.00
20	*建设工程监理概论(第4版)	巩天真 张泽平	48.00	72	建筑抗震与高层结构设计	周锡武 朴福顺	36.00
21	工程项目管理(第2版)	仲景冰 王红兵	45.00	73	荷载与结构设计方法(第2版)	许成祥 何培玲	30.00
22	工程项目管理	董良峰 张瑞敏	43.00	74	建筑结构优化及应用	朱杰江	30.00
23	工程项目管理	王 华	42.00	75	钢结构设计原理	胡习兵	30.00
24	工程项目管理	邓铁军 杨亚频	48.00	76	钢结构设计	胡习兵 张再华	42.00
25	土木工程项目管理	郑文新	41.00	77	特种结构	孙 克	30.00
26	工程项目投资控制	曲 娜 陈顺良	32.00	78	建筑结构	苏明会 赵 亮	50.00
27	建设项目评估	黄明知 尚华艳	38.00	79	*工程结构	金恩平	49.00
28	建设项目评估(第2版)	王 华	46.00	80	土木工程结构试验	叶成杰	39.00
29	工程经济学(第2版)	冯为民 付晓灵	42.00	81	土木工程试验	王吉民	34.00
30	工程经济学	都沁军	42.00	82	*土木工程系列实验综合教程	周瑞荣	56.00
31	工程经济与项目管理	都沁军	45.00	83	土木工程CAD	王玉岚	42.00
32	工程合同管理	方 俊 胡向真	23.00	84	土木建筑CAD实用教程	王文达	30.00
33	建设工程合同管理	余群舟	36.00	85	建筑结构CAD教程	崔钦淑	36.00
34	*建设法规(第3版)	潘安平 肖 铭	40.00	86	工程设计软件应用	孙香红	39.00
35	建设法规	刘红霞 柳立生	36.00	87	土木工程计算机绘图	袁 果 张渝生	28.00
36	工程招标投标管理(第2版)	刘昌明	30.00	88	有限单元法(第2版)	丁 科 殷水平	30.00
37	建设工程招标投标与合同管理实务(第2版)	崔东红	49.00	89	*BIM应用:Revit建筑案例教程	林标锋	58.00
38	工程招投标与合同管理(第2版)	吴 芳 冯 宁	43.00	90	*BIM建模与应用教程	曾 浩	39.00
39	土木工程施工	石海均 马 哲	40.00	91	工程事故分析与工程安全(第2版)	谢征勋 罗 章	38.00
40	土木工程施工	邓寿昌 李晓目	42.00	92	建设工程质量检验与评定	杨建明	40.00
41	土木工程施工	陈泽世 凌平平	58.00	93	建筑工程安全管理与技术	高向阳	40.00
42	建筑工程施工	叶 良	55.00	94	大跨桥梁	王解军 周先雁	30.00
43	*土木工程施工与管理	李华锋 徐 芸	65.00	95	桥梁工程(第2版)	周先雁 王解军	37.00
44	高层建筑施工	张厚先 陈德方	32.00	96	交通工程基础	王 富	24.00
45	高层与大跨建筑结构施工	王绍君	45.00	97	道路勘测与设计	凌平平 余婵娟	42.00
46	地下工程施工	江学良 杨 慧	54.00	98	道路勘测设计	刘文生	43.00
47	建筑工程施工组织与管理(第2版)	余群舟 宋会莲	31.00	99	建筑节能概论	余晓平	34.00
48	工程施工组织	周国恩	28.00	100	建筑电气	李 云	45.00
49	高层建筑结构设计	张仲先 王海波	23.00	101	空调工程	战乃岩 王建辉	45.00
50	基础工程	王协群 章宝华	32.00	102	*建筑公共安全技术与设计	陈继斌	45.00
51	基础工程	曹 云	43.00	103	水分析化学	宋吉娜	42.00
52	土木工程概论	邓友生	34.00	104	水泵与水泵站	张 伟 周书葵	35.00

序号	书名	主编	定价	序号	书名	主编	定价
105	工程管理概论	郑文新 李献涛	26.00	130	*安装工程计量与计价	冯钢	58.00
106	理论力学(第2版)	张俊彦 赵荣国	40.00	131	室内装饰工程预算	陈祖建	30.00
107	理论力学	欧阳辉	48.00	132	*工程造价控制与管理(第2版)	胡新萍 王芳	42.00
108	材料力学	章宝华	36.00	133	建筑学导论	裘鞠 常悦	32.00
109	结构力学	何春保	45.00	134	建筑美学	邓友生	36.00
110	结构力学	边亚东	42.00	135	建筑美术教程	陈希平	45.00
111	结构力学实用教程	常伏德	47.00	136	色彩景观基础教程	阮正仪	42.00
112	工程力学(第2版)	罗迎社 喻小明	39.00	137	建筑表现技法	冯柯	42.00
113	工程力学	杨云芳	42.00	138	建筑概论	钱坤	28.00
114	工程力学	王明斌 庞永平	37.00	139	建筑构造	宿晓萍 隋艳娥	36.00
115	房地产开发	石海均 王宏	34.00	140	建筑构造原理与设计(上册)	陈玲玲	34.00
116	房地产开发与管理	刘薇	38.00	141	建筑构造原理与设计(下册)	梁晓慧 陈玲玲	38.00
117	房地产策划	王直民	42.00	142	城市与区域规划实用模型	郭志恭	45.00
118	房地产估价	沈良峰	45.00	143	城市详细规划原理与设计方法	姜云	36.00
119	房地产法规	潘安平	36.00	144	中外城市规划与建设史	李合群	58.00
120	房地产测量	魏德宏	28.00	145	中外建筑史	吴薇	36.00
121	工程财务管理	张学英	38.00	146	外国建筑简史	吴薇	38.00
122	工程造价管理	周国恩	42.00	147	城市与区域认知实习教程	邹君	30.00
123	建筑工程施工组织与概预算	钟吉湘	52.00	148	城市生态与城市环境保护	梁彦兰 阎利	36.00
124	建筑工程造价	郑文新	39.00	149	幼儿园建筑设计	龚兆先	37.00
125	工程造价管理	车春鹏 杜春艳	24.00	150	园林与环境景观设计	董智 曾伟	46.00
126	土木工程计量与计价	王翠琴 李春燕	35.00	151	室内设计原理	冯柯	28.00
127	建筑工程计量与计价	张叶田	50.00	152	景观设计	陈玲玲	49.00
128	市政工程计量与计价	赵志曼 张建平	38.00	153	中国传统建筑构造	李合群	35.00
129	园林工程计量与计价	温日琨 舒美英	45.00	154	中国文物建筑保护及修复工程学	郭志恭	45.00

标*号为高等院校土建类专业"互联网+"创新规划教材。

如您需要更多教学资源如电子课件、电子样章、习题答案等，请登录北京大学出版社第六事业部官网 www.pup6.cn 搜索下载。

如您需要浏览更多专业教材，请扫下面的二维码，关注北京大学出版社第六事业部官方微信（微信号：pup6book），随时查询专业教材、浏览教材目录、内容简介等信息，并可在线申请纸质样书用于教学。

感谢您使用我们的教材，欢迎您随时与我们联系，我们将及时做好全方位的服务。联系方式：010-62750667，donglu2004@163.com，pup_6@163.com，lihu80@163.com，欢迎来电来信。客户服务 QQ 号：1292552107，欢迎随时咨询。